高等职业学校烹饪工艺与营养专业教材

冷菜与冷拼工艺

Lengcai Yu Lengpin Gongyi

宫润华　程小敏◎主编

中国轻工业出版社

图书在版编目（CIP）数据

冷菜与冷拼工艺 / 宫润华，程小敏主编. —北京：中国轻工业出版社，2022.8

高等职业学校烹饪工艺与营养专业教材

ISBN 978-7-5184-3794-8

Ⅰ.①冷… Ⅱ.①宫… ②程… Ⅲ.①凉菜—制作—高等职业教育—教材 Ⅳ.①TS972.114

中国版本图书馆CIP数据核字（2021）第270364号

责任编辑：方晓艳　　责任终审：唐是雯　　整体设计：锋尚设计

策划编辑：史祖福　方晓艳　　责任校对：宋绿叶　　责任监印：张　可

出版发行：中国轻工业出版社（北京东长安街6号，邮编：100740）

印　　刷：艺堂印刷（天津）有限公司

经　　销：各地新华书店

版　　次：2022年8月第1版第1次印刷

开　　本：787×1092　1/16　印张：18

字　　数：360千字

书　　号：ISBN 978-7-5184-3794-8　定价：56.00元

邮购电话：010-65241695

发行电话：010-85119835　传真：85113293

网　　址：http://www.chlip.com.cn

Email：club@chlip.com.cn

如发现图书残缺请与我社邮购联系调换

190657J2X101ZBW

本书编写人员

主　编：宫润华　程小敏

副主编：段朋飞　文　婷　杨　遥

参　编：吴庆发　杨　潼　王建勇　罗进玲　魏志春
何跃军　孙友洁　苏瑞琪　李姐倩　怒建恒

前言

进入“十四五”规划以来，中国烹饪职业教育迎来了高质量发展的全新时期。2021年，习近平总书记对职业教育工作作出重要指示，强调加快构建现代职业教育体系，培养更多高素质技术技能人才、能工巧匠、大国工匠；同年3月教育部印发的《职业教育专业目录（2021年）》中出现了烹饪领域的职业本科专业——“烹饪与餐饮管理”，为餐饮烹饪高职专科人才培养如何对接职业本科提出了新课题。特别是2022年《中国职业教育法》颁布，不仅确立了职业教育的地位，明确了保障和保护技术技能人才的社会地位和待遇的原则，而且强调了职业教育“促进就业”的导向，弘扬了“技能，让生活更美好”的社会风尚。此外，“十四五”时期的中国餐饮业在国内国际双循环和新冠肺炎疫情催生的新消费趋势下，也对餐饮烹饪职业人才提出了契合新餐饮经济、新餐饮业态、新餐饮技术技能、新餐饮职业的需求。

在上述新变化和新需求下，冷菜与冷拼工艺作为烹饪职业教育课程体系中常规教学课程，需要在课程目标、课程内容、学习深度上有新的定位和设计；同时，冷菜与冷拼作为一种食用和欣赏结合的艺术，是中国菜肴艺术性和中国饮食文化审美意趣的重要载体，更需要将文技并重、德技并修、艺工并举的中国匠人品质贯穿到制作实践和育人理念中。

因此，在深化职业教育“三教”（教师、教材、教法）改革以及培养高素质技术技能人才目标下，结合课程目标新定位和育人新理念，本教材以“培养德智体美劳全面发展，践行社会主义核心价值观，弘扬工匠精神，培养具有社会责任感，良好文化素养，较强创新创业能力高素质应用型人才”为编写指导思想，以“双创教育”为编写线索，以“对接产业需求、对接职业标准、对接生产流程、对接技术前沿、对接职业本科”的“五对接”为编写内容甄选依据。本教材的特色和亮点主要体现在以下方面。

1. 遵循“KAP”模式，注重知识有效转化，优化内容梯度设计

变用公众科学素养的“KAP”模式，循序推进知识点，逐级深化内容难度，逐步驱动任务达成。将教材七个章节的内容分为“Knowledge”（基础理论知识）模块，包括第一章和第二章，重点阐述冷菜与冷拼的基础理论知识、烹饪行业相关法律法规以及营养安全卫生管理知识，帮助学生构建有关冷拼与冷菜制作基础知识体

系，并衔接本专业其他理论知识，实现知识内容的融会贯通；“Absorption”（吸收领悟）模块，主要包括第三章冷菜、冷拼造型艺术规律，重点引导学生领悟包括山水绘画、书法艺术、美术以及古代建筑营造等中华优秀传统文化对冷菜冷拼设计的意义和作用，强化学生文技并重的综合素养，培养学生自我创新潜质；“Practice”（实践实操）模块，包括第四章至第七章的内容，一方面突出教材的实践性应用定位，包括了规范学生良好的操作习惯到示范学生冷菜、冷拼工艺具体制作等多个实操环节，着重培养学生的实践能力；另一方面突出教材的创新创业目标，紧扣餐饮行业的发展趋势和前沿技术，提升学生的实际应变能力、设计创新能力以及市场创业能力。

2. 嵌入课程思政，强化工匠精神，深化“双创”教育

在理论模块中，注重对传统饮食文化和工艺过程原理知识点的拓展，注重对食品安全和反食物浪费等要求的渗透，注重对“文化素质+职业技能”结构比例的优化，实现启发学生逻辑思维、培养学生人文素养、提升学生自我学习能力的目标，以便于更好地对接职业本科教育。在实践模块中，通过操作规程来培养学生勤俭节约、安全规范、精益求精的职业素养和职业规范；在创新设计案例选择上，突出实操作品的历史文化性、地方代表性、民族特色创新性，强调中国传统文化通识教育；在冷菜冷拼造型和主题中引入新时代精神的主题内容，传达中国人祈福向善、乐观包容等价值理念；设置专门章节内容来强调冷菜冷拼在新消费趋势下创业的可能性和创新的必要性，将“双创”与提升学生就业能力有效衔接。

3. 引入数字资源，多元化学习渠道，实现线上线下结合

本教材是一本图文并茂且专业性较强的冷菜冷拼工艺技术教材，教材将所有内容开发为数字化融媒体内容，本教材相关资料可直接登录网站进行获取，师生可通过扫描教材中的二维码获取教学案例、视频、课件、题库等相关信息。结合国家政策及行业变化调整内容，在主教材的基础上，配合助教助学资源，课内外结合，多种资源结合，突出能力的培养，让学生的手脑都动起来，能实现无课堂的“手把手”示范教学，并对于进阶性创新设计提供了丰富创作素材。

本教材由普洱学院宫润华、扬州大学程小敏两位老师牵头，负责编写工作的组织协调、教材框架的搭建、教材案例的开发、课程思政内容的设计、教材的统稿审校；普洱学院段朋飞老师、文婷老师、杨遥老师和哈尔滨商业大学魏志春老师负责教材第一、二、三、七章理论内容编写以及教学题库编撰；红河职业技术学院吴庆发、普洱学院杨潼两位老师全程参与冷菜与冷拼作品的制作和视频内容拍摄；来自食品企业集团的何跃军、孙友洁两位高层管理者负责实例作品的优化设计；普洱学院王建勇、罗进玲，昆明市交通技工学校苏瑞琪，普洱澜沧拉祜族自治县职业高级中学怒建恒四位老师及清莱皇家大学汉语教育学研究生李妲倩负责教材课件设计、

资料搜集及教材校对等工作。

本教材在国内外冷菜与冷拼工艺的最新研究成果基础上，参考了众多学者的论著、教材、文献、资料和大量报纸、杂志、网络资源，我们尽可能地在本书中做出说明或列在参考文献中，在此，谨向有关原作者致以诚挚谢意。此外，教材从编写到完成，离不开学校领导的高度重视和同事们的大力支持，离不开学界各位专家和业界各位烹饪大师、经营管理者的启发和指点。特别是编写过程中，得到了各级行业协会、云南爱伲农牧（集团）有限公司、烟台欣和企业食品有限公司、烟台双塔食品股份有限公司的鼎力相助，为本教材编写提供了大量来自行业企业一线的宝贵经验与务实建议，在此一并表示衷心的感谢!

限于编者能力水平，书中疏漏之处在所难免，敬请广大专家和读者不吝赐教!

宫润华
于普洱学院·宫润华技能大师工作室
2022年5月

目录

第一章

冷菜与冷拼工艺概述

任务目标：

- 掌握冷菜与冷拼的基本概念。
- 了解中国冷菜与冷拼的形成与发展。
- 了解冷菜与冷拼在整个中国烹饪菜肴体系中的地位与作用。
- 掌握冷菜与冷拼制作的基本原则与要求。

第一节　冷菜与冷拼的基本概念

冷菜又称凉菜，是将烹饪原料经过加工后先烹制成熟或腌渍入味，再切配装盘为凉吃而制作的一类菜肴。

冷菜，各地称谓不一。南方多称冷盆、冷碟等；北方则多称凉菜、凉盘等。比较起来，似乎南方习惯于称“冷”，而北方则更习惯于称“凉”。不管是称“冷”还是“凉”，它们有一个共同的特点，就是菜品在食用过程中不处于加热后的“有温度”状态，即常温。如果不从文字角度来理解，而出于习惯或作为人们的生活用语，它们之间并没有什么区别，都是与热菜相对或比较而言的。

部分冷菜原料需要经过一定的加热工序，辅以切配和调味，并散热冷却。这里的加热是工艺过程，而冷食则是目的，如“五香牛肉”（图1–1）“盐水鸭”“红油鱼片”“油爆大虾”“冻羊羔”“椒麻鸡丝”等。冷菜是筵席中必不可少的一大类菜肴，与热菜有明显的区别：冷菜一般是先烹调，后加工；而热菜则是先加工，后烹调。冷菜是以丝、条、片、块为基本形态来组成菜肴的形状，并有单盘、拼盘以及工艺性较高的花鸟图案冷拼之分；而热菜一般是利用原料的自然形态或原料的刀工处理等手段来构成菜肴的形状。冷菜强调“入味”，或是附加食用调味品，讲究香料入味，

图1–1　五香牛肉

有些品种不需加热就能成为菜品；热菜必须通过加热才能使原料成为菜品，是利用原料加热以散发热气使人嗅到香味。部分冷菜原料不需要经过加热工序，而是将原料经过加工整理，加以切配和调味后直接食用，这就是人们平常所称的“冷制冷吃”。这一方法主要用于一些鲜活的动物性烹饪原料，如“腐乳炝虾”“醉蟹”“生炝鱼片”等，以及一些新鲜的植物性原料，如“拌黄瓜”“姜汁莴苣”“酸辣白菜”等。

总体来说，冷菜的风味、质感和造型拼摆也存在明显的特点。首先，冷菜以香气浓郁、清凉爽口、少汤少汁（或无汁）、鲜醇不腻为主要特色，具体又可分为两大类型：一类是以鲜香、脆嫩、爽口为特点；另一类是以醇香、酥烂、味厚为特点。前一类的制法以腌、拌、炝等技法为代表，后一类则由卤、酱、烧等技法为代表，具有不同的内容和风格。

冷拼，又称拼盘、彩盘、中盘、主盘，它指的就是将熟制后的冷菜或直接可食用的生食菜，按照一定的食用要求，采用各种刀法处理后，运用各种拼摆手法，整齐美观地装入盛器内，制成具有一定形状或图案的冷菜（图1–2）。其中花色冷拼是指利用各种加工好的冷菜原料，采用不同的刀法和拼摆技法，按照一定的次序、层次和位置将多种冷菜原料拼摆成飞禽走兽、花鸟虫鱼、山水园林等各种平面的、立体的或半立体的图案，提供给就餐者欣赏和食用的一种冷菜拼摆艺术。根据其表现手法的不同，一般可分为平面式、卧式、立体式三种。

图1–2　单拼

总之，冷菜工艺与冷拼工艺是两个既有区别又有联系的概念。前者主要研究冷菜的制作，后者除研究冷菜的制作工艺外，还研究冷菜的拼摆工艺与装盘艺术。冷菜色泽艳丽，造型整齐美观，拼摆和谐悦目。冷拼重视刀工，讲究物尽其用，注意各种菜之间的营养及荤素菜的调剂，注重菜与菜之间、辅料与主料之间、调料与主料之间、菜与盛器之间色彩的调和，造型艺术大方，呈现出色形相映、五彩缤纷、生动逼真的美感。在我国，冷菜工艺与冷拼工艺均经过数千年的形成与发展，已具有与西餐相区别的独特的工艺特点和审美要求，有着独特而丰富的中国传统烹饪文化内涵。

第二节　冷菜与冷拼的基础知识

一、中国冷菜与冷拼的形成与发展

闻名于世的中国冷菜与冷拼的发展在我国有着3000多年的悠久历史。在我国历史上，饮食生活反映着社会的等级文化现象，肴馔的优质丰富也是富贵阶层经济实力和政治权力的直接表现。因此我们也只有通过上层社会的餐桌，才能更清晰地看见其形成与发展的轨迹。

历史上的上层社会，尤其是君王贵族的宴席，既隆重热烈又冗长烦琐。宴享之中，觥筹交错，乐嬉杂陈。为适应这种长时间进行的饮食活动需要，在爆、炸、煎、炒等快速熟制烹调方法产生之前，冷菜无疑是古代人的首选菜品。由于早期历史的特点，文字记载远远落后于生活实际，也由于今天很难再见到历史菜品实物的原因，我们无法了解到商代或更早的饮食生活情况，但丰富的文字史料可以让我们比较清楚地了解到周代肴馔的基本面貌，从中我们可以“窥视”并推理出我国冷菜形成与发展的清晰轨迹。

据史料记载，中国冷菜制作大致始于3000多年前的奴隶社会，这个时期可作为我国冷菜制作的萌芽时期。当时各代殷王为祭祀神灵和先祖，用陶瓷和各种鼎来盛装供品，供品大部分是熟的肉食。《周礼》便有天子常规饮食以冷食为主的记载：“凡王之稍事，设荐脯醢”（《周礼·天官·膳夫》）；郑玄注：“稍事，为非日中大举时而间食，谓之稍事……有小事而饮酒。”贾公彦疏：“又脯者，是饮酒肴羞，非是食馔。”这表明是在西周时代，人们便已清楚地认识到冷菜（先秦时期，冷菜多用动物性原料制作而成）宜于宴饮的特点，并形成了一定的食规。早在3000多年前，古人已经开始用盐来腌菜了。《诗经·小雅·信南山》中有：“中田有庐，疆埸有瓜，是剥是菹，献之皇祖。”菹（zū）就是腌渍的意思。整句话是说：“公田里有居住的房屋，田边长着瓜果菜蔬，削皮腌渍成咸菜，奉献给伟大的先祖。”由此可见，这里还只是提到了腌菜，但没有说具体的做法。到了北魏时期，农学名著《齐民要术》中介绍了详细的制作方法，大体如下：先准备盐水，在盐水里洗菜，把洗好的菜放到罐子里，把盐水澄清之后，将清水倒到罐子里，没过蔬菜，这里还强调不能搅拌。我们现在腌咸菜虽然调料更加丰富了，但是原理是一样的（图1-3）。

《礼记·内则》详细地记述了一些珍贵的养生肴馔，即淳熬、淳母、炮豚、炮牂、捣珍、渍、熬、肝膋，这就是著名的“周代八珍”。这些肴馔既反映了周代上层社会美食的一般风貌，也反映了当时制作的一般水准。但更重要的是，我们从中似乎也可以找出一些冷菜的雏形。

淳熬、淳母，是分别用稻、粟制作的米饭，上面覆盖着一些肉酱。从酱的传统食用方法角度来说，一般酱是冷食的，而且既是食之常肴，也是常用的调味品。无论是居常饮食，还是等级宴享，都有不同品类的酱，又泛称为“醢”，陈列于案几之上。《周礼·天官·膳夫》有“凡王之馈食……酱用百有二十瓮”的记载，便是有力的证明。酱是食之常肴和基本调味品，并且因所选用原料的不同而有许多品类，这已为史料所证实。虽然对王室所用百二十瓮的详情无人能述，但值得注意的一点是，绝大部分植物性原料所制成的菹，可能并没有经过热加工工序，而有的动物性原料如蠃（蛎蝓）、蚳（蚍蜉子）、蜗、卵（鲲鱼子）等也有不经热加工工序的可能。仅从这一

图1-3 腌菜双拼

点我们完全可以判断，酱（脔、醢、菹等）主要用作冷食之肴是无可怀疑的了。炮豚等菜肴虽然热食溢香肥美，冷食亦别有韵致风味。这种经过烧烤后，又长时间（三日三夜）蒸制，再“调之以醯醢”的乳猪和大块羊肉，自然较为适合作长时间进行的宴饮的菜品。虽然我们还不能说它们就是当时热制冷吃的冷菜。但可以说它们已具备了冷食菜肴干香鲜嫩或软韧无汤的特点，很有可能是两相适宜、兼有其功的，热冷食合二为一型的菜品。捣珍，是选用牛、羊、麋、鹿等动物性原料，先加工成熟，再经去膜、揉软等加工工序而制成，食用时亦调以醯醢。可见这种捣珍类的菜品无疑是明确地用于冷食的。

由此可见，中国冷菜萌芽于周代，并经历了冷菜和热菜兼有和兼承的漫长历史。根据史料记载我们完全可以说，先秦时代，冷菜还没有完全从热菜系列中独立出来，尚未成为一种特定的冷食菜品类型。到了我国冷菜发展的高光时期——明清时代，冷菜技艺日臻完善，制作冷菜的原料及工艺方法也不断创新与发展。这一时期，很多工艺方法已成为专门制作冷菜而独立出来，如糟法、醉法、酱法、风法、卤法、拌法、腌法等。并且，用于制作冷菜的原料有了很大的扩展，植物类有茄子、生姜、冬瓜、茭白、蕹菜、蒜苗、绿豆芽、笋、豇豆等；动物类有猪肉、猪蹄、猪肚、猪腰、猪舌、羊肉、羊肚、牛肉、牛舌、鸡肉、青鱼、螃蟹、虾子等，以及一些海产鱼类和奇珍异味，如海蜇、乌贼、比目鱼、蛏子、蚝肉、象鼻蚌、江珧柱等，都是这一时期用于制作冷菜的常用原料。这充分说明了在明、清时期，我国的冷菜工艺技术已达到了非常高超的水平。

随着历史的沿革，我国冷菜技艺也在不断提高和发展。特别是近些年来，厨师们的文化素质有了显著提高，冷菜制作得到迅速发展，广大厨师在继承冷菜制作传统工艺的基础上，积极探索，相互切磋，大胆创新，使冷菜的制作技术得到空前的提高和发展。冷菜的花色已有数百种，拼摆形式也从以前的平面式向卧式和立体式发展，表现出强烈的思想性和艺术色彩。冷菜逐渐由热菜之中独立出来，成为一种独具风味特色的菜品系列，由贵族宴饮中独嗜到平民百姓共享，由品种单调贫乏到品种丰富繁多，由工艺技术简单粗糙到工艺技术精湛细腻，当然，这是事物发展的趋势，也是历史发展的必然。近半个世纪以来，我国冷菜工艺技术的发展更是突飞猛进，尤其是21世纪以来，我国冷菜工艺技术的发展更是日新月异，虽然冷菜无论是在风味特色上还是在制作工艺技术上，都有着与热菜不同的独特个性，但冷菜目前在原料的选择或是在制作方法上与热菜越来越趋于类似和统一，甚至可以说，能用于热菜的原料就可以用于冷菜，可以制作热菜的方法也可以制作冷菜，如烤、炸、熔、炖、焖、煎、熬等是典型的热菜制作方法，现在这些方法也开始用于制作冷菜，是迎合了“合久必分，分久必合”的事物发展规律，还是现代人们的聪颖智慧所造就，我们在这里无须深究，或许两者兼而有之，但这对冷菜的发展是有益的。我们只有在不断地挖掘、继承我国传统烹饪工艺技术的基础上推陈出新，才能使冷菜成为我国烹饪艺坛中一朵鲜艳的奇葩，并开得越来越鲜艳。

冷拼在中国也存在着悠久的历史，它是菜肴从单纯满足食用演变为审美对象的过程中逐步产生、发展起来的。根据现存的文献，远在春秋战国时期，古人对菜肴造型就有严格的要求。孔子曾有“食不厌精，脍不厌细”“割不正不食”之说。其中在先秦的《礼记》一书提到的“饤”就是较早的凉拼盘（饤是堆于器皿中的菜蔬果品），后来“饤”演化为“斗饤”，明人杨慎在《升庵集》引用《食经》的话解释道："五色小拼，作花卉禽珍宝形，按抑盛之盒中累积，名'斗饤'。"从这段话分析，那时的"饤"与现在的花色冷拼比较相似：一是它有"五色"，注意了色调的配合；二是"作花卉禽珍宝形"讲究了形态美；三是"按抑盛之盒中累积"，重视了拼摆技巧。《楚辞·招魂》一节中还写道："露鸡臛蠵"，历而不爽快。据考证这"露"即是"卤"的烹制方法，书中记载的"露鸡"就是卤鸡的冷菜。到了隋代已有花式凉拌菜"金齑玉鲙"。此时期，冷拼的制作无论在内容上还是在形式上都非常简单、粗糙。

唐宋时代，冷拼的雏形已经形成，并在此基础上有了很大的发展。这一时期，冷拼也逐步从肴馔系列中独立出来，并成为酒宴上的特色佳肴。唐朝的《烧尾筵》食单中，就有用五种肉类拼制成"五生盘"的记述。宋代陶穀的《清异录》中记述更为详尽："比丘尼梵正，庖制精巧，用鲊、脍脯、醢、酱、瓜、蔬，黄赤杂色，斗成景物。若坐及二十人，则人装一景，合成辋川图小样。"这段记载可以足证当时技艺非凡的梵正女厨师，采用腌鱼、烧肉、肉丝、肉干、肉酱、豆酱、瓜类、菜类等富有特色的冷拼材料，设计并拼摆出了20个独立成景的小冷拼，创造性地将它们组合成兼有山水、花卉、庭园、馆舍的"辋川别墅式"的大型风景冷拼图案，发展了我国的冷拼工艺技术。这也充分反映了在唐、宋时期，我国的冷菜与冷拼工艺技术已达到了相当高的水平。同时，用植物性原料来制作冷菜已经很普遍了。文化总是与历史血脉相通、生死与共的。在其后波澜壮阔的唐、宋、元、明、清时期，基于社会生产力的提高，冷拼制作艺术借着历史的东风快速发展。

二、冷菜、冷拼的地位与作用

（一）冷菜的地位与作用

冷菜，无论是在正规的宴席上还是在家庭便宴中，总是与客人首先"见面"的菜式。在餐饮行业中，冷菜素有"脸面菜"之称，因此冷菜也常被人们称为"迎宾菜"，可以说是宴席的"序曲"。所以，冷菜的美丑、优劣程度往往会直接影响着人们的用餐情绪，关系着整个宴席进展的质量效果，起着"先声夺人"的作用。俗话说：良好的开端，等于成功的一半。如果这"迎宾菜"能让赴宴者在视觉上、味觉上和心理上都感到愉悦，获得美的享受，顿时会气氛活跃，宾主兴致勃发，这会促进宾主之间感情交流及宴会高潮的形成，为整个宴会奠定良好的基础。反之，低劣的冷菜会令赴宴者兴味索然，甚至使整个宴饮场面尴尬，让宾客高兴而来，扫兴而终。

如果说在一般宴席中冷菜的"脸面"有"先声夺人"的作用的话，那么，冷菜在冷餐酒会中的地位和作用就显得更加重要了。我们知道，一般宴席由很多种菜式共同组合而成，冷菜即使在某些方面小有失误，通过其他菜式（如热菜、点心、甜菜、汤菜或水果等）还能得到一定程度的"弥补"和"纠正"，让主人挽回一定的"面子"。但在冷餐酒会中，冷菜贯穿宴饮的始终，并一直处于"主角"地位，可谓是"独角戏"。如果冷菜在色彩、造型、拼摆、口味、质感或餐具的选择运用上，哪怕某个方面是一点小小的"失误"，其他菜式都无法"出场补台"，并且这始终都在影响着赴宴者的情绪及整个宴会的气氛。由此可见，冷菜的地位和作用在宴会中是非常重要的。

冷菜在促进旅游事业的发展以及在繁荣经济、活跃市场、丰富人们的生活等方面也有不可估量的影响和作用。冷菜一般无汤少汁，具有干香鲜嫩、味别繁多，食用时无须加热、携带方便等特色，所以可作馈赠佳品，也可作旅游食品。随着我国旅游事业及外贸事业迅速发展，可把传统的冷菜制作生产工艺与现代化包装工艺结合起来，生产出更多、更好、便于携带又不影响风味特色的冷菜，繁荣国内外食品市场。有的酒店经营菜品以拌菜和卤菜为主，除了满足在酒店就餐的顾客，还能为打包带走的客户提供便利，这些都将会在日益加快的生活节奏中发挥巨大的功效、最大限度地满足人们的物质需求，保证较大的市场份额。

在世界全球化的趋势下，东西方的文化融合使得冷菜在大型国际商务会议中的分量越来越重。冷菜甚至可以独立成席，如当今较流行的冷餐酒会、鸡尾酒会等均可由冷菜单独组成（图1-4）。如果说以往热菜是餐桌上的霸主，独占鳌头，那么结合近些年的冷菜的表现以及分析未来的营养健康发展趋势，冷菜与热菜的局势会逐渐向“平分天下”的未来迈进，冷菜制作有望与热菜在饭桌上分庭抗礼、独占半壁江山。

图1-4　香橙橄榄薯

目前，无论是在宾馆、饭店、酒楼，还是小食店、大排档的菜点销量中，冷菜都占有相当大的比重。我们相信，随着我国烹饪文化的不断发展和人民生活水平的不断提高，冷菜的地位和作用将会更加突出和显著。

（二）冷拼的地位与作用

冷拼制作是食用与欣赏组合的艺术，具有简洁清新、色艳而雅、风味多样的特点，在国内外享有很高的声誉，是中国菜肴中别具特色的一大类别，在烹饪艺术中具有特别重要的地位和突出的意义，更是酒席便餐中不可缺少的菜品。因为冷拼一上桌，会给客人以造型、色彩、气味等感性印象，引起食者对菜肴的认识与判断，产生不同程度的食欲。因此，冷拼的好坏直接影响客人的情绪。如果刀工精细，拼摆又富于艺术性，整个冷拼色、香、味、形俱佳，就能引起食者旺盛的食欲，对整个宴席留下良好的印象。反之，则令人对整个宴会兴味索然，扫兴而终。通常来说冷拼在餐桌上扮演着领头羊的角色。冷拼一旦展示在餐桌上，就要发挥“特色品牌”的作用，要以色、香、味、形、美直接给客人留下深刻的印象，活跃整个宴席气氛，使人心旷神怡，兴趣盎然，食欲大增。既满足人们的审美情趣和高标准的心理要求，也使宴席锦上添花，魅力倍增，大大提高宴席的身价和品位。

随着时代的发展，生活水平的提高，人们对营养与健康的关注程度和要求越来越高。一些冷拼由于是不用加热的，可极大地保证营养成分不至流失，因此越来越受到广大消费者的欢迎。

冷拼制作加工成的产品，具有观赏性、时尚性、创新性以及艺术性等特点。上好的冷拼作品还能以独特的内涵作为推广企业形象的“撒手锏”，甚至有助于丰富企业文化。随着人们生活节奏的加快，对速食营养的要求将会越来越高，将会加大人们对制作冷拼的食物种类的选择，与此同时也可以给餐饮人员提供新的创新思路，开辟新的市场销售途径。

第三节　冷菜与冷拼制作的基本原则

一、冷菜、冷拼制作的基本原则

（一）食用与观赏相结合的原则

食用与观赏，是冷菜、冷拼最重要的因素，食用价值是冷菜、冷拼制作的前提，要以食用为主，观赏为辅。观赏是对冷菜、冷拼所表现的艺术形式的一种肯定，其表现形式是烹饪技术与艺术的有机结合。因此，食用与观赏相结合，是冷菜、冷拼的主要体现所在，二者不可分割，单纯追求食用性，谈不上艺术，单纯追求观赏性，忽视食用性，则失去了冷菜、冷拼的内在要求。

（二）营养与卫生相结合的原则

冷菜、冷拼的目的是追求美食享受，但食用最终的目的，是获取营养成分，维持人体生理需要，注重营养搭配的同时，还要注意食物原料的卫生，要保证食物原料在不受污染和不变质的情况下去使用和食用，这是人们食用食物最基本的要求。因此，冷菜、冷拼要做到营养与卫生相结合，这是人们食用的前提条件。

（三）造型与盛器相结合的原则

冷菜、冷拼的造型是其表现形式，造型的好坏、大小的布置、比例的协调与盛器的大小、色彩、形状有密切关系，很多冷菜、冷拼都是依据盛器的大小、色彩、形状来设计图案，这样设计的造型与盛器相辅相成，从而衬托出冷菜、冷拼的造型更加美观、协调，突出冷菜、冷拼的艺术性。

（四）刀工与造型相结合的原则

冷菜、冷拼的造型图案是否美观，就技术而言，主要是突显刀工的精细。精细的刀工就是根据不同原料采取不同的刀法，根据图案的形态，对原料形状、粗细、长短、厚薄等进行精细加工，做到整齐一致，既有利于艺术的表达，又有利于食用，精细的刀工对造型起着至关重要的作用。

（五）原料与口味相结合的原则

冷菜、冷拼的原料主要是体现经过加工烹调处理后的食用性，因此，在原料加工制作过程中，要根据原料的性质特点，有目的、针对性地对原料进行调味，使人们在食用冷菜、冷拼的过程中，既得到艺术享受，又满足口腹的需要，使身心和精神都达到愉悦的境地（图1–5）。

（六）色彩与造型相结合的原则

冷菜、冷拼的造型除体现在精细的刀工、优美的图案外，色彩是图案更直接的一种效果，色彩搭配的合理与否，对冷菜、冷拼的效果至关重要，在冷菜、冷拼制作中，往往会出现冷暖色的不协调，色彩差异不大，色彩不鲜艳等情况，因此，在冷菜、冷拼的制作中，要学会色彩的使用原则，使色彩搭配合理，从而增加造型的美观（图1–6）。

（七）传统与创新相结合的原则

冷菜、冷拼的制作，全国各地都很常见，许多造型雷同或相似，特别是一些大赛获奖作品，都作为样本被临摹；一些传统的工艺造型更是作为教学模板去使用，近年来的一些大赛，出现了一些创新的品种，让人耳目一新。因此，创新与传统的造型相结合，会使冷菜、冷拼更加生动。

图1–5　苦藤花冻

图1–6　福袋糯米包

二、冷菜、冷拼制作的基本要求

（一）便于食用，但要防止串味

冷菜、冷拼作为一种用艺术形式表现的食物，要符合食用的目的。由于冷菜、冷拼使用到较多的食物原料，且在拼摆的过程中，原料互相叠砌，且不同的食物有着不同的口味，在这种情况下，极易使原料相互串味。因此，在原料制作过程中，尽可能少用一些带汤汁的食物原料；在拼摆过程中，尽可能使原料单独分开切配，减少原料串味的机会，从而保持一菜一味的格局。

（二）色彩协调，造型美观

冷菜、冷拼制作中，首先要构思好图案造型，设计好色彩的搭配协调，不能随意取些原料，随意拼摆，不能使色彩出现顺色、杂色，要根据图案要求，色彩搭配合理，图案美观，造型协调，比例恰当，给人以逼真的感觉，因此制作者要有一定的艺术素养，懂得色彩的搭配，从而使图案更加美观。

（三）拼摆刀法多样

冷菜、冷拼美观，除体现在色彩上，更重要的是体现在刀工上，因此，在拼摆的过程中，要注意刀法的结合。烹饪中的刀法种类很多，要根据不同要求，合理使用各种刀法，尽可能使用多种刀法，使原料的形态多样，从而保证冷菜、冷拼的图案更加优美精致，达到预期的目的。

（四）硬面与软面要有机结合

冷菜、冷拼的硬面，就是用经刀工处理后具有一定特殊形状的原料，用排、摆、贴等手法制成整齐、具有节奏感的表面，覆盖在垫底的原料上；冷菜、冷拼的软面，是指用不能用于排列或不需要排列的、比较细小的原料堆砌的不规则的造型表面。硬面和软面是两种表面形状不同的原料，在制作过程中，要衔接得当。

（五）选择好器皿

冷菜、冷拼的制作，器皿的选择很重要，器皿的色彩、大小、形状要与冷菜、冷拼的图案造型有机结合，俗话说“美食不如美器”，特别是一些特殊造型的器皿，会给冷菜、冷拼增色不少，亮丽的色彩，也会给图案带来意想不到的艺术效果，器皿大小与冷菜的品种、数量、图案的大小要协调。因此，冷菜、冷拼制作前，要有目的地去选择器皿，达到理想的效果。

（六）节约用料，物尽其用

冷菜、冷拼的原料，使用原料种类较多，且经过各种刀工处理后，下脚料较多，因此，在原料选择时，要注意合理使用原料，有些下脚料经过刀工处理后，可作为垫底原料使用，这样就避免了浪费，达到物尽其用的效果。

三、冷菜、冷拼制作的注意事项

冷菜、冷拼都是由可食性原料制作，可以直接或烹调后食用，由于制作时间比较长，需要精工细作，劳动量也比较大，在制作中需注意以下几个问题。

（一）制作的原料必须是可食用的原料

在冷菜、冷拼制作中，无论使用的原料是生料还是熟料，一定要保持其可食性，非可食性原料绝对不允许使用，各种食品添加剂的使用也一定要严格遵照GB 2760—2014《食品安全国家标准 食品添加剂使用标准》的要求。有些原料，新鲜状态下不能食用，但经过烹调加工后可以食用。有人为了使冷菜、冷拼色彩更美观，造型更加别致，使用一些非食用性原料，那就违反了《中华人民共和国食品安全法》。

（二）不能用腐烂变质原料

有些原料由于制作过程时间较长，特别是在天气炎热的情况下，非常容易腐烂变质，如原料变质，则不能继续使用，另外还要注意制作过程中有些原料的交叉污染。

（三）注意制作过程卫生

冷菜、冷拼制作过程在原料选用、餐具选择、刀具使用、工具配用等方面要严格按照卫生要求，要及时进行必要的消毒处理，制作时最好配以消毒塑料手套，使用的生料、熟料不要被设备、工具等污染，尽可能缩短制作时间，以保证冷菜、冷拼的新鲜度，保证冷菜、冷拼的质量。

（四）要防止成品变色、变质、变形

由于冷菜、冷拼制作所使用的原料，有些会与空气接触而发生氧化变色，有的会因为搁置时间较长而干燥变色，尤其在拼盘摆放过程中，由于摆放时间较长，容易变色、变质、变形。冷菜、冷拼在制作好后，若不及时使用，可用保鲜膜覆盖，放在低温下保存，也可在成品表面涂刷一层油，既防止原料水分挥发，又防止食物与空气接触，同时还会使成品明亮鲜艳，达到保存的目的。

第二章
冷菜与冷拼制作中的食品安全

任务目标：

- 了解冷菜制作过程中营养素变化基本规律，掌握冷菜营养平衡的重要意义。
- 掌握冷菜制作过程中营养平衡的方法，保证各种营养素之间功能和数量上的平衡。
- 理解冷菜间制定严格卫生标准与制度的目的及意义。
- 掌握冷菜间卫生操作流程及标准。
- 了解冷菜与冷拼制作过程中常见的食品安全问题，并掌握在冷菜与冷拼制作过程中食品安全控制的方法。

第一节　冷菜与冷拼的营养平衡

一、冷菜营养平衡的内涵与意义

（一）冷菜营养平衡的内涵

营养平衡，就是按人们身体的需要，根据食物中各种营养物质的含量，设计一天、一周或一个月的食谱，使人体摄入的蛋白质、脂肪、碳水化合物、维生素、膳食纤维和矿物质等几大营养素比例合理，即人体消耗的营养与从食物获得的营养达成平衡。

冷菜营养平衡是一种科学健康的饮食方式之一，它以科学的营养理论为指导，根据《中国居民膳食指南》制定的基本原则搭配相应的肉类、根菜类、果类、叶菜类等，使蛋白质、脂肪、碳水化合物、维生素和矿物质等几大营养素均衡摄入，有利于人体消化吸收，以达到平衡营养、保持健康的目的。

平衡膳食、合理营养是健康饮食的核心。平衡且合理的营养可以保证人体正常的生理功能，促进健康和生长发育，提高机体的抵抗力和免疫力，有利于某些疾病的预防和治疗。平衡膳食主要从膳食结构方面保证营养素的需要，以达到合理营养，它不仅需要考虑食物中含有营养素的种类和数量，而且还必须考虑到烹饪加工过程中如何提高消化率和减少营养素的损失等问题。合理营养要求膳食能供给机体所需的全部营养素，并不发生缺乏或过量的情况。

原料选择的多样化。进入21世纪以来，我国在农业、畜牧业、水产养殖业和种植业等方面都有了长足的发展，为我国烹饪选用丰富而广泛的原料提供了丰厚的物质基础。加之近十多年来，我国冷菜工艺的不断提高发展以及与热菜工艺的有机融合，再加之全球范围内饮食文化和烹饪技术的交流日益加深和频繁，使得冷拼菜品所使用的原料也越来越丰富和广泛。但就冷菜的发展情况而言，冷菜所选用的原料仍然存在着一定的倾向性，即动物性原料如禽类、水产类及畜类肉制品使用的比例较大，而乳制品、豆及豆制品和植物性原料所占的比例较小，我国历来就有把冷菜作“冷荤”的称呼也足以证明了这一点。虽然肉类制品含有丰富的优质动物蛋白质和脂肪酸以及一些脂溶性维生素。但是，这种以肉制品为主要原料的冷菜来看，往往会缺乏碳水化合物、水溶性维生素、无机盐以及膳食纤维等。所以，为使冷拼菜品中各种营养素都能满足人体的需要，在进行原料的选择时，最基本的要求是所选择的原料种类应多样化。只有选用多种原料进行搭配使用，才有可能使冷拼菜品所含的营养素种类较为齐全，符合人体的生理需要。既然我们不能从单一的烹饪原料中得到人体需要的所有的营养素，那么，我们在选择冷菜原料时就必须多样化。

“五谷为养，五果为助，五畜为益，五菜为充。”我们的祖先对这一问题早已有了精辟的论述。所以，在冷菜的制作过程中，应按照每种原料所含有的营养素种类和数量进行合理选择和科学搭配，使各种原料在营养素的种类和数量上取长补短，相互调剂，改善和提高冷拼菜品的营养水平，以达到冷菜营养平衡的要求。用现代营养学的观点来说，就是要合理膳食或平衡膳食，这对保持人体健康是非常重要的。因而可以说，冷菜原料品种的多样化和营养素种类的齐全是衡量冷拼质量的一个非常重要的标准。

（二）保持各种营养素之间功能和数量上的平衡

冷菜的营养平衡还要求各营养素之间在功能和数量上的平衡，这主要包括以下几个方面的内容：

1. 三种热能营养素作为热能来源比例的平衡

一般情况下，在一组冷菜中，菜品所含的蛋白质、脂肪含量较高，而碳水化合物较低，特别是淀粉所占热量比例较少。虽然冷拼菜品中这三种营养素的比例不能根据我们日常膳食所规定（人体正常所需要）的比例供给，但应尽量保持它们之间比例的平衡，以便适应我们日常的生活习惯，避免给胃、肠及消化系统增添负担，也只有这样才能有利于营养素的消化和吸收。

2. 热能消耗量与维生素B_1、维生素B_2和烟酸之间的平衡

我们知道，维生素B_1进入人体后，被磷酸化为维生素B_1焦磷酸盐，以辅酶的形式参与羟化酶和转羟乙醛酶的形成，催化α酮酸的氧化脱羧反应，使来自氨基酸代谢的α-酮酸进入三羧酸循环；维生素B_2是机体许多酶系统中辅酶的成分，例如，黄素蛋白在组织呼吸过程中起递氢体的作用，与能量代谢有密切的关系；烟酸以烟酰胺的形式在体内构成辅酶Ⅰ和辅酶Ⅱ，是组织代谢中非常重要的递氢体。这三种维生素与人体的能量代谢关系密切，所以，其供给量是根据能量消耗按比例供给的。因此，热能供给量与维生素B_1、维生素B_2和烟酸之间的平衡就显得非常重要。

3. 饱和脂肪酸与不饱和脂肪酸之间的平衡

冷拼材料中动物性原料比例相对较大，动物性脂肪中饱和脂肪酸的含量较高，而冷拼菜品在烹制过程中，多用植物油，植物油中不饱和脂肪酸含量较高。因此，在冷拼菜品中又存在着饱和脂肪酸与不饱和脂肪酸之间的平衡问题。这两种脂肪酸对人体的生理功能各有利弊。一般而言，不饱和脂肪酸熔点低、消化吸收率较高，并且还含有必需脂肪酸，因而其营养价值比较高；而饱和脂肪酸熔点高，消化吸收率较低，因而其营养价值比较低，但这仅仅是一个方面。虽然不饱和脂肪酸能降低心血管系统疾病的发生，但如果摄入量过多则会增加体内的不饱和游离基团，据有关研究表明，这可能与癌症的发生有关，特别是肠道肿瘤和乳腺癌；当然，饱和脂肪酸摄入量过多会增加和提高动脉硬化的发病率，这是已被证实了的，但饱和脂肪酸对人体大脑的生长和发育又有一定的促进作用。所以，我们对饱和脂肪酸与不饱和脂肪酸应该有正确的认识，要从辩证的角度去分析和理解。有关研究认为，饱和脂肪酸、单不饱和脂肪酸与多不饱和脂肪酸之间的比例最好控制在1∶1∶1。

4. 酸性和碱性的平衡

人体有较强大的缓冲系统，所以虽然每天机体都会有酸性或碱性物质的过剩，但通过系统的调节能维持机体的pH的正常水平。尽管如此，我们还是应该注意冷拼菜品的酸碱性，尽量使它们维持平衡，以减轻机体生理功能的负担。总的来说，蛋白质含量较高的菜品一般是呈酸性食物，很多蔬菜和水果都是呈碱性食物（尽管有的菜品在食用时呈酸味）。一组冷拼菜品中，其呈酸性食物与呈碱性食物应保持一定的比例，哪一种过多或过少都对机体不利。虽然由于饮食引起的酸中毒或碱中毒的情况非常罕见，但饮食的呈酸性或呈碱性会影响尿液的pH，将对人体产生一定的影响。研究发现，尿液的pH与某些结石的形成有一定的关系。临床调查数据证明，通过饮食调节来调整改变尿液的pH，对尿道结石有一定的预防作用。对一个正常人来说，我们所配伍的冷拼菜品其酸性与碱性应保持一定的比例，使人体尿液的pH维持在正常范围（5.4～8.4）。

二、冷菜营养平衡的意义

营养搭配的目的是维护和保持人体健康，人体健康不仅包括没有身体疾病，而且还包括具有良好的工作状态和身心健康，以及对各种环境的适应能力。合理营养是健康的基石，不合理的营养是疾病的温床，因此，科学合理的营养搭配是人类发展的一项关键目标，也是一个社会进步的重要标志。虽然有些疾病是由生活方式等多种因素作用所致，但膳食结构不合理、营养不均衡是其中特别重要的因素。通过营养搭配使食物中营养素提供给机体一个恰到好处的量，这个“量”既要避免某些营养素的缺乏，又要避免使机体因摄入某些营养素过多而引起营养失衡。

在实际工作中对冷菜进行营养搭配具有以下意义：

（1）可将各类人群的膳食营养素参考摄入量，具体落实到用膳者每天的膳食中，使他们能按需要摄入足够的能量和各种营养素，同时又防止营养素或能量的过高摄入。

（2）可根据群体对各种营养素的需要，结合地域特点及食物的品种、生产季节、经济条件和厨房烹调水平，合理选择各类食物，达到平衡膳食。

（3）通过编制营养食谱，可指导餐饮管理人员有计划地管理膳食产品质量，也有助于家庭有计划地管理家庭膳食结构，并且有助于成本核算。

（4）冷菜营养搭配能更好地满足消费者对营养的需求，减少铺张浪费，树立起健康、包容、和谐的餐饮企业形象，增强企业市场竞争力。

三、冷菜制作过程中营养素的变化

烹饪可以使菜品具有独特的风味特色，如鲜美的滋味、悦目的色彩、美观的形态、多变的质感和诱人的香气，从而引起人们旺盛的食欲。而且，经烹饪后的菜品有助于人体的消化吸收，同时，还可以杀灭烹饪原料中有害的微生物，再加上对原料进行科学而合理的选择，就能保证菜品的营养、卫生与安全。然而，由于烹饪原料的种类不同，其属性不一，在烹饪过程中所采用的烹制方法也各不相同，如调味的类型、加热过程中火候的使用、初步加工过程中方法的选用等。这样，烹饪原料中各种营养素也会因采用不同的初加工方法、烹制方法、调味的类型以及调味品的使用而产生不同程度的变化，因此，我们了解和掌握营养素损失的途径是十分必要的。

菜品中的营养素，可因加工方法调味类别加热形式等因素而受到一定程度的损失，使其原有的营养价值降低，这主要是通过流失和破坏两个途径而损失的。

1. 流失

流失，是指菜品中的营养素损失。在某些物理因素，如日光、盐渍、淘洗等因素影响下，原料中的营养物质通过蒸发、渗出或溶解于水中而丢失，致使营养素损失。

（1）蒸发　由于日晒或热空气的作用，使食物中的水分蒸发、脂肪外溢而干枯。阳光中紫外线作用是造成维生素破坏的主要因素。在此过程中，维生素C损失较大，同时还有部分风味物质被破坏，因而食物的鲜味也受到一定的影响。

（2）渗透压　由于食物的完整性受到损伤，或添加了某些高渗物质如盐、糖等，改变了食物内部的渗透压，使食物中水分渗出，某些营养物质也随之外溢，从而使营养素如脂肪、维生素等受到不同程度损失，主要见于盐腌或糖渍等菜品。

（3）溶解　烹饪原料在初加工、切配和烹制过程中，因方法不当，会使水溶性蛋白质和维生素溶于水中，这些营养物质可随淘洗水或汤汁而被丢弃，造成营养素的损失。如蔬菜切洗不当可损失20%左右的维生素，大米多次搓洗可丢失43%左右的B族维生素和5%左右的蛋白质，动物性原料焯水不当可失去部分脂肪和5%左右的蛋白质等。

2. 破坏

食物中营养素的破坏是指因为受到物理化学或生物因素的作用，使营养素分解、氧化等，失去了营养素原有的基本特性。其破坏的原因主要有食物保管不善或加工不当等，烹制时的高温、不适当的加碱、加热时间太长以及菜品烹制后放置的时间过长等，都可使营养素遭到破坏。

四、冷菜制作过程中的营养保存

（一）调味对营养素的影响

调味是冷拼制作工艺中的重要组成部分，各种调味原料在运用调味工艺进行合理组合和搭配之后，可以形成多种多样的风味特色，这也是近十几年来我国冷拼菜品其品种日益变化繁多的一个非常重要的因素之一。我们知道，调味工艺的客体是烹饪原料，而每类烹饪原料在营养素的种类和含量上都有自己的一定的特点。如肉类烹饪原料的蛋白质、脂肪含量较高，无机盐及一些脂溶性维生素占有一定的比例，而缺乏碳水化合物（包括膳食纤维）、水溶性维生素；植物性原料正好相反，含有丰富的无机盐、水溶性维生素、部分脂溶性维生素、纤维素和果胶类物质，有些蔬菜中含有丰富的可消化的碳水化合物；动物内脏类原料含有丰富的维生素、无机盐、蛋白质、脂肪等营养物质。在调味过程中，应根据各类烹饪原料在营养素种类和分布上的特点，合理科学地选用调味方法和调味品。倘若调味方法、调味原料及味型选择得当，则会使烹饪原料中的各种营养素充分地被人体消化、吸收。相反，如果调味方法、调味原料和味型使用不当，则会使原料中的营养素遭到很大程度的破坏。有的不但影响菜品的消化吸收过程，甚至还会对人体产生不良后果。

“糖醋排骨”“五香熏鱼”等，在制作过程中加醋来调味，增加了肉骨、鱼骨中钙离子析出，便于人体消化吸收。这类调味方法的使用，就充分发挥了动物性原料骨骼中含钙量高的优势，而且这类酸甜的味型，又易诱发食欲，更适合于正在生长发育的青少年及儿童，是较成功的提供钙离子的冷拼菜品。当然，对口腔咀嚼功能较好的老年人也非常适宜，这样可以使老年人的钙吸收量得以改善，有利于预防老年性骨质疏松症。再如含维生素C较为丰富的植物性烹饪原料，如黄瓜、青椒、莲藕、萝卜、莴苣、白菜等，在调味过程中也宜用醋或酸味调味品。因为维生素C对光很敏感，且易遭氧化破坏，但在酸性环境中维生素C较为稳定，可免遭破坏损失。因此，“酸辣莲藕”“糖醋萝卜”“果味黄瓜”“糖醋青椒”“酸辣白菜”“话梅白芸豆”（图2–1）等菜品，都最大限度地保护了烹饪原料中的维生素C，从而增加了维生素C的供给量。

图2–1　话梅白芸豆

我们从以上这些成功的例子中可以看出，在冷菜的制作过程中，调味的方法、味型和调味品的选择对烹饪原料中的营养素都会产生很大的影响。如果我们使用适当，可以最大限度地保持原料中的营养素。反之，则会使原料中的营养素遭到一定程度的破坏，甚至损失殆尽。因此，我们在冷菜的制作过程中，调味方法、味型和调味品的使用应根据烹饪原料在营养素种类和分布上的特点来选择，不可违背这一规律。否则，就是一个不合格的冷菜，至少可以说，不是最完美的冷菜。

（二）制作方法对营养素的影响

我国有制作冷菜的精湛技法，且技法繁多，这些精湛的技艺，使得烹饪原料转变为各种美味佳肴，增加了冷菜的色、香、味，同时也便于就餐者消化、吸收菜品中的各种营养素。但不可否认，在制作冷菜材料的常用方法中，有些方法虽然丰富了菜品的口感和色泽，也增添了菜品的香味，有的还能使菜品具有特殊的风味特色，但同时却也破坏了部分营养素，或使某些营养素转化成不能被人体消化吸收，甚至产生有毒的物质；或由于冷菜技艺和冷菜风味的需要，在菜品中增加了某些对人体健康不利的物质。从我国冷菜发展的现状以及人们的生活习惯、生活水准等方面来看，完全不采用这些加工方法和制作技法似乎不大可能。但是，运用现代营养科学知识，在进行冷菜材料的加工或制作过程中作一些调整，使这些不利因素降到最低限度，是我们近些年来应该做到的。“风鸡”“风鱼”“腊肉”或者“水晶肴蹄”“干切牛肉”等冷菜深受人们的青睐，但这些菜品在加工过程中均是先用盐进行腌制。在腌制过程中，肌肉中蛋白质在微生物和酶的作用下分解产生大量的胺，或者腌制用的粗盐中含有杂质亚硝酸盐，胺与亚硝酸盐结合成亚硝胺，使这些腌腊制品中亚硝基化合物含量增高。况且，在我国传统的烹饪工艺中，很多的肉类冷拼菜品为了增色的需要，在腌制加工过程中常加入一定量的发色剂亚硝酸盐（烹饪界称之为“硝”），这就更增加了腌腊制品中亚硝胺的含量。我们知道，亚硝基化合物对人体有较强的致癌作用。不仅多次长期摄入体内能产生肿瘤，一次摄入过量也可产生。营养学家在动物实验中还发现，摄入亚硝基化合物不仅使成年动物产生肿瘤，妊娠动物摄入一定量后还可通过胎盘使仔代动物致癌。可喜的是，营养学家通过实验又发现维生素C可以抑制亚硝胺对人体的致癌作用，维生素E也有抑制亚硝基化合物形成的作用。因此，在冷菜的制作过程中，若使用“风鸡”“腊肉”等动物类的腌腊制品时，则应搭配一些含维生素C较高的新鲜蔬菜或水果，使亚硝胺等对人体健康有害物质的含量降到最低限度。

在冷菜材料的制作过程中，烟熏和烘烤是我们常用的两种制作的方法。尤其一些地区，使用非常普遍，烟熏和烘烤制品可谓是我国一些地方风味特色的典型代表。在烟熏或火烤过程中，燃料的燃烧会产生稠环芳烃类物质而使菜品受到污染；冷菜材料的油脂在高温下热解也可产生苯并（a）芘。苯并（a）芘等稠环芳烃类物质具有强烈的致癌作用。近来营养学家发现，维生素A具有保护消化道黏膜，并抑制苯并（a）芘对消化道黏膜的致癌作用。因此，当我们在制作冷拼菜品时，若使用了经烟熏或火烤等方法制作的冷菜材料，应增加配以含维生素A或含胡萝卜素较高的冷菜材料，如动物的肝脏、有色蔬菜等，以防止稠环芳烃类物质对人体的危害。

五、冷菜制作营养平衡的方法

营养平衡是指营养素供给量达到全面的平衡。这种全面平衡包括就餐者在营养素上达至生理需要及其各种营养素间建立起一种生理上的平衡。例如，碳水化合物、脂类、蛋白质营养素作为热能来源比例平衡，食物蛋白质中各种必需氨基酸构成比例平衡，饱和脂肪酸与不饱和脂肪酸比例平衡。营养平衡的观点运用于冷菜制作、搭配过程当中，主要体现在以下几个方面：

1. 原料选择多样化

近年来，我国在农业、畜牧业、水产养殖业、食品加工等方面都有了长足的发展，这为烹饪选用丰富而广泛的原料提供了物质基础。加之我国冷菜工艺的不断发展以及与热菜工艺的有机融合，使得冷拼菜品所采用的原料也越来越丰富广泛。就一般情况而言，冷菜所选用的原料存在着这样的倾向性，即动物性原料如禽类、水产类及畜类肉制品比例较大，而乳制品、豆及豆制品和植物性原料所占的比例较小。虽然肉类制品含有丰富的优质蛋白质和饱和脂肪酸以及一些脂溶性维生素，但是，这种以肉制品为主要原料的冷拼往往会缺乏碳水化合物、水溶性维生素、膳食纤维。所以，为使冷菜中各种营养素都能满足人体的需要，在进行原料的选择时，最基本的要求是所选择的原料种类应多样化。只有选用多种类型的原料进行搭配使用，才有可能使冷拼菜品所含的营养素种类较为齐全。人们不能从单一的烹饪原料中得到所有的营养素，在选择原料时必须多样化。因此，在冷菜的制作过程中，应按每种原料所含的营养素种类和数量进行合理选择和科学搭配，使各种原料在营养素的种类和含量上取长补短，相互调剂，改善和提高冷拼菜品的营养水平，以达到营养平衡的要求。用现代营养学的观点来说，就是要合理膳食，这对保持人体健康是非常重要的。因此，原料品种的多样化和营养素种类的齐全是衡量冷拼质量的一个非常重要的标准。

2. 保持各种营养素之间功能和数量上的平衡

冷菜的营养平衡还要求各营养素之同在功能和数量上的平衡，这主要包括以下几方面的内容。

（1）碳水化合物、脂类、蛋白质热能营养素比例的平衡　一般情况下，在一组冷菜中，菜品所含的蛋白质、脂肪含量较高，而碳水化合物则一般较低，特别是淀粉所占热能比例比较少。呈然冷菜中这三种营养素的比例很难达到中国营养协会制定的《中国居民膳食营养素参考摄入量》所建议的比例供给，但应尽量保持它们之间的比例基本平衡，以便适应人们日常的生活习惯，不至于给胃、肠及消化系统增添过重的负担。只有这样才能有利于营养素的消化和吸收。

（2）热能消耗量与硫胺素、核黄素及烟酸之间的平衡　由于硫胺素、核黄素、烟酸与能量代谢有密切关系，其需要量都是随着热能需要量增高而增加。维生素之间也存在相互影响的关系。动物实验表明，白鼠缺乏硫胺素时，其组织中的核黄素水平下降而尿中的排出量增高。因此，硫胺素、核黄素及烟酸之间保持平衡非常重要，如果摄入某一种营养素过多或过少，可能引起或加剧其他营养素的代谢紊乱。

（3）各类脂肪酸之间的平衡　目前，国内外专业的营养学家都在倡导均衡营养，大部分人也都在提倡人体的饮食结构中，饱和脂肪酸、单不饱和脂肪酸和多不饱和脂肪酸最好能达到1∶1∶1的比例。这三种酸实际上是构成脂肪的主要物质，提倡这三种酸平衡，实际上是提倡人们的饮食搭配得当，均衡膳食。

各种脂肪酸对人体的生理功能都有利弊。一般而言，单不饱和脂肪酸和多不饱和脂肪酸熔点低、消化吸收率高，并且还含有必需脂肪酸，因而其营养价值比较高，而饱和脂肪酸熔点高，消化吸收率较低，因而其营养价值较低。但这仅仅是一个方面，不饱和脂肪酸能降低心血管系统疾病的发生，但摄入过多则会增加体内的不饱和游离基团，据有关研究表明，这可能与癌症的发生有关，特别是肠道肿瘤和乳腺癌。饱和脂肪酸摄入过多，很容易造成胆固醇、甘油三酯增高，对心血管构成威胁，所以对有心血管病的人配菜时，尽量少配或不配饱和脂肪酸含量高的原料，但饱和脂肪酸对人体大脑的生长和发育有一定的作用。因此，人们应对各类脂肪酸比例有一个正确的认识。

六、冷菜定性、定量、标准化制作

传统冷菜的制作虽有定性、定量和严格的操作规程，但由于主要是手工操作，难免出现质量不稳定的现象。因此有效地控制菜点质量是冷菜营养平衡的关键。

（一）制定标准

没有明确的产品质量标准，就不可能有规范的操作。因此制定相关的产品标准，是首要的工作，是实施标准化生产的第一步，而合理的生产流程又是实现产品标准化的保证。

（1）定性　定性是对菜点的烹调、制作工艺、用料、成品质量等标准化的研究与确认。这是中餐冷菜制作科学化、规范化的重要途径，可从根本上改变烹饪操作的随意性，根据就餐对象确定菜点应具有的品质，从而确定其原料种类的构成。

（2）定量　定量是具体确定菜点的原料构成比例，对原料用量、熟处理加工方式、加热时间、加热温度等的标准化研究与确认工作。这是加快冷菜操作由经验型向科技型转变，增加操作的确定性，减少随意性的必要前提。它要求掌握原料的加工变化规律，做好原料的出成率测定，然后确定各种原料的准确用量。

（3）标准化　根据对菜点构成的定性、定量研究，确定菜肴制作的质量要求及成品的规格要求，制定出产品的相关标准，包括原料、半成品、成品的相应理化、卫生指标。对菜点的构成与制作方法的定性、定量研究是制定菜点标准的前提，而标准的制定是定性、定量研究工作的具体表述。

（二）中央厨房实现加工标准化

标准化生产必须严格按照标准要求制定操作规程。操作规程是对生产全过程中各个工序进行全面质量控制的重要依据，包括标准计量、标准调味、规定时间、标准控温等几个方面。而中央厨房是实现加工标准化的最佳场所。中央厨房又称中心厨房或配餐配送中心，其主要任务是将原料按菜单分别制作加工成半成品或成品，配送到各连锁经营店进行二次加热和销售组合后销售给顾客，也可直接加工成成品与销售组合后直接配送销售给顾客。建立中央厨房，实行统一原料采购、加工、配送，精简复杂的初加工操作，操作岗位单纯化，工序专业化，有利于提高餐饮业标准化、工业化程度，是目前餐饮业实现规范化经营的必要条件，只有这样才能实现规模效益，让家庭厨房劳动社会化，更科学地保障市民餐桌的安全。

中央厨房标准化，一般围绕标准菜谱、标量菜谱和生产标准三个要求来执行。下面以冷菜“蒜泥白肉”为例进行介绍。

（1）标准菜谱　标准菜谱是以菜谱的形式，列出用料配方，制定制作程序，明确装盘形式和盛器规格，指明菜肴的质量标准，以及该菜品的成本、毛利率和售价。

（2）标量菜谱　标量菜谱就是在菜谱的名单下面，分别列出每个菜品的主料配方和口味特点。这是面向客人的，让客人感到酒店对菜品质量的负责态度，同时也起到让客人监督的作用，从而引起厨师对烹饪质量高度重视。

（3）生产标准　生产标准是指生产流程的产品制作标准，包括原料标准、加工标准、切配标准和烹调标准。原料标准主要是在生产环节中对原料进行复核，是对采购部门工作的监督和补救；加工标准主要是规定用料要求、成形规格、质量标准；配菜标准主要是对具体菜品配制规定用料品种和数量；烹调标准主要是对成菜规定配料比例、调味汁比例、制作规程、盛器规格和装盘形式等。

（三）单个冷菜营养平衡搭配

单个冷菜的营养平衡是营养配餐中存在的最小基本单位。在实际工作中，工作人员应根据冷菜的品种和各自的营养属性，把经过刀工处理后的两种或两种以上的主料和辅料适当搭配，使之成为一道某一个或多个方面营养平衡的菜肴。研究单个冷菜营养平衡搭配原则、组配规律，是冷菜营养平衡的基本问题。在单个冷菜营养平衡搭配中应高度重视以下几个基本原则：

第一，使用卤制菜肴和腌腊菜肴时，应多配用一些含维生素C较高的新鲜蔬菜或水果。营养学家通过实验发现，维生素C可以抑制卤制菜肴和腌腊菜肴中亚硝胺对人体的致癌作用，维生素E也有抑制亚硝基化合物形成的作用，使亚硝胺等对人体健康有害物质的含量降到最低限度。

第二，使用经烟熏或火烤等方法制作的冷菜材料时，应有意识地加配含维生素A或胡萝卜素较多的冷菜材料。营养学家发现，维生素A具有保护消化道黏膜，并抑制烟熏类和烤制类菜肴中的苯并（a）芘对消化道黏膜的致癌作用。

第三，使用“温热性”烹饪原料制成的食物，应配上“寒凉性”烹饪原料制成的食物；反之亦然。这对维持人体的寒热平衡具有重要作用。值得注意的是，针对个人的体质、季节等差异可以按如下原则搭配：

（1）热体质的人多吃寒凉食物，而寒体质的人则多吃温热食物。

（2）冬天气候阴冷，应多吃温热性食物；夏天气候炎热，则吃寒凉性食物较好。

（3）喜欢吃火锅的人，经常上火，则要补充点寒凉食物，腹泻的时候就要吃点温热性的，视身体状况而定。

（4）使用炸、干煎等方法制作的冷菜或脂肪含量高的原料时，应配一些能解油腻、加强肠胃蠕动并能去火的食物，如配一些膳食纤维含量高的果蔬，如白菜、番木瓜、西红柿、苹果、黄瓜等。

（四）多个冷菜（冷餐会）营养平衡搭配

多个冷菜的营养平衡搭配是在综合筵席预订者对筵席的规格和要求后，按照一定标准、原则、比例对多种类型的单个冷菜进行合理搭配组合，使其成为具有一定质量规格的整套菜肴的设计、编排过程。

冷餐会是目前国际上流行的一种非正式宴会，在大型的商务活动中尤为多见。之所以称冷餐会主要是因宴会中提供的食物以冷食为主。当然，适量地提供一些热菜，或者提供一些半成品由用餐者自己进行加工，也是允许的。冷餐会的具体做法是，不预备正餐，而由就餐者在用餐时自行选择食物、饮料，然后或立或坐，自由地与他人在一起或是独自地用餐。人们赴宴，除了社交之外，还要借助膳食补充营养、调节人体机能。在进行冷餐会菜肴组合时，要从整体角度去考虑宴会菜品营养搭配的合理性。通过菜肴之间的组合发挥营养素之间的互补作用，提高食物的营养价值。因此，在多个冷菜（冷餐会）营养平衡搭配过程中不但要坚持单个冷菜营养平衡搭配的基本原则，还应坚持以下原则。

1. 冷餐会菜肴原料应多样化

五谷杂粮类原料：五谷杂粮在我国人民膳食构成中占有重要地位，主要提供碳水化合物、膳食纤维、B族维生素、蛋白质，但五谷杂粮类原料在加工过程中蛋白质基本都损失了，应与奶类、蛋类、肉类搭配，可以弥补蛋白质的不足。

肉类原料：肉类原料是膳食中优质蛋白质、无机盐、脂肪和B族维生素的重要来源，特别是鱼肉脂肪所含的EPA、DHA对防止动脉硬化、促进大脑发育等均有一定的好处；动物肝脏中B族维生素含量很丰富，特别是富含烟酸；禽类肝脏是铁的最佳来源。

奶类原料：奶类原料是膳食中蛋白质、钙、磷、维生素A、维生素B_2、维生素D的重要来源之一。在营养搭配中可以选用不同类型的奶制品进行配菜，如酸奶、鲜奶、黄油、奶油、奶酪等。

蔬菜类原料：蔬菜含水量很高，蛋白质和脂肪含量低，含有维生素C和胡萝卜素、各种有机酸、芳香物质、色素和膳食纤维，蔬菜类原料不仅能提供营养物质，还能够改善食欲，促进消化吸收（图2–2）。

图2–2 百香果山药

水果类原料：水果富含膳食纤维、生物类黄酮、有机酸，这些都是有益健康的重要物质。其中部分水果还含有丰富的维生素C，如山楂、猕猴桃、鲜枣、柑橘等。在对各种宴席、冷餐会等的设计中均应包含水果类拼盘。

纯能量食物：主要包含植物油、淀粉、食用糖、酒精等。它们主要提供能量以维持人体的新陈代谢。

2. 冷餐会菜肴原料酸碱应平衡

人的身体就像一个化学实验室，体内无时无刻不在进行无数生物化学反应，维持新陈代谢正常运转。如果“实验室”内的酸碱失衡，就会“天下大乱”。人体每天摄入酸性及碱性食物，它们经过人体的分解，会在体液（血液、尿液、组织液）中产生酸性和碱性的物质。医学研究证明，当血液酸性化时，人体可表现为手足发凉、易感冒、皮肤脆弱、伤口不易愈合、易引起关节肿痛、对疾病抵抗力降低等症状，甚至可直接影响到脑和神经功能。

维持酸碱度的物质基础是酸碱性食物的合理搭配。鸡鸭鱼肉味道固然好，但是吃得太多就会觉得整个人无精打采、身体无力、懒洋洋的，提不起精神，这是因为它们进入体内后经过分解使体内变成酸性体质的结果，如果同时食用碱性食品，就能使酸碱得到平衡。营养专家们的研究证实，人体每天摄入食物的酸性食物与碱性食物的比例应为1∶4，这样就能使人体酸碱平衡。

3. 控制菜肴的脂肪含量

虽然脂肪在人体内发挥着重要作用，但如果不加控制，身体内的脂肪供应一般会供大于求的。所以人们要多在“节源”上下功夫，保证脂肪的摄入适量。我国的营养专家建议，成年人每天摄入的脂肪应为50～80g。

（1）食用油的选择　花生油、橄榄油的亚油酸比例达到了25%，而核桃油、葵花籽油、香油中亚油酸的比例高达40%～60%，选用这些营养价值高的油脂，就可大大降低脂肪的摄入量。

（2）减少油炸烹制食物　虽然植物油相对于动物油比较健康，但如果用它来煎炸食物，高温就会把健康的不饱和脂肪变成危险的饱和脂肪，而且还会使原料中脂肪含量增加。

4. 蔬菜类原料与畜禽类原料互补

畜禽类原料中含有优质蛋白质，脂肪含量较丰富，并富含脂溶性维生素，而蔬菜则富含水溶性维生素、无机盐等。蔬菜与畜禽类原料搭配食用，可使脂溶性维生素和水溶性维生素均得到补充，畜禽肉类原料中的蛋白质又有助于蔬菜中无机盐的吸收利用。这两种食品搭配，从营养上可以取长补短、相互补充，在口味上，肉类过于油腻，蔬菜又过于平淡，这样搭配浓淡适中、清爽可口。

第二节　冷菜与冷拼制作中的食品安全控制

一、冷菜间卫生管理制度

（一）冷菜间计划卫生管理制度

1. 对一些不易污染、不便清洁的区域或大型制冷设备，实行定期清洁、定期检查的计划卫生制度。

2. 切配用的刀具、砧板、缸盆等用具，每日上下班都要清洗。

3. 厨房屋顶天花板每两个星期至少清扫一次。

4. 每周规定一天为厨房卫生日，各岗位彻底打扫包干区域及其他死角卫生，并进行全面检查。

5. 计划卫生清洁范围，由所在区域工作人员及卫生包干区责任人负责；无责任人及公共区域，由厨师长统筹安排清洁工作。

每期计划卫生结束之后，需经厨师长检查，其结果将与平时卫生检查结果一起作为员工奖惩依据之一。

（二）冷菜间卫生检查制度

1. 工作人员应积极配合定期健康检查，被检查认为不适合从事厨房工作者，应自觉服从组织决定，支持厨房工作。

2. 工作人员必须保持个人卫生，衣着整洁。上班首先必须自我检查，领班对所属员工进行复查，凡不符合卫生要求者，应及时予以纠正。

3. 厨师长按计划日程对厨房死角及计划卫生进行检查，卫生未达标的项目，限期整改，并进行复查。

4. 针对工作岗位、食品、用具、包干区及其他日常卫生，上级应每天对下级进行逐级检查，发现问题及时处理。

5. 每次检查都应详细记录，结果予以公布，成绩与员工奖惩挂钩并及时兑现。

（三）冷菜间日常卫生制度

1. 冷菜的生产、保藏必须做到专人、专室、专工具、专消毒，单独冷藏制度。

2. 非冷菜间人员不得随意进出冷菜间，个人生活用品及杂物不得带入冷菜间。

3. 冷菜间工作人员要严格注意个人卫生，在预进间二次更衣，穿戴洁净的衣、帽、口罩和一次性手套，严格执行洗手、消毒规定，洗手后用75%浓度的酒精棉球消毒。操作中接触生原料后，切制冷荤熟食、凉菜前必须再次消毒，使用卫生间后必须再次洗手消毒。

4. 冷菜间应安装空调系统且室内温度不得超过25℃。

5. 冷菜间的工具、用具、容器必须专用，同时严格做到生熟食品分开，生熟工具（刀、砧板、盆、秤、冰箱等）严禁混用，避免交叉污染。

6. 供加工凉菜用的蔬菜、水果等食品原料须洗净消毒，未经洗净处理的不得带入凉菜间。

7. 冷荤熟食在低温处存放超过24h要回锅加热。出售的冷荤食品必须每天化验，化验率不低于95%。

8. 冷菜间紫外线消毒（强度不低于70μW/cm^2）要定时开关，悬挂在工作台上方离地面2~2.5m。工作前要使用紫外线灯对空气、台面消毒30min，并定期用酒精棉花擦拭灯管，以免积灰，每天做好消毒记录。

9. 加工熟食卤菜要先检查食品质量，原料不新鲜不加工。熟食卤菜要在其他安全场所加工，加工完成后方可进入冷菜间改刀配制，剩余的存放在熟食冰箱内。

10. 冷荤专用刀、砧板、抹布每日用后要洗净，次日用前消毒，砧板定期用碱水进行刷洗消毒。

11. 各种凉菜现配现用，尽量当餐用完，隔餐隔夜的改刀熟食及冷拼凉拌不能再做凉菜供应。

12. 盛装冷菜、熟食的盆、盛器每次使用前要刷净、消毒。

13. 各种凉菜装盘后不可交叉重叠存放，传菜从食品输送窗口进行，禁止服务员直接进入冷菜间端菜。

14. 存放冷菜熟食的冰箱、冷柜门的拉手，需用消毒小毛巾套上，每日更换数次。

15. 冷菜间厨师应保持四勤，即勤洗澡、勤洗手、勤理发、勤换衣，身上无异味。

16. 加工结束后，将剩余食品冷藏，清理室内卫生。

二、冷菜间环境的卫生要求

由于冷菜在制作工艺程序上有它的特殊性，因而在饮食行业中往往被列为一个相对独立的部门，谓之“熟食间”“冷拼间”或“冷碟房”。这种专门从事冷拼制作的场所应具备无蝇、无鼠、无蟑螂、四壁光亮、窗明几净、无油腻污垢、无灰尘等相对隔绝条件，以防止冷拼菜品受到污染；冷菜间还应具有换气通风设备及恒温设施，以保持环境空气新鲜及控制操作人员的体液排泄，创造无汗操作的工作环境，环境温度一般控制在10~20℃为宜，这样可以防止操作者的汗液通过手而污染冷拼菜品，并一定程度地控制在操作过程中冷拼菜肴的自氧程度。同时，也是控制冷拼菜品腐败变质的重要措施。

三、冷菜制作工具与设备的卫生控制

（一）冷菜加工工具的卫生控制

在冷菜的制作过程中，离不开与冷菜原料直接接触的加工工具，如各种刀具、用具（包括夹子和模具等）、砧板和各类工具等，这些工具时常与冷菜原料直接接触。因此，这些工具应该是专门使用，不受其他部门的干扰，并在使用前必须经过严格的杀菌消毒措施（如高温消毒或消毒液清洗等），而且还要做到生熟分开加工（即所谓烹饪行业上称的“双刀双板”），以确保加工冷拼材料的刀具、砧板等决不加工生料，以防止生料的血渍、黏液或生水等通过工具对冷拼菜品造成污染。

（二）冷菜间设备的卫生控制

冷菜间常用的设备就是存放冷菜原料和冷菜成品的冰箱、冰柜、货橱以及摆放冷菜原料或冷拼菜品的操作台、货架等。冰箱或冰柜内的温度应控制在5～10℃最为适宜，这一温度范围既不会影响所存放冷拼菜品的风味特色，同时也能有效地抑制微生物的生长繁殖。对冰箱或冰柜要每天清理，并定期彻底清洗（每周一次），始终保持其清洁卫生。冰箱或冰柜内所存放的冷菜原料或冷拼菜品需要加盖或用保鲜膜分别密封，以防止各种材料的互相“串味”。无论是操作台、货橱或货架，都应该是用不锈钢材质的，这既可以防止因环境潮湿生锈而污染冷拼菜品，又便于清除油腻污物，彻底铲除微生物生长繁殖的“根基”。这些设备每天都要清洗，以保持其整洁卫生。

四、冷菜制作原料的卫生与安全

冷菜原料的选择使用要特别严谨，因为它对冷拼菜品的卫生质量与安全保障有着举足轻重的影响。据有关资料统计，食物中毒事件中，绝大部分都是由于原料质量不符合卫生要求而引起的，对于腐败、变质、发霉、虫蛀以及有异味的原料要杜绝使用，把好原料卫生与安全这一关。对于一些瓜果蔬菜，应选用“绿色蔬菜”，严禁使用农药残留量超标的原料。只有这样，我们才能使菜品的卫生与安全从根本上得到保障。

五、冷菜制作过程的卫生与安全

（一）洗手消毒

在冷菜的制作过程中，手与冷菜原料或冷菜成品的接触是难免的，因此，冷菜间的操作人员在进入冷菜间加工操作之前对手的清洗消毒就显得尤为重要，切不可忽视。一般可用0.03%的高锰酸钾溶液或其他消毒液浸洗，也可用75%的酒精擦洗，确保操作人员手的清洁卫生。

（二）穿工作服、戴工作帽和口罩

冷菜间的工作人员在进冷菜间操作之前必须穿工作服、工作鞋，戴工作帽和口罩，并严禁他人随便出入冷菜间，以免冷拼菜品或工作环境受到污染。

（三）冷菜制作的时间与速度的要求

冷菜间的工作人员其冷菜制作工艺技术应该娴熟、迅速，做到快速而准确，要尽量缩短冷拼菜品的切配和成形的时间。因为冷菜的拼摆时间越长，菜品受污染的可能性就越大。一般而言，小型单碟冷拼宜在数分钟内完成，即使是相对较为复杂的大型花式冷拼，也要求在30min之内完成。

（四）冷拼菜品的保鲜要求

所有的冷拼菜品成形后，均应立即加盖（有的冷拼餐具带盖）或用保鲜膜密封放置，直至就餐者就座后由服务生揭去保鲜膜（或盖）供就餐者食用。这样既可以防止冷拼菜品受到污染，同时也可以保持菜品应有的水分，以免冷拼菜品在放置过程中失水而变形、变色，影响菜品应有的风味特色。

（五）冷菜隔日使用的卫生要求

在餐饮行业中，冷菜的制作往往是相对批量生产的，尤其是选用动物性烹饪原料和制作工艺比较烦琐或制作过程相对费时的冷菜，如腐乳叉烧肉、五香酱牛肉、盐水鸭等，其制作生产的量不可能与当日的供应消费量完全吻合，在实际工作中，这些冷菜制作的量往往都是在预计量的基础上略有放大，因而，这些冷菜在当日营业结束后有一定的剩余量是完全正常的，当然，这些冷菜在第二天继续使用也是合情合理的。但是，对于前日剩余冷菜的使用是有条件的，绝不能在没有适当地保存和重新回锅加热的情况下使用，前提是绝对卫生和安全。当日所剩余的冷菜，当天一定要重新回锅加热，待冷却后加以冷藏保存，并在次日使用前仍需入锅重新烹制，以免冷菜受污染而变质；另外，夏季时热制冷吃的菜品每隔6h就应该再回锅加热一次，有的冷菜不宜回锅加热，这种冷菜不建议隔日使用，而应弃去。这样，才能确保冷拼菜品的清洁卫生与安全。

当然，我们在冷菜的制作过程中，根据本店的经营状况掌握烹制冷菜的总量，使其与当日的销售量能基本相符，尽量使当日制作的冷菜少剩余或不剩余。这样，既能最大限度地保持冷拼应有的风味特色，又确保了每天的冷菜的新鲜、卫生和安全。

（六）冷菜点缀中的卫生与安全要求

在冷菜工艺中，点缀是一种非常常用的装饰方式。通过点缀能使菜品在色形等方面更加和谐与完整。点缀物品一般并不具有食用的直接意义，然而，从卫生与安全的角度而言，点缀物品的卫生与安全程度与冷菜的质量有着密切的关联，因此，同样不可大意。在冷菜的制作过程中，我们常选用些小型的瓜果或蔬菜原料进行点缀装饰，虽然这些点缀物品并不是冷拼菜肴中供食用的主体，但它们毕竟也是整个冷拼菜品的组成部分，并且与冷拼菜肴中供食用的主体部分同放在一个盘子之中，因而，我们在使用前必须对其进行清洗干净并消毒后方可直接使用。严禁使用不可生食的瓜果或蔬菜原料（如土豆、南瓜、茄子、四季豆等）和对人体容易造成伤害的物料（如铁丝、竹度、牙签等）进行点缀，更不可以使用对人体健康有影响的人工合成色素和化学胶水等，以免造成对菜品的污染和对人体的伤害。

六、冷菜操作人员的卫生要求

冷菜间的操作人员，要切实注意个人卫生。要勤洗澡、勤理发、勤换衣服、勤剪指甲等，操作人员严禁佩戴金银等首饰（尤其是手指上）直接操作；另外，冷菜间的操作，人员还需定期进行身体检查，严格做到持证（健康证）上岗。一旦发现患有传染病者，应立即调离，并将冷菜间进行彻底消毒处理，待其痊愈后方可调回。

七、冷菜间卫生操作流程及标准

（一）冷藏冰箱的卫生操作流程

（1）断电后打开冰箱门，清理出里面的物品。

（2）用洗涤剂水擦洗内壁、货架、密封皮条等，清理出冰箱底部的杂物，包括污水及菜汤等。

（3）用3/10 000的优氯净溶液将冰箱内部各个部位反复擦洗1～2遍。

（4）再用干净的清水清洗1～2遍，并把里面的水擦拭干净。

（5）把再次加热消毒后的原料和当天新做的半成品或成品凉凉后放入消毒后的容器中并加盖或用保鲜膜密封后，依据先进先出的原则放入冰箱，连接上电源，调节冰箱温度至适宜的范围。

（6）冰箱外部用洗涤剂水擦至污物完全脱落后，用清水反复擦洗两遍直至无任何污物，再用毛巾把冰箱整个外部擦干至光亮。

标准：设备运转正常且制冷温度适宜，内部干净，无油污、无积水、无杂质，原料摆放整齐有序，符合《中华人民共和国食品安全法》及行业卫生标准。外部干净明亮。应该回炉加热消毒的原料应消毒冷却后方可存入冰箱。

（二）冷冻冰箱的卫生操作流程

（1）断电后打开冰箱门，清理出里面的物品。

（2）用抹布清理出冰箱中的杂物及污水、油污、制冷管上的冰块等。

（3）用洗涤剂水擦洗冰箱四壁及其货架、密封皮条、排风口、制冷管等上的脏物。

（4）再用清水反复擦拭冰箱内部的各个部位直至无任何不洁之处。

（5）整理好各种原材料，如需要更换保鲜盒、保鲜膜的应及时更换，注意检查是否有变质的食物，如有应及时处理，对沾上污物的原料应用清水擦干净后用保鲜膜或保鲜盒装好。

（6）按照原料的类型，将其整齐有序地摆放在冰箱内，连通电源，调至适宜的温度。

（7）冰箱外部用洗涤剂溶液擦至污物完全脱落后，用清水清洗至光亮。

标准：设备运转正常且制冷温度适宜，内部物品摆放整齐，冰箱各部位干净，无腐烂变质的原料，制冷管上无冰块，密封皮条无油泥，无血水异味。冰箱表面及四周均干净明亮。

（三）地面卫生操作流程

（1）用扫帚把地面及各死角处的杂物清扫干净。

（2）用拖把蘸上洗涤剂溶液，从里向外拖擦地面。

（3）用清水冲洗干净拖把，反复拖擦两遍。

标准：地面干净，无油污、无杂物，不打滑，无水迹。

（四）墙面卫生操作流程

（1）用抹布蘸洗涤剂水，从墙面顶端向下擦洗墙壁，对墙砖连接处应特别注意擦拭，避免杂质遗留在缝隙当中。

（2）用抹布蘸清水反复擦2～3次，以去除洗涤剂的味道及墙面污物。

（3）用干抹布擦掉墙面的水滴。

标准：墙面光亮干净，无水迹、无污渍。

（五）菜墩操作流程

（1）用刀具将菜板上的木屑刮削，或用木工刨子刨削，使菜板污物彻底清除，并可使菜板保持平整。

（2）使用前用热水擦洗干净后，用3/10 000的优氯净溶液反复擦洗消毒，再用清水洗净然后竖放在通风处。

（3）每天开餐前还应用开水煮制20min以上。

标准：砧板表面平整、无油渍、无裂痕、无异味。

（六）刀具卫生操作流程

（1）清除刀具表面的污渍，如刀具长时未用而生锈时应用磨刀石磨掉。

（2）用洗涤剂溶液清洗掉刀具上的油渍后用消毒液浸泡30min。

（3）把用消毒液浸泡后的刀具用清水清洗干净后，用抹布擦干水，放在通风处定位存放。

标准：无油渍、无铁锈、无卷口，刀锋利。

（七）熟食盛器卫生操作流程

（1）使用前用洗涤剂清洗至无油渍、无杂质。

（2）用3/100 000的优氯净溶液浸泡20min以上，然后用清水冲干净，或者用开水煮10min或上笼蒸15min。

（3）冲洗干净后用消毒毛巾把水擦拭干净。

标准：盛器干净光亮，无水滴，专柜保存。

（八）灭蝇灯卫生操作流程

（1）把灭蝇灯电源关掉，除去飞虫、异物等。

（2）用抹布将灯罩、灯管等所附着的污物擦拭干净后并通上电源。

（3）定期检查其灯管是否有效，如有问题应及时更换，每周至少应清理3次灭蝇灯具。

标准：无飞虫、无污渍、灭蝇灯工作正常。

（九）水池卫生操作流程

（1）用工具将水池内的杂质扫至漏斗上，将漏斗提出，把杂质倒入垃圾桶。

（2）用洗涤剂把漏斗清洗干净。

（3）将适量的洗涤剂倒在刷子上，用刷子刷洗水池，然后用清水冲洗干净。

（4）把漏斗安装好，用干抹布擦净水池上的水。

标准：无杂物、无油渍、无积水，水流畅通。

（十）操作台卫生操作流程

（1）在操作台上切配之前应用洗涤剂再次把不锈钢操作台面擦洗一遍后，再用清水洗净。

（2）再用3/100 00的优氯净消毒水擦拭一遍，用清水清洗干净后用消毒抹布擦干水痕。

标准：台面干净、光亮、无污染物。

注意：原料不能与台面直接接触，切配好的原料应放入消毒后的专用盛器中。随时保持操作台面的整洁。

第三节　冷菜与冷拼制作中的常见食品安全问题

一、食品安全法律规范

1.《中华人民共和国食品安全法》概述

《中华人民共和国食品安全法》（简称《食品安全法》）是由国家制定，并由国家强制力保证实施的，用以调整、监督、管理食品生产经营过程中产生的各种社会关系的行为规范的总和。所有食品生产经营企业、食品卫生监督管理部门和广大人民群众都应深刻认识并遵照执行。餐饮企业特别是冷菜间菜肴生产，更应自觉以该法为准绳，制定各项管理制度，督导生产活动，切实维护企业形象和消费者利益。

2.《中华人民共和国食品安全法》对餐饮企业冷菜的卫生要求

（1）菜肴的卫生要求

①菜肴应当无毒、无害，符合应当有的营养要求，具有相应的色、香、味等感官性状。

②专供特殊人群的主、辅菜品，必须符合国务院卫生行政部门制定的营养、卫生标准。

③菜肴中不得加入药物，但按照传统既是食品又是药品的作为原料、调料或者营养强化剂加入的除外。

（2）冷菜生产过程的卫生要求

①冷菜间的内外环境整洁，采取消除苍蝇、老鼠、蟑螂和其他有害昆虫及其滋生条件的措施，与有毒、有害场所保持规定的距离。

②应当有与菜肴品种、数量相适应的烹饪原料处理、加工、装盘、贮存等设备或用具。

③应当有相应的消毒、二次更衣、盥洗、照明、防腐、防尘、防蝇等设施。

④餐具、饮具和盛放直接入口食品的容器，使用前必须洗净、消毒，炊具、用具用后必须洗净，保持清洁。

⑤贮存菜品的容器、包装、工具、设备和条件必须安全、无害，保持清洁，生熟分开，防止食品污染。

⑥制作经营人员应当时刻保持个人卫生，生产、销售食品时，必须将手洗净，穿戴清洁的工作衣、帽，并佩戴一次性食品加工手套。

⑦用水必须符合国家规定的城乡生活饮用水卫生标准。

⑧使用的洗涤剂、消毒剂应当对人体安全、无害。

（3）禁止生产经营的食品

①腐败变质、油脂酸败、生虫、混有异物或者其他感官性状异常，可能对人体健康有害的。

②含有毒、有害物质或者被有毒、有害物质污染，可能对人体健康有害的。

③含有致病性寄生虫、微生物的，或者微生物毒素含量超过国家限定标准的。

④未经兽医卫生检验或者检验不合格的肉类及其制品。

⑤病死、毒死或者死因不明的禽、畜、兽、水产动物等及其制品。

⑥容器包装污秽不洁、严重破损或者运输工具不洁造成污染的。

⑦掺假、掺杂、伪造，影响营养、卫生的。

⑧用非食品原料加工的，加入非食品用化学物质的或者将非食品当作食品的。

⑨超过保质期限的。

⑩为防病等特殊需要，国务院卫生行政部门或者省、自治区、直辖市人民政府专门规定禁止出售的。

⑪含有未经国务院卫生行政部门批准使用的添加剂的或者农药残留超过国家规定容许量的。

⑫其他不符合食品卫生标准和卫生要求的。

（4）食品添加剂的卫生要求生产经营和使用食品添加剂，必须符合GB 2760—2014《食品安全国家标准—食品添加剂使用标准》和卫生管理办法的规定，不符合卫生标准和卫生管理办法规定的食品添加剂，不得经营、使用。

（5）食品容器、包装材料、工具和设备的卫生要求必须符合卫生标准和卫生管理办法的规定。食品容器、包装材料和食品用工具、设备的生产必须采用符合卫生要求的原材料，产品应当便于清洗和消毒。

二、冷菜常见的食品卫生问题

冷菜的特点是品种繁多、加工方式差异较大，而且冷菜食用前，往往不再加热，然而食用前加热却是预防沙门菌、致泻性大肠埃希菌、副溶血性弧菌等食物中毒的重要手段，所以在夏季经常出现由于食用冷菜而发生食物中毒的案例。卫生部门对冷菜的抽检，其细菌总数、大肠菌群数的不合格率也往往比较多，一些冷菜属于高危食品。由于每次宴会中首先端向餐桌的是冷菜，其卫生质量如何，是顾客首先关注的焦点，也是发生食物中毒事故的重要起因。

（一）食品危害

预防食源性疾病是每个食品服务人员面临的最重要挑战之一。为了预防疾病，食品操作人员必须了解食物霉病的来源。大多数食源性疾病是食用被污染的食物的结果。在本节中，我们首先讨论哪些物质可以污染食物，并导致疾病。之后，我们考虑这些物质如何进入食物以污染食物，以及食品工作者如何防止污染，并避免使用受污染的食物。食物中任何能引起疾病或伤害的物质都称为危险物质。食品危害有四种类型：生物危害、化学危害、物理危险、过敏原。

值得注意的是，大多数食源性疾病是由食用受异物污染的食物引起的。有些疾病不是由污染物引起的，而是由食物中自然发生的物质引起的。这些包括植物毒素，如有毒蘑菇中的化学物质，以及某些自然食物成分，有些人对此过敏。本节考虑所有这类食物的危害。要考虑的最重要的生物危害是微生物。微生物是一种微小的，通常是单细胞的有机体，只能通过显微镜才能看到。能引起疾病的微生物被称为病原体。虽然这些生物有时发生在大到足以用肉眼看到的程度，但它们通常是不可见的。

1. 食品中的细菌概述

细菌无处不在，在空气中，在水里，在地下，在我们的食物上，在我们的皮肤上，在我们的身体里。科学家有各种各样的方法来分类和描述这些细菌。作为食品工作者，我们感兴趣的是一种对它们进行分类的方法，这种方法可能不那么科学，但对我们的工作更实用。

无害细菌，大多数细菌都属于这一类，它们对我们既没有帮助也没有危害，我们在食品卫生方面并不太多关注。

有益细菌对我们有帮助，在肠道中它们对抗有害细菌，帮助食物消化，并产生某些营养素。在食品生产中，细菌使许多食品的生产成为可能，包括奶酪、酸奶和泡菜。

不良细菌是造成食物变质的原因。它们会引起酸败、腐烂和分解。这些细菌可能会或可能不会引起疾病，但它们提供了一个内置的安全因素：它们通过酸的气味、黏性或粘黏的表面以及变色来宣布它们的存在。只要我们使用常识，遵循“怀疑时就扔掉”的规则，我们就相对安全地远离这些细菌。

致病细菌或病原体这些是导致大多数食源性疾病的细菌，也是我们最常接触的细菌（表2-1）。保护食物不受致病菌侵害的唯一方法是使用适当的卫生措施和卫生的食物处理和储存技术。中毒是由细菌在食物中生长时产生的毒素引起的，而不是由细菌本身引起的。感染是由细菌（或其他有机体）进入肠道系统并攻击身体引起的。疾病是由细菌在体内繁殖时自身引起的。疾病是由于细菌在体内生长繁殖，多数食物中毒是由于毒素介导的感染。细菌通过分裂成两半而繁殖。在理想的环境下15～30min就能翻一番，这意味着一个细菌可以在6h内繁殖到100万。细菌需要食物才能生长，含有足够蛋白质的食物最适合细菌生长。这些食物包括肉、家禽、鱼、奶制品和鸡蛋，以及一些谷物和蔬菜。

表2-1　致病细菌形成的原因、来源及预防措施

致病细菌	形成原因/特点	细菌的来源	通常涉及的食物	预防措施
肉毒杆菌	肉毒中毒是由肉毒杆菌产生的肉毒毒素引起的急性中毒，临床上以神经系统症状为主要表现。即使只吃少量的有毒食物，通常也是致命的。这种细菌是厌氧的，不会在高酸性食物中生长，大多数病情是由不当的罐装技术引起的，通过煮沸20min可以去除毒素	蔬菜或其他食物上的土壤	家用低酸蔬菜罐（在商业罐头食品中非常罕见）	只能使用商用罐装食品。任何有膨胀或损坏、有异味的罐头不要尝，直接丢弃
金黄色葡萄球菌	由金黄色葡萄球菌产生的毒素引起的食物中毒，以恶心、呕吐、胃痉挛、腹泻和虚脱为特征	通常是食品工人	奶制品、马铃薯沙拉、蛋白沙拉、火腿、荷兰酸辣酱、奶油冻、甜点、蛋白质食品等	养成良好的卫生习惯和工作习惯。在生病或感染时不要处理食物。清洁和消毒所有设备保持食物低于5℃或高于57℃
大肠杆菌	这种细菌引起疾病或中毒，感染严重会导致腹痛、恶心、呕吐。腹泻和其他症状是由大肠杆菌中毒引起的。腹泻虽然通常在1～3d痊愈但在某些情况下，它可能导致长期疾病	人类和一些动物特别是牛的肠道，还有受污染的水	未经高温消毒的生的或未煮熟的红肉，受污染的乳制品；有时是饮水，准备好的食物，如马铃薯泥和奶油派	食物彻底煮熟，尤其是红肉生熟分开，避免交叉污染；保持良好的卫生习惯
沙门菌	沙门菌引起的食物感染表现出与葡萄球菌中毒相类似的症状，但是这种疾病可能持续更长时间，大多数家禽携带这种细菌	受污染的肉类和家禽；食品工人的粪便污染	肉类、家禽、鸡蛋、家禽填充物。未经加工的食品和污染水域的贝类	保持良好的个人卫生，正确储存和处理食物；加强对昆虫和啮齿动物的控制；处理生家禽后洗手并消毒所有设备和切割表面；使用经认证的贝类
链球菌	以恶心、胃痉挛、胃痛和腹泻为特征的感染，细菌很难被消灭。因为它们并不总能被烹饪杀死。感染链球菌的症状是发烧和喉咙痛	土壤、新鲜肉类、人类携带者；咳嗽、打喷嚏、感染的食品工人	肉类和家禽；在加热或未冷冻的肉汁或酱汁；任何被咳嗽、打喷嚏或受污染的食品工人污染的食品，未进一步烹饪即食用	保持食物在57℃及以上或者5℃以下，被感染者不要处理食物；保护展示的食物不受顾客打喷嚏和咳嗽的影响

续表

致病细菌	形成原因/特点	细菌的来源	通常涉及的食物	预防措施
志贺菌	由不同种类的志贺毒菌造成的疾病其症状是腹泻、腹痛、发烧、恶心、呕吐、抽筋、发冷和脱水。如果不治疗，这种疾病可持续4～7d或更长时间	人体肠道、苍蝇和被粪便污染的水	沙拉和其他生的或冷的熟食、乳制品、家禽	良好的个人卫生；良好的卫生食品处理规范；控制苍蝇；使用卫生来源的食物
李斯特菌	由单核细胞增多性李斯特菌引起的疾病有许多症状，包括恶心、呕吐、腹泻、头痛、发烧、寒战、背疼、脑部和脑髓周围组织炎症。在怀孕妇女中，这种疾病可能导致流产。这种疾病可能在被污染的食物中被食用后几天甚至几个月内不会出现，如果治疗不当，它可能会无限期地持续下去。免疫系统不好的人可能直接致命	土壤、水和潮湿环境；人类和动物，特别是家禽	未经高温消毒的乳制品；生菜和肉类；海鲜；即食食品；受到污染、未煮熟的食品	使用良好的食品处理方法避免交叉污染；使用巴氏杀菌乳制品；保持设施清洁干燥
蜡样芽孢杆菌	由蜡样芽孢杆菌引起的疾病，其症状包括恶心、呕吐、胃痉挛或疼痛。这种疾病通常保持不到1d	土壤、灰尘和谷物	谷物和淀粉，包括糕点和含淀粉增稠剂的食物；肉类、牛奶、蔬菜和鱼	温度控制：烹饪食物要达到适当的内部温度；快速适当地冷却食物
弯曲杆菌	由空肠弯曲杆菌引起的疾病，其症状通常持续2～5d或长达10d并导致腹泻、发烧、恶心、呕吐、肌肉痛和头痛	肉类和乳制品；动物及家禽	未经高温消毒的乳制品；生家禽；受污染的水	烹饪食物到适当的内部温度；使用巴氏杀菌乳制品；安全地处理食品；以避免交叉污染；避免使用受污染的水
弧菌	由两种弧菌引起的症状，包括腹泻、恶心、呕吐、胃痉挛和头痛。严重的病例可能包括寒战、发烧、皮肤溃疡、血压下降和败血症。这种疾病持续1～8d，对免疫系统较差的人是致命的	贝类，尤其是墨西哥湾的贝类	生的或未煮熟的贝类	避免生吃或食用未煮熟的贝类；避免交叉污染
耶尔森菌	由小肠结肠炎耶尔森菌引起的疾病。其症状可持续数天至数周，以发病和严重腹痛为特征，有时头痛、喉咙痛、呕吐、腹泻	家猪、土壤、污染水、啮齿动物	肉类尤其是猪肉；鱼、牡蛎、未经高温消毒的牛奶、豆腐；未经处理的水	把肉尤其是猪肉煮到适宜的内部温度；避免交叉污染；适当的卫生程序和食品处理；避免水污染

细菌需要水来吸收食物。干燥的食物不支持细菌生长。盐或糖含量很高的食物也是相对安全的，因为这些成分使细菌无法利用现有的水分。

细菌在温暖的环境中生长得最好。在5～57℃的温度促进了病原菌的生长，这个温度范围被称为食物危险区（在加拿大，4～60℃是温度危险区，直到现在，这些温度也是美国的标准）。

一般来说，产生疾病的细菌是一种中性的病菌。既不是太酸性的，也不是太碱性的。物质的酸碱度通常用pH的测量来指示。刻度范围从0（强酸性）到14（强碱性），pH为7是中性的，纯水的pH为7。

有些细菌需要氧气生长，这些被称为好氧细菌。有些细菌是厌氧的，这意味着它们只有在没有空气存在时才能生长，如金属罐中，肉毒杆菌中毒是最危险的食物中毒形式之一，是由厌氧细菌引起的。第三类细菌可以随氧或无氧生长，这些细菌被称为兼性细菌。食物中大多数引起疾病的细菌都是兼性的。

当细菌被引入到一个新的环境中时，在它们开始生长之前，它们需要时间来适应它们的周围环境，这一时间称为滞后阶段。如果其他条件良好，滞后阶段可能持续1h或更长时间。如果不是因为滞后阶段，就会有比现在更多的食物中毒。这种延迟使得在室温下食用食物的时间很短，所以要及时对其进行加工。

2. 防止细菌滋生

因为我们知道细菌是如何和为什么生长的，我们应该能够阻止细菌生长。因为我们知道细菌是如何转移的，我们应该能够防止它们进入我们的食物。食物防止细菌有三个基本原则，这些原则是本章其余部分中讨论的所有卫生技术背后的原因。

（1）防止细菌传播不要让食物接触任何可能含有产生疾病的细菌的东西，并保护食物免受空气中的细菌的侵害。

（2）阻止细菌生长，消除细菌生长的条件。在厨房里，我们最好的武器是温度。防止球菌生长的最有效方法是将食物保持在5℃以下或57℃以上。这些温度不一定能杀死细菌，它们会大大减缓细菌的生长。

（3）杀死细菌大多数致病细菌如果受到77℃的温度30s，或更短的时间及更高的温度会死亡。这使我们能够通过烹饪和消毒菜肴和设备使食品安全。“消毒”一词是指杀死致病细菌。某些化学物质也会杀死细菌，这些可用于消毒设备。

3. 预防真菌

霉菌和酵母菌是真菌的例子。这些微生物主要与食物腐败有关，而不是由食物传播的疾病。多数霉菌和酵母菌，甚至那些造成腐败的食物，对大多数人来说并不危险。事实上，一些是有益的，例如，那些引起蓝纹奶酪纹理和面包面团发酵的酵母菌。然而，有些霉菌会产生毒素，使易感者产生过敏反应和严重疾病。例如，某些霉菌会在花生和其他坚果、玉米、棉籽、牛奶等食物中产生一种称作黄曲霉素的毒素，这种毒素会导致一些人患上严重的肝病。

除了与细菌和其他生物体有关的生物危害之外，有些危险是自然存在于食物中的，并不是污染的结果。这些危害包括植物毒素、海鲜毒素和过敏原。

4. 预防植物毒素

简单地说，有些植物对人类是天然有毒的。避免植物产生毒素的唯一办法是避免食用它们所生长的植物以及用这些植物制造的产品。在某些情况下，毒素可以通过食用这种植物的奶牛的奶（如鼠尾草和蛇根）或者植物中蜜蜂采集的花蜜（如山月桂花）而转移到人体。

最有名的植物毒素是在某些野生蘑菇中发现的。有许多种类的毒蘑菇，食用它们引起的症状从轻微的肠道不适到痛苦的死亡。有些蘑菇毒素会破坏神经系统，有的攻击并破坏消化系统，有的攻击其他内脏器官。其他要避免的有毒植物有大黄叶、水毒芹和牛茄子。

5. 预防海产品毒素

有此毒素出现在吃了含有毒素的藻类的鱼或贝类中，因为这些毒素并没有被烹饪所破坏。有些鱼天然含有毒素。最有名的鱼类毒素是河豚中存在的，生河豚在日本被认为是美味佳肴，但必须由经过训练的厨师来制作，这些厨师经过训练，去除产生毒素的腺体而不破坏它们，这样它们就不会污染鱼的肉。这种毒素会攻击神经系统，可能是致命的。其他一些鱼类，如海鳗，含有天然毒素，应该注意避免。

（二）化学和物理污染

使用不当或有缺陷的设备会导致一些化学中毒。通常在食用有毒食物后30min内出现。相比之下，铅中毒的症状可能需要数年才能出现。为了预防这些疾病，不要使用导致这些疾病的材料。

其他化学污染可能是由于食品接触商业食品服务机构使用的化学品而造成的，例如清洁剂、抛光剂和杀虫剂。通过保持这些物品与食品的物理隔离来防止污染；不要在食物周围使用；正确标记所有容器；彻底冲洗使用过的设备。物理污染是指食品被有毒物质污染，但可能造成伤害或不适。包括破碎容器中的玻璃碎片，由于打开不当的罐子里的金属屑，干豆分类不好的石头，洗得不干净的蔬菜上的泥土、昆虫或昆虫的部分，还有头发。正确的食品处理是必要的，是避免物理污染的必要条件。

（三）过敏原

过敏原是一种引起过敏反应的物质。过敏原只影响对这种特殊物质过敏的人群。并不是所有的过敏原都是生物性的，但最重要的是要避免这些过敏原导致的不良反应，所以我们将在本节一起讨论它们。食物一旦被食用，或者在某些情况下被触摸，就会发生过敏反应，或者直到食用食物数小时后才会发生过敏反应。食物过敏反应的常见症状包括瘙痒、皮疹或荨麻疹、呼吸短促、喉咙紧绷、眼睛和脸肿胀。在严重情况下，过敏反应可能导致无意识或死亡。

引起有些人过敏的食物包括小麦制品、大豆制品、花生和其他坚果、鸡蛋、牛奶和乳制品、鱼和贝类。非生物性过敏原包括食品添加剂，如腌制肉类中使用的亚硝酸盐和食品中常用的味精。因为这些产品很普通，对大多数人来说是完全安全的，所以很难避免使用它们。为了方便对这些食物敏感的人，食品服务人员，尤其是所有餐厅员工，必须充分了解所有菜单项中的成分，并能够根据需要通知客户。任何员工如果在客户询问时不知道食品是否可能含有过敏原，该员工应告知客户，然后找到知道的人或敦促客户订购其他物品。

三、冷菜加工危害问题分析

（一）冷菜加工人员的健康、卫生情况

冷菜加工人员的健康、个人卫生状况与卫生习惯均会对冷菜的安全造成危害。加工人员在上岗前要洗手，戴口罩、手套，制作过程中尽量避免交谈，要有一个好的卫生习惯，做到“四勤”（勤洗手、剪指甲，勤洗澡、理发，勤洗衣服、被褥，勤洗工作服），在上班结束后要及时清洁冷菜间。

（二）冷菜间的设施与布局

冷菜生产工艺流程布置是否将原材料与成品分开，人流、物流是否有交叉感染存在，冷菜间是否单独设置，冷菜间的工具是否专用，工作温度是否达到标准，冷菜间是否有专门的冷藏室、是否安装足够的紫外线杀菌灯；成品备餐间温度是否适宜，卫生状况是否有不安全因素。

（三）原材料采购

冷菜加工的原材料主要是一些动植物原料，其主要危害有生物性的致病菌、寄生虫，化学性的农药残留、兽药残留、工业污染物、化学添加剂、真菌毒素、植物毒素等；物理性的石子、玻璃块、金属碎片等杂质。采购原材料时是否按正规安全渠道，采购时原材料包装是否完整，是否有产品明细。采购员是否具备应有的原材料采购知识，所购原材料是否符合加工要求，蔬菜、水果等农药残留量是否符合标准，是否采购《食品安全法》禁止生产经营的食品。

（四）验收

验收人员是否具备原材料检验的相关知识，是否能够初步判断原材料感官性状及内在品质。

（五）原料贮存

原料购进后，宜尽快使用，且应采取先进先用、后进后用的原则。如因贮存不当可能存在的不安全因素有：微生物污染、混放化学物质污染、有毒物污染，以及冷藏温度达不到要求而造成原料腐败变质。

（六）原料的择选

在摘选的过程中，是否能够引起病原菌大量繁殖，是否能够使得异物侵入而污染择选的原材料。加工人员应把择选掉的废料和择选后所用的原料严格分开，择选后应及时把废料清理掉，并保持择选场所清洁卫生。

（七）原料的清洗

清洗用水是否为符合国家规定的饮用水标准，在清洗过程中是否存在不同原料的病原菌交叉污染，是否采用流动水进行清洗。

（八）原料的焯水或熟制

为了断生和杀菌，蔬菜要焯水。焯水时是否能够将病原菌杀死而不破坏蔬菜应有的质感。畜禽肉类、水产类、蛋类往往要进行煮、蒸、卤等熟制处理。熟制时食物中心温度是否达到了标准，是否能够杀死病原菌。水果和某些蔬菜不能用焯水断生和杀菌时，往往要利用化学方法进行消毒灭菌，化学液的浓度和消毒时间是否能够将病原菌杀死，消毒灭菌后是否存在交叉污染。

（九）冷却

如果在凉水中冷却，凉水是否符合卫生标准，是否会造成原料的再次污染。在空气中自然冷却时，空气中的含菌率是否达到标准，原料是否加盖。冷却后是否放入冰箱中冷藏。

（十）切配、拼摆

切配时，菜板、刀具和加工人员的手是否会对半成品造成病原菌的二次污染。刀具的磨损、菜板上的异物是否会造成食用的不安全。切配、拼摆时间过长也存在着微生物污染的安全隐患。

（十一）调味

调味时，调味料是否符合国家食品卫生标准。调料盆、搅拌工具是否会造成半成品的病原菌二次污染和异物污染。

（十二）备餐、装盘

备餐间的温度是否达到要求，备餐间是否事先消毒。餐盘是否残留油污，是否达到消毒卫生的要求。拼盘拼摆好后送至备餐间是否经过紫外杀菌灯进行灭菌处理。冷菜送到备餐间后至送到消费者食用前的这一段时间是否存在微生物滋生的安全隐患。很多饭店在举办大型宴会时，往往提前半小时将冷菜摆放在餐桌上，这就可能存在着微生物滋生的安全隐患。应尽量避免提前将冷菜端出，即使要摆出，也应罩上无菌保鲜膜或防尘罩以避免空气中的微生物污染。

第三章

冷拼造型艺术规律

任务目标：

- ❑ 掌握冷拼造型的法则与样式，并熟练运用其造型方法。
- ❑ 了解冷拼造型构图规律及变化形式。
- ❑ 了解冷拼造型艺术与烹饪美学的联系，掌握冷拼制作过程所蕴含的美学内涵。
- ❑ 掌握冷拼造型的色彩运用和技巧，理解色彩搭配在冷拼制作过程中的重要性。

第一节　冷拼的造型法则与样式

一、冷拼图案的造型法则

冷拼图案使用的造型法则很多，有时仅用一种造型法则来制作某一图案的冷拼是不够的，还要从实际出发，灵活掌握冷拼图案的规律，运用各种造型法则来指导制作，这些造型法则主要体现冷拼的形式美。基本造型法则如下。

（一）整齐一致

整齐一致是冷拼图案的最基本法则。无论什么冷拼，在拼制时必须注意这一法则，如拼制鹰的翅膀，每一片原料都必须有规律地排放。“酱牛肉”制成单拼冷拼，每一片原料都必须整齐均匀，起伏平整。这样的冷拼给人一种美的感觉。所以在拼制过程中，要做到冷拼原料整齐一致。这一法则的运用往往在单拼、平面什锦拼中最为常见。

（二）对称均衡

对称与均衡是冷拼图案的又一基本法则，也是冷拼造型重心稳定的结构形式。所谓对称，是指以中心线或中心点为基点，在其周围作同形同等的变化。稳定、整齐是对称的特点。所谓均衡，即在变化中掌握重心，使之不失常态，感觉良好。在冷拼制作时，运用这一法则的不计其数。

（三）节奏韵律

节奏是一种规律的反映，是事物正常发展规律的体现。在拼制过程中，原料的有规律排列、盘边图案的有规律延长等，都是节奏的一种反映。

韵律则是指能体现一种情调的节奏，是节奏的一种升华。用到冷拼制作上，是指在有节奏地排列原料时，能间插一些美的手段，如小型原料的排列，中间插上其他原料，从而使图案达到更美的效果。在冷拼构图中，除了以上3种基本法则外，还常常运用条理反复、对比调和等法则。

（四）主题一致

在实际工作中，要根据各种宴会的性质、宴席的标准、客人的喜好等来设计和制作冷拼，在中高档宴席中，常常要围绕宴会的主题制作一组冷拼，以显示宴席的档次。

二、冷菜拼摆的造型式样

随着科学技术的不断发展，人们审美观念的增强，冷拼的拼摆造型式样越来越多。但由于地区不同、菜系不同、饮食习惯不同，表现的手法也不尽相同，最常见的有如下几种。

（一）半圆形

半圆形又称馒头形，就是将冷菜装入盘中，形成中间高、周围低，似馒头的形状，这是宾馆饭店最常见的一种装盘式样，多用于单盘，如“椒麻鸡”（图3-1）“油鸡”“拌干丝”等。双拼、三拼也可装成馒头形，差别在于用料不一样。

图3-1 椒麻鸡

（二）四方形

四方形又称官印形，就是将冷菜经过刀工处理后在盘内拼摆成线条清晰的正方形，有的将原料拼摆成大小不等的几个正方形重叠起来，好似古时的官印。一般常用于单拼或双拼、四拼等，如“镇江肴肉”“拌四季豆”均装成四方形。

（三）菱形

菱形就是将冷菜切成片、条、块等形状后整齐地排列在盘中，呈菱形状，也可用几种不同的冷菜原料拼摆成小菱形后，再合成一个大的菱形，其难度较大。一般用于单盘、拼盘，如“冻羊糕”“叉烧肉”等均可装成菱形。

（四）桥形

桥形就是将冷菜切成片、条、丝等形状，在盘中摆成中间高、两头低，像桥梁一样的形状。一般常用于单盘、拼盘，如装盘“干切火腿”“柴把冬笋”等菜品。

（五）螺蛳形

螺蛳形又称螺旋形，就是将冷菜切成片状，在圆盘内沿着盘边，由低向高，由外向里盘旋，形成螺蛳状拼摆在盘中。一般常用于单盘，如“拌黄瓜”“素鸡”等原料均可摆成此形状。

（六）花朵形

花朵形就是将冷菜切成小菱形块、象眼块、片段等形状，拼摆成各种花朵状。一般常用于单拼、双拼、什锦拼盘等，如“咸鸭蛋”“糖醋萝卜卷”等。

（七）艺术冷拼

艺术拼盘就是用多种原料拼摆成各种动植物、器物、景观等造型，其式样千变万化，有立体、半立体和平面等造型。这种拼盘技术要求高，造型优美，如“荷塘月色”“蝶恋花”等（图3–2）。

图3–2　花色冷拼

第二节　冷拼造型的基本原则及方法

冷拼造型最终是通过拼摆装盘来实现的，拼摆时，各种冷拼材料首先经过一定的刀工处理，然后按照一定的顺序、位置，在盘内拼摆成一定的形状，构成美的形式，使冷拼造型具有一定的节奏感和韵律感，以烘托宴席的主题，增加宴席的氛围。冷拼造型的构图设计即使很完美，拼摆时如果没有掌握正确的步骤或准确的拼摆方法，也很难达到预期的目的和效果，事倍功半。因此，掌握冷拼拼摆的基本原则和方法是非常重要的。

一、冷拼造型的基本原则

（一）先主后次

在选用两种或两种以上题材为构图内容的冷拼造型中，往往以某种题材为主，其他题材为辅。如喜鹊登梅、飞燕迎春、长白仙菇、凤穿牡丹等冷拼造型中，分别以喜鹊、飞燕、仙菇、凤凰为主，而梅花、嫩柳、山坡、牡丹花则为次。在这类冷拼造型的拼摆过程中，就应该首先考虑主要题材（或主体形象）的拼摆，即首先给主体形象定位、定样和定色，然后再对次要题材（或辅助形象）进行拼摆，这样对全盘（整体）布局的控制就容易把握了，正所谓解决了主要矛盾，次要矛盾也就迎刃而解了。相反，如果在冷拼造型的拼摆过程中，我们首先拼摆的是辅助物象，那么主体物象就很难定位、定样和定色，即使定了，整体效果也不尽如人意。在这种情况下为了弥补以上的不足，又只能将盘中的辅助物象或左或右、或上或下地移动和调整，也或增或减或添或删，这样，既浪费时间，又影响效果，犹如一堆乱麻，难以理出头绪。

（二）先大后小

在冷拼造型中，两种或两种以上为构图内容的物象，在整体造型构图中都占有同样的重要地位，彼此不分主次，如冷拼造型龙凤呈祥、鹤鹿同春、岁寒三友中的龙与凤，鹤与鹿，梅竹与松，它们在整个构图造型上无法分出谁是主，谁是次，它们彼此之间只存在着造型上大与小的区别；另外，在以某一种题材为主要构图内容的冷拼造型中，物象经常以两种或两种以上姿态出现，如双凤和鸣、双喜临门、比翼双飞、鸳鸯戏水、群蝶闹春、双鲤逐波等，其中的两只凤，一对喜鹊，两只飞燕，一对鸳鸯，两只斗鸡，数只蝴蝶，两尾鲤鱼，它们彼此之间在整体构图造型中，同样也不分主次，它们之间仅有姿态、色彩、拼摆方法以及大小上的差异。我们拼摆这两类冷拼造型时，要遵循“先大后小”的基本原则。

根据美学的基本原理，这两类冷拼造型在构图时，多个物象在盘中的位置、大小比例和色彩处理不能完全相同，往往是或上或下，或左或右，或大或小。我们尤其要通过物象在形体上的大与小来寻求冷拼造型在构图上的变化，以得到一定的动感。因此，从这一角度而言，这两类冷拼造型中的物象还是有主次之分的，我们可以把形体相对比较大的认为是主要的，把小者认为是次要的。拼摆中应先将相对较大的物象定位定型，正所谓“大局已定”，再拼摆相对较小的物象，也就得心应手，不至于“左右为难”了。

（三）先下后上

冷拼造型，不管是以何种构图造型形式出现，即使是平面的构图造型，冷拼材料在盘子中都有一定的高度，都具有一定的三维视觉效果。在盘子底层的冷拼材料离盘面的距离相对较小，我们称其为“下”。在盘子上层的冷拼材料，离盘面的距离相对较大，我们称其为“上”，“先下后上”的拼摆原则，也就是我们平常所说的先“垫底”、后“铺面”（盖刀面）的意思。

冷拼造型的拼摆过程中，往往都需要垫底这一程序，其主要目的是使造型更加厚实、饱满、美观（造型角度而言）。为了便于堆积造型，也为了使上层的片形冷拼材料比较服帖，我们在选用垫底的冷拼材料时，往往以小型的材料为主，如丝、米、粒、蓉、泥、片等。当然，为了使冷拼材料能物尽其用，我们经常将冷拼材料修整下来的边角碎料，充当垫底材料。

垫底，在冷拼造型的拼摆过程中是最初的程序，也是基础，所以，它就显得特别重要。如果垫底不平整，不服帖，或者是物象的基本轮廓形状不够准确，在拼摆时想要使整个冷拼造型整齐美观，是绝不可能的。正如万丈高楼平地起，靠的是坚硬而扎实的基础。因此，“先下后上”的基本原则中，除了程序上的先后以外，也包含着重视垫底这一对待冷拼造型拼摆的态度问题。

冷拼造型中的物象，往往由多层“刀面”组成，这些多层刀面之间多有一定程度的交错或重叠，在冷拼造型的拼摆过程中，把下面一层的刀面摆好以后，再覆盖上面一层的刀面，并使它们相互交错或重叠是很容易的，也是很自然和顺手的。如果先拼摆上面一层的刀面，再拼摆下面一层的刀面，势必又要将上层的刀面先掀起来，再将下面一层的刀面插进去，这样既浪费时间和精力，同时还会影响上面一层刀面的拼摆质量。可见，“先下后上”原则在操作上的重要性。

（四）先远后近

在以物象的侧面形为构图形式的冷拼造型中，往往存在着远近（或正背）问题。而这远近（或正背）感在冷拼造型中，主要是通过冷拼材料先后拼摆层次结构来体现的。以侧身凌空飞翔的雄鹰形象为例，从视觉效果角度而言，外侧翅膀要近一些，里侧翅膀要远一些，因而，在拼摆过程中外侧翅膀一般要展现出它的全部，里侧翅膀（尤其是翅根部分）由于不同程度地被身体和外侧翅膀所遮挡，往往只需要展露出它的一部分。因此，在拼摆两侧翅膀时，就要先拼摆里侧翅膀，然后再拼摆外侧翅膀。这样，雄鹰双翅的形态、结构就显得自然而又逼真，同时，也符合人们的视觉习惯。如果雄鹰的两侧翅膀没有按以上先后顺序拼摆，它们也就没有上下层次的差异，当然也就不存在远近距离的变化，这样，翅膀与身体在视觉效果上就有脱节感，看上去非常别扭，极不自然。

当然，在冷拼造型中，要表现同一物象不同部位的远近距离感时，除了要遵循“先远后近”的基本原则外，还要通过一定的高度差来表现。较远的部位要拼摆得稍低一点，近的部位要拼摆得稍高一些，这样，物象的形态就栩栩如生了。在景观造型类冷拼中，也存在着远近距离问题，尤其是不同物象之间在距离的远近关系。在拼摆过程中，同样在遵循“先远后近”基本原则的同时，为了使不同物象之间的远近距离感更加明显，如远处的塔、桥，或水中的鱼、水草、月亮等，往往还在远距离的物象上加一层透明或半透明的冷拼材料，如琼脂冻、鱼胶冻、皮冻等，即先将远处的物象拼摆成形以后，在盘中浇一层熬溶的琼脂（或鱼胶、皮冻等），待冷凝成冻后，在其上面再拼摆近处的物象。如果是相同物象之间的远近距离关系，如山与山之间、树与树之间等，除了可以用上面“隔层”的方法以外，还可以用构图和造型大小的形式来表现它们的远近距离感，即把远处的山或树拼摆得小一些，而近处的山或树拼摆得大一点，同时，在构图造型上，远处的物象往往安置在盘子的左上方或右上方，而近处的物象般安置于盘子的右下方或左下方。这样，在构图造型上既符合美学造型艺术的基本原则，也能较理想地表现出物象之间距离上的远近感，可谓是一举多得。

（五）先尾后身

正如前面所说，禽鸟类的题材在冷拼造型中的运用是非常广泛的，大到孔雀、凤凰、雄鹰，小到鸳鸯、燕子，而“先尾后身”这一基本原则，主要是针对以禽鸟类为题材的冷拼造型而言的。

禽鸟的羽毛在生长上都有一个共同的规律性，就是顺后而长（由前往后）。因此，我们在拼摆制作以禽鸟类为题材的冷拼造型时，应首先拼摆其尾部的羽毛，然后再拼摆其身部的羽毛，最后拼摆其颈部和头部的羽毛，即按“先尾后身”的基本原则进行拼摆。

在有些冷拼造型中，禽鸟的大腿部也是以羽毛的形式出现的，在这种情况下，当然应该先拼摆大腿部的羽毛，然后再拼摆其身部的羽毛；如果在构图造型上，禽鸟有翅膀，当然应该先拼摆翅膀的羽毛然后再拼摆其身部的羽毛。总之，拼摆而成的羽毛一定要自然，要符合禽鸟类羽毛的生长规律，在视觉效果上要达到羽毛是长出来的，而不是装上去的。

有的物象所处的地位与以上所有的原则不能同时完全吻合或相符，如依山傍水中的“山体”都是主要题材，处于主要地位，但它们却又都属于近处物象，这种情况下，就应该从冷拼造型的整体构图与布局来考虑，再确定先拼摆什么，后拼摆什么，而不应该死板地单独去套用以上的每一个原则。如果我们将以上所有的原则割离开来，或孤立对待，在冷拼造型的实际拼摆制作过程中单独按以上原则进行拼摆，那么，冷拼拼摆制作就无法进行。总的说来，以上拼摆的基本原则，要灵活掌握，切不可生搬硬套。

二、冷拼拼摆的基本方法

（一）弧形拼摆法

弧形拼摆法是指将初成的片形材料，按相同的距离，一定的弧度，整齐地旋转排叠的一种拼摆方法。这种方法多用于一些几何造型［如单排、双拼（图3-3）、什锦彩拼等］、圆形或扇形排拼（如排拼等）、中弧形面（或扇形面）的拼摆，也经常用于景观造型中河堤（或湖堤海岸）、山坡、土丘等的拼摆。可见，这种拼摆方法在冷拼造型中的运用是非常广泛的。

图3-3　双拼

根据冷拼材料旋转排叠的方向不同，弧形拼摆法又可分为右旋和左旋两种拼摆形式。在冷拼造型的拼摆制作过程中，运用哪一种形式进行拼摆，要按冷拼造型的整体需要和个人习惯而定，不能一概而论。另外，在冷拼造型中某个局部采用两层或两层以上弧形面拼摆时，还要顾及整体的协调性，切不可在同一局部的数层刀面之间或若干类似局部共同组成的同一整体中，采用不同的形式进行拼摆。比如“什锦彩拼”采用的是双层刀面，第一层刀面运用的是右旋弧形拼摆法，而第二层刀面运用的却是左旋弧形拼摆法，这样，两层刀面就会因变化过于强烈而显得零乱，不一致，不协调，从而影响了冷拼造型的整体效果。

（二）平行拼摆法

平行拼摆法是将切成的片形材料等距离地往一个方向排叠的一种拼摆方法。在冷拼造型中，根据冷拼材料拼摆的形式及成形效果，平行拼摆法又可分为直线平行拼摆法、斜线平行拼摆法和交叉平行拼摆法三种拼摆形式。

1. 直线平行拼摆法

直线平行拼摆法就是将冷拼材料切成片形后按直线方向平行排叠的一种形式。这种形式多用于呈直线面的冷拼造型中，如“竹幽林静”中的竹子、直线形花篮的篮口、直线形的路面、桥梁式单拼的最上层刀面等。

2. 斜线平行拼摆法

斜线平行拼摆法是将片形冷拼材料往左下或右下的方向等距离平行排叠的一种形式。景观造型中的“山”多是采用这种形式进行拼摆而成的，用这种形式拼摆而成的山，更有立体感和层次感，也更加自然。

3. 交叉平行拼摆法

交叉平行拼摆法是将片形冷拼材料左右交叉等距离平行往后排叠的一种形式。这种方法多用于器物造型中编织物品的拼摆，如花篮的篮身、鱼篓的篓身等。采用这种形式进行拼摆时，冷拼材料多修整成柳叶形、半圆形、椭圆形或月牙形等，拼摆时所交叉的层次根据具体情况而定。

（三）叶形拼摆法

叶形拼摆法是将切成柳叶形片的冷拼材料拼摆成树叶形的一种拼摆方法。这种方法主要用于树叶类物象造型的拼摆，有时以一叶或两叶的形式出现在冷拼造型中，如“欣欣向荣”中百花的两侧、“江南春色”中花卉的四周等，这类形式往往与各种花卉相结合；有的冷拼造型中则以数瓣组成完整的一枚树叶形式出现，如“私语”中的多瓣树叶、“鸟啭莺啼”中的“枫叶”即是。由此看来，叶形拼摆法在冷拼造型中的运用也非常广泛。

（四）翅形拼摆法

禽鸟翅膀的形态结构和生长规律是相同的，因此，在以禽鸟类为题材的冷拼造型中，拼摆禽鸟类翅膀的方法也是相近的。当然，禽鸟类在动态中其翅膀的形状是千变万化的，但万变不离其宗。只要我们掌握了禽鸟类翅膀的基本形态、结构及拼摆方法，不管它处于什么状态，翅膀的拼摆都不成问题。

在禽鸟类翅膀的拼摆过程中，对冷拼材料的选择（色泽和品种）以及所拼摆的层数，要根据具体冷拼造型而定。有的禽鸟的翅膀较宽，那么拼摆的层数就多一些；有的禽鸟类的翅膀较窄，那么拼摆的层数则少一点，不能千篇一律。

第三节　冷拼造型的构图及其变化

构图，就是设计图案，它是造型艺术处理的重要手段，主要解决造型的形体、结构、层次等方面的问题。烹饪作品的构图是根据菜点的艺术构思，结合烹饪原料的特点、盛装器皿的规格对菜点进行合理的结构布置。按照设计恰当的图案造型，使其体现宴会主题，给人以赏心悦目之感。作为烹饪美学的一种表现形式，构图是一门有规律，讲艺术的科学，构图的好坏，直接影响烹饪产品的审美设计与创造水平。构图法是每一位烹饪工作者的必备技法，它需要理论结合实践，不断提高和完善。

一、冷拼造型的构图

构图是冷拼造型艺术的组织形式。冷拼在拼摆过程中，如果缺乏构图上的合理组成，就会显得杂乱无章，极不协调。因此，在冷拼造型构图时，必须灵活运用造型美的法则，对造型的形象、色彩组合需要进行认真的推敲和琢磨，处理好整体与局部的关系，使冷拼造型获得最佳的艺术效果。

冷拼造型的构图不同于一般绘画艺术，它是与一定的食用目的相联系的，同时还需要选用烹饪原料，通过工艺制作来体现。因此，它既受到食用目的的制约，也受到原料制作工艺条件、原料物性特征与工艺方法是否吻合等方面的限制。

冷拼造型的构图具有显著的特点，我们应该有规律、有秩序地安排和处理各种题材的形象。它具有一定的形式，有较强的韵律感。

（一）冷拼造型的构图规律

1. 构思

精心构思是冷拼造型构图的基础。在构图过程中，必须考虑到内容与形式的统一，做到布局合理、结构完整、层次清晰、主次分明、虚实相间。构思可以取材于现实生活，也可以取材于某些遐想。因此，在构思过程中，可以充分发挥想象力，尽情地表达内心的思想感情与意境，逐渐把整体布局与结构确定下来，再深入细致地去表现每个局部形象，作进一步的艺术加工。

冷拼是中国烹饪技艺创作中极具典型的艺术品之一，它具有生动而鲜明的艺术形象和感染力，冷拼的整个制作过程，就是一个艺术的创作过程。因此，它要求冷拼制作者除了具备相应的烹饪操作基本功外，还需要具有丰富的想象力和善于进行艺术构思的能力，并能精心组配冷拼材料，把冷菜的质地、色泽和风味与冷拼的造型、寓意完美地统一于整个冷拼作品之中。

精巧的构思，是冷拼造型的关键所在，其中题材的选择和确定尤为重要。构思的内容务必与宴饮的主题和形式相吻合，与宴饮的对象和时令季节相适应；题材宜选用人们喜闻乐见的花木鸟兽、山水园林以及象征吉祥、和美、幸福的图案或形象，这会给就餐者带来欢欣、愉悦、美好的艺术感受。切忌选用宾客忌讳、视而不快、食之乏味的题材。

在构思过程中，一定要全面考虑冷拼造型的特点，既要考虑到冷拼的艺术欣赏价值，又不可忽视冷拼的食用价值，要使两者有机地结合在一起，并让它们能相得益彰、珠联璧合。偏废任何一面都不能称作是完美的冷拼，更不能体现中国烹饪技艺的精妙所在。

2. 主题

冷拼造型的构图要从整体出发，不论题材、内容如何，结构简繁各异，要主次分明，务必使主题突出。突出主题可采用下列方法：一是把主要题材放在显著的位置；二是把主要题材表现得大一些，刻画得细致一些，或色彩对比鲜明、强烈一些。

3. 布局

布局要合理、严谨。在冷拼造型过程中，解决布局问题是至关重要的，主要题材的定势、定位，要考虑整体的气势和趋向，其余题材物象都从属于这个布局和总的气势，达到气韵生动、虚实合理且具有较强的艺术感染力。

4. 骨架

骨架是冷拼造型的重要格式，它如同人体的骨架、花木的主干、建筑的梁柱，决定着冷拼造型的基本构图与布局。

在构图时，初学者必须在盘内先定出骨架线，其方法是：在盘内找出纵横相交的中心线，使之成为“十”字格，如果再加平行线相交，就成为“井”字格，便于冷菜原料的准确定位和拼摆。

5. 虚实

任何冷拼造型都是由形象与空白来共同组成，“空白”也是构图的有机组成部分。中国绘画的构图中讲究“见白当黑”，也就是把虚当作实，并使虚实相间。对于冷拼造型构图来说，巧妙的虚实处理也是构图的关键之一。在冷拼的构图过程中，如果把盘中的虚实处理得当，可以使“虚”而不虚，实而更实，使冷拼造型更具有艺术感染力，更耐人寻味。

6. 完整

冷拼造型构图无论是在表现形式上，还是在内容上都要求完整，避免残缺不全。在构图形式上要求有可视性，结构上要合理而有规律，不可松散、零乱，对题材的外形也要求完整，从头至尾不使意境中断；形式和内容要统一，相互映衬。

（二）构图的基本原则

构图的重要性就在于它是直接为意象服务的，直接显示创作者艺术个性的。因此，在构图时必须遵守以下两大原则。

1. 构图要服从意象表达的需要

意象就是古人所谓的“意在笔先”中的“意”。孔阳曾经指出：“‘意在笔先’，这‘意’不是指思想，而是指结合了思想的内在形象。”“意象产生的基础是审美感知和表象，是通过想象和情感，保留和强化表象的本质特征，对表象进行直观的改造，获得的是审美意象。”表象源于物象，但又不等于物象。表象分记忆表象和想象表象。想象表象是主体心灵加工改造的形象；记忆表象是对物象的一种选择、概括和综合，不完全是当初感知过的物象的原样储存和再现。中国画的“意在笔先”就是说要根据意象来安排构图。方薰在《山静居画论》中说：“作画必先立意以定位置，意奇则奇，意远则远，意古则古，庸则庸，俗则俗矣。”

2. 构图要体现作者的个性

个性是艺术作品的特点。在构图中遵守形式美法则固然能使作品达到程式化的要求，但是作品难以达到意造其妙的生动效果。

（三）构图的常用手法

构图依靠直觉和趣味，但又不完全是纯直觉的，也不完全是纯个人趣味的。应该了解和掌握一些最基本的构图的手法，这对烹饪产品的造型美化是非常有意义的。构图的手法很多，结合烹饪创美的特点，现将几种主要的手法做一简要的介绍。

1. 将意象的主体放置在视觉的中心

视觉的中心并不是画面的中心，它是把主体放置于画面前景或画面的几何中心，或将主体放置于光线中心或对比色映衬。这些方法的特点就是能将意象主体突出表现出来，吸引观者的注意力，造成强烈而深刻的印象。

2. 安排上下左右关系，突出均衡感

就上下关系来看，物体的形状不同，所显示的上或下的均衡关系是不同的。上大下小的物体重心在上部，放置在画面的中心或偏下方显得上因其位置与正面的朝向不同，整个画面的均衡感也得稳定；就左右关系来说，物体在画面就是突出整个画面的稳定感和均衡感。

3. 安排组物的关系，保证主次分明

对于组物中的主体物，在放置时应考虑和其他物品的配置关系。安排成组物的关系的基本原则就是使画面布局要有主次、疏密、前后变化，同时要均衡。

4. 运用视距效果构图

运用视距是一种最富表现力的构图手法。首先要确立视点的位置，然后再安排上下左右关系，确定视距。视点位置的确立非常重要，它不仅能反映出作者的观点立场，而且还能造成不同的基调，产生不同的视觉感受，如民间画诀的“四视”说法：“仰视心恭，俯视心慈，平视心直，侧视心快。”视距的远近，直接影响画面形象之间的关系。如远视距构图，就会造成差别缩小，对比减弱的效果；近视距构图，主体突出，因而就造成主次分明，对比强烈的效果。

5. 运用视觉惯性构图

视觉惯性实际就是通过观视而产生的视觉联想，在绘画构图中，它具有故作悬念的特性。它的运用，可以使画面内容以少胜多，以缺胜全，产生余味无穷的艺术效果。这种手法在冷菜象形拼盘的制作中经常用到。

（四）菜点构图的注意事项

在烹饪产品的构图实践中，要注意以下几项基本内容。

1. 要遵循主体突出，副体映衬的原则

在烹饪产品的构成元素中，仅有主体而无副体，构图会显得孤单。副体多而忽略主体则显得散杂。一道蕴含审美创意的菜肴，必须首先突出主体，副体随之响应。例如工艺冷盘作品："国色天香"，主体是两朵盛开的牡丹花，副体是假山和屋顶等。原料加工的重点放在主体上，保证主体的突出和精细。主体所处的位置必须明显而突出，不必局限于盛器的中心，那样会显得生硬、呆板，可以适当地侧置，但决不能过偏，过偏则不显眼。要设计得错落有致，正偏有规，要有多有少，有厚有薄，相得益彰。

2. 要遵循组成物交叉和错落有致的原则

构图中的组成物在空间或平面上的布置不要等距离或平行排列组合而过于规则，要交叉、错落，否则会造成平直、无变化的视觉效果。

3. 要遵循疏密得当、自然流畅的原则

构图中的组成物配置要疏密有致，做到多而不乱，少而精彩。

4. 要遵循虚与实相映的原则

古诗云："只画鱼儿不画水，此间亦自有波涛"。就是说在菜点盛器中构图时，空白并不是没有内容，它可以代表诸如"天空""水面"等虚幻无视觉感受的内容。

5. 要遵循动与静相协的原则

构图中内容，在线条的表现上不要显得生硬，要根据素材的生活特点以及其所处的环境特点，采用曲线的表达方式使它活动起来，让人感觉有生命的活力。如在工艺冷拼中，"柔情芳野"，就应有蝶飞燕舞的感觉，这就体现了"动"，与之相对的"斜阳"就是"静"的内容，等等。

6. 要遵循藏与露相结合的原则

在构图中要充分利用空间构想能力，将物象的实际空间形态展现在平面之中，使物象在组物系统中有隐有现，给人以丰富的想象。即通过显现的局部，能让人想象出"隐"的部分。如

工艺冷拼“嘉果”的设计中，盘边用黄瓜、心里美萝卜切摆成“假山”，再将水果黄瓜切成半圆片摆在“叶子底托”处。

7. 菜点构图要结合盛装器皿的形状和色彩

筵席菜点的盛装就像绘画，盛装器皿就好比绘画中的纸张，盛装器皿的形状就犹如绘画作品的表框。筵席菜点在审美设计时，对盛器的大小、形状、颜色都有具体的要求。一般冷菜中的工艺拼盘和热菜相比质好价高，整体造型的大菜都要选配尺寸较大的盛器，其他类型的菜点品种所选配的盛器一般尺寸相对都较小。盛器的形状、颜色也因筵席的整体布局要求不同而不同，既有圆形的，也有圆形和椭圆形互配的，还有圆形、椭圆形和异形混配的。其颜色有统一是白色的，还有混色的。从形的角度来说，同一素材，同一成组物置放在不同形色的器皿中，就应该有不同的构图形式，只有这样才能保证菜点盛装造型的艺术效果。最简单的例子就是一条清蒸鱼用椭圆形盘盛装，居中构图，虚实相宜，形态饱满；用圆盘盛装，可居中，也可居边，但效果与椭圆形盘盛装都截然不同。从色的角度来看，白色盘可适用于任何有色菜点的盛装，但用其盛装纯白色菜点，就有顺色之感，虽然可采取围边等手法能突出菜点主体的形色，但如果选用彩色盘盛装，可能会收到异样和美的视觉效果。因此，在菜点盛装前，针对菜点的形、色、质等特点，结合盛器的形、色的特点进行相应的构图，对美化菜点是非常必要的。

二、冷拼造型的变化

冷拼造型的变化是把取之于自然或遐想中的题材处理成冷拼造型，它是冷拼造型设计的一个重要组成部分。

现实生活中的自然形态或遐想中的理想形态，虽然从视觉角度而言有非常好的效果。但有些造型并不适合冷拼造型的要求，或不符合冷拼工艺拼摆的条件，因而不能直接用于冷拼造型，必须经过选择、加工和提炼，因此，冷拼造型的变化是我们获得较为理想的冷拼造型的重要手段。

冷拼造型的变化，不仅要求在构图上完美生动，具有源于生活而又高于生活的艺术效果，同时又要求经过变化，具有造型设计密切结合冷拼工艺要求的特点，使冷拼符合“经济、食用、美观”的原则。造型变化的过程正是提炼、概括的过程，变化的目的是为了造型设计，而造型的设计是为了美化冷拼造型。不管在任何时候，冷拼造型都不能脱离制作工艺而孤立存在，它必须与冷拼制作工艺的特点和原料的基本特征密切结合，它才具有可操作性，才具有实用性和推广性，也才有发展前途。

（一）冷拼造型变化的规律

冷拼造型的变化，是在选取自然生活或遐想中的题材的基础上，加以分析和比较、提炼和概括的过程。为此，我们必须对题材进行不断的认识，反复比较和全面理解。譬如，我们粗看梅花、桃花的花朵，认为它们的花瓣外形是一样的，都是五瓣，但仔细观察后，会发现桃花的花瓣是尖的，而梅花的花瓣是圆的。这就是通过仔细观察，找出了它们之间的共性和个性以及形态特征。只有经过一定的观察、思考和比较，才能在造型变化时对每类花的品种（当然也包括各类动物以及山水风景等）特征有较为透彻的认识、理解和掌握。在认识了自然界的物象之后，如何把它们设计成适合冷拼造型的图案，就需要进行一番认真而又仔细的设想和构思，这一过程在冷拼造型艺术中显得尤为重要。所谓设想，就是如何体现作者进行制作的意图，例如要变化一朵花或一片叶，就必须先考虑它在冷拼造型中起什么作用？选择何种原料进行拼摆？我们需要达到什么样的效果等；所谓构思，就是如何把设想具体地表达出来，我们又将采用什么表现手法？什么样的构图造型形式？运用何种色彩？选用何种原料？等等。

冷拼造型图案的设想，源于丰富的生活知识、大胆的想象力和创造力。既要依附客观对象的基本规律，又不为客观物象所束缚。我们要紧紧抓住物象形式美的基本特征，敢于设想，敢于创造，这样才能获得优美的冷拼造型，并达到冷拼造型变化的目的，使冷拼造型丰富多彩。从鱼造型的变化可以看出，经过一定的变化以后，鱼的外形由繁到简，由具体到抽象。

（二）冷拼造型变化的形式

冷拼造型的变化是一种艺术创造，但这种变化并不是随意的，更不是盲目的，其变化的原则是要为宴饮主题服务，同时，这种变化必须与冷拼制作工艺的要求、规律以及烹饪原料的特点、特征相结合。冷拼造型变化的形式和方法多种多样，为了使冷拼造型更典型、更生动、更完美、更感人，掌握冷拼造型变化的基本形式是非常有益的。

1. 夸张

夸张，是冷拼造型变化的重要手法，它采用加强的方法对物象代表性的特征加以夸张，使物象更加典型化，更加突出，更加感人，更加引人注目。

冷拼造型的夸张是为了更好地写形传神。夸张必须以现实生活为基础，不能任意加强或削弱。例如：梅花的花瓣，将其五瓣圆形花瓣组织成更有规律的花形，使其特征、特点经过夸张后更为完美；月季花的特征是花瓣结构层层有规律地轮生，则可加以组织、集中、强调其轮生的特点；还有向日葵的花蕊、芙蓉花的花脉等特征，都是启发我们进行艺术夸张的依据。对动物造型的夸张也是如此，要抓住其具有代表性的本质特征，如孔雀的羽毛是美丽的，尤其是雄孔雀的尾屏，在构图以孔雀为题材的冷拼造型时，可以夸张其鲜艳美丽的长尾，头、颈、胸的形象都可以有意识地缩小些，当选用原料进行拼摆该造型时，就应该选择一些色彩较为鲜艳的原料；同样，松鼠的尾巴又长又大，可大得接近它的身躯，然而那蓬松的大尾巴却又很灵活，其小的身躯和大的尾巴形成一种明显的对比，冷拼构图造型时就可以强调这一对比，使松鼠显得更加活泼、动作更敏捷，更令人喜爱；而熊猫就没有那么灵敏，团团的身体、短短的四肢、缓慢的动作，特别是它在吃嫩竹或两两相嬉的时候，动作不紧不慢，憨态可掬，因而，在构图造型时动态要少一些，静态可以夸张得多一些，让人感到它的可爱和稚趣。

由此可见，恰当的夸张能增加感染力，使被表现的物象更加典型化。如金鱼的长尾，恰当夸张会更美丽传神；蝴蝶的双须、小尾翅若适当加长，会使蝴蝶更具灵性和飘逸感；雄鹰的双翅变大、变长，能增加其凌空翱翔、搏击长空的动势；松鼠尾巴的加长、加粗，能显得更敏捷可爱。如果说，写实只是按照物象原来的样式靠模仿造型、反映物象、再现物象的话，那么，夸张则是在不失去物象原有精神风貌的前提下，靠变形创造、夸张物象本质特征来塑造形象，表现形象。所以，夸张离不开变形，只有变形才能夸张。但是，夸张是有度的，不可以过度，应该夸张本质特征，反映物象的神韵；变形不可以离奇，应使物象变得更美，更具有感染力。那种只凭主观臆想、牵强造作夸张或只见局部而不顾整体的变形，以及刻意追奇逐丽而忽视冷拼食用特点和不顾冷拼造型工艺制作的要求与规律的做法，都有违冷拼造型艺术的初衷，是不可取的。

2. 简化

简化是为了把形象刻画得更单纯、更集中、更精美。通过简化去掉烦琐的不必要部分，使物象更单纯、简洁，但仍然是完整的。如牡丹花、菊花、梅花、月季等，它们自然的花形本都是很丰满的，但花瓣比较多，如果全部如实地加以描绘、反映，不但没有必要，而且也不适宜在实际冷拼造型中进行拼摆，在这种情况下就得进行简化处理，可以把多而曲折的牡丹花瓣（菊花、梅花、月季等）概括成若干瓣，使得在进行冷拼造型的拼摆过程中具有可行性。

但简化也不是随意的。不能把物象的主要特征简化掉，相反，正是需要突出物象的典型特征而简化，是把不代表物象主体特征的部分或已经多次重复体现物象主体特征的部分进行简化。如果简化后的物象已失去了物象原有的基本特征，这就不是简化了，而是改变。如描绘松树，簇簇的针叶成为一个个半圆形、扇形，其正面又成圆形，苍老的树干似长着一身鱼鳞，当我们抓住这些特征，便可以删繁就简地进行松树构图造型。为了避免单调和千篇一律，在不影响松树基本形状的原则下应使其多样化，将圆形的松针拼摆成椭圆形或扇形，并使圆形套接，做同心圆处理，让松针分出层次，在工艺造型时再依靠刀功和拼摆技术的处理，使松树的松针得到简化，并有疏密、粗细、大小和长短的变化，同时，还符合冷拼造型拼摆的规律。这种对松树松针的概括和提炼，使其简化成数根具有代表性的松针，可以使松树的形象更典型集中、简洁明了和突出主题。

由此可见，竹叶简化成“个”或“介”字形排列、茂密的松叶简化成只有几片蓑衣片的排列、密密的向日葵花蕊简化成菱形网格、禽鸟多毛的躯体简化成数片片形的排叠等，这样的简化，不仅无损形象的完整，反而使形象更加精美柔和，更加集中和典型。

3. 添加

添加，不是抽象的结合，也不是对自然物象特征的歪曲，而是把不同情况下的形象以及各形象具有代表性的特征结合在一起，以丰富形象，增添新意，使形象更加饱满、丰厚，其主要目的是加强艺术想象和艺术效果。

添加手法是将简化或夸张的形象，根据冷拼造型构图的需要，使之更加丰富的一种表现手法。它是一种“先减后加”的手法，但先减后加并不是对原先的形态，而是对原先的物象形态进行加工、提炼，使之更加完美、更有变化。正如传统纹样中的“花中套花”“花中套叶”“叶中套花”和“叶中套叶”等，就是采用了这种表现手法。

有些物象已经具备了很好的装饰元素，如动物中的老虎、长颈鹿、梅花鹿等身上的斑纹，有的呈点状，有的呈条纹。梅花鹿身上的斑点，远看像散花朵；蝴蝶的翅膀，上面的花纹很有韵律，还有像鱼的鳞片、叶的茎脉等，这些都可视为各自的装饰元素。但是，也有一些物象，在它们身上找不出这样的装饰元素，或装饰元素不够明显。为了避免物象的单调，可在不影响突出物象主体特征的前提下，在物象的轮廓范围之内适当添加一些纹饰，使形象更加丰富和圆润。当然，所添加的纹饰，可以是自然界的具体物象，也可以是几何图形纹样，但要注意附加物与主体物在内容和形态上的合理呼应，不能随意套用。有在动物身上添加花草的，也有在其身上添加动物的。例如在肥胖滚圆的猪身上添加“丰”字、在猫的身上添加蝴蝶、在奖杯上缀花、牛身上挂牧笛、扇面里套梅花等。但值得注意的是，在冷拼造型艺术中，要因材取胜，不能生硬拼凑或画蛇添足。

除了多个形象的相互添加结合外，在冷拼造型中还常常把一个简单形象通过增加结构层次的方法，使其变得丰富多彩。如蘑菇造型，本来其外形简单，色彩单一，但是，如果我们采用多层刀面和多种色彩的原料来塑造其形态，就会使蘑菇变得丰满和精神，使本来一个很平常蘑菇形象富有趣味感，并使之产生一种美的意境。

4. 理想

理想是一种大胆而巧妙的构思，在冷拼造型时，采用理想的手法可以使物象更活泼生动，更富于联想。我们在冷拼造型工艺中，应充分利用原料本身的自然美（色泽美、质地美、形状美等），加上精巧的冷拼刀工技术和巧妙的拼摆手法，融合于造型艺术的构思之中，用来表达对某事物的赞颂或祝愿。如在祝寿宴席中，用万年青、松树、仙鹤以及寿福等汉字加以组合，以增添宴席的气氛。

在某些场合下，我们还可把不同时间或不同空间的事物组合在一起，成为一个完整的理想造型。例如把水上的荷叶、荷花、莲蓬和水下的藕同时组合在一个造型上；把春、夏、秋、冬四季的花卉同时表现出来，打破时间和空间的局限，这种表现手法能给人们以完整和美满的感受，达到完美冷拼构图造型的目的。

“翠鸟赏花”即是一个典型的理想造型。鲜花、小鸟、树枝和花苞的组合，自然而贴切；是“S”形的小鸟与“S”形的树枝巧妙组合，显得自然而流畅；小鸟的视线和姿态与树枝底部的花卉上下呼应而连贯；再加之色彩的合理搭配，使整个造型达到了非常和谐、完美的境地。

第四节　冷拼造型的色彩运用

美术又称造型艺术、视觉艺术、空间艺术。它是指艺术家运用一定的物质材料，塑造可视的平面或立体的视觉形象，以反映自然和社会生活，表达艺术家的思想观念和感情的一种艺术活动。烹饪的创美活动，不仅在菜点的味觉、嗅觉、触觉这三方面创造出悦人的美感，在视觉上更要创造出悦目的造型和色泽。无论是艺术的创造，还是艺术的接受，美术都是烹饪工作者及其菜点作品内在价值获得最终实现的根本途径，同时也是与食客的精神交流和对话。因此，从视觉美感塑造的角度来看，烹饪的创美、审美活动，与美术有着极为密切的关系。可以说：美术是烹饪美感的基础，是菜点造型艺术的方法和手段。

一、冷拼菜点造型中的绘画艺术

绘画是一种制形构象活动。它具有巧妙地幻现静态空间、直观地展示外部形象、简捷呈现心灵状态三方面的特点。

巧妙地幻现静态空间，这是绘画的存在状态和存在方式方面的特点。绘画的空间性质是依靠视觉通过透视、明暗、色彩等手段在二维空间的平面上体现三度空间。

直观地展示外部形象，这是绘画的形态特征和反映生活方面的特点。绘画是造型艺术，即塑造形体，我国历代画论称之为“象形”。它作为造型艺术，就是运用一定的物质材料将客观事物的形象再现出来，从而使之具有直观性的特点。当然，绘画展示外部形象并不是机械地模仿、复制，而是渗透画家的精神意识和审美情思。在造型方式上，有抽象造型，那是对客观现实的高度提纯和形式化的表达；有意象造型，那是对现实物象的重构和再造；即使是具象造型，也经过了画家的集中、提炼和概括。

简捷呈现心灵状态，这是绘画在表现创作主体精神世界方面的特点。绘画不同于诗歌、音乐具有直接的抒情性，它是通过形式的质料因素和造型让欣赏者感悟和思索隐含于材料中的情思。

因此，绘画是造型艺术中最主要的一种艺术形式。它是指运用线条、色彩和形体等艺术语言，通过造型、设色和构图等艺术手段，在二维空间（即平面）里塑造出静态的视觉形象，以表达作者审美感受的艺术形式。在工艺菜点图案造型中，绘画是表现菜点图案结构美、比例美、色彩美和整体美的唯一技术手法。如生日蛋糕图案的构图、原料色彩的调配、文字的书写、素材的描画等，都离不开绘画基础。尤其是在艺术冷拼的造型创造区，更能显示出绘画的重要性。可以说，离开绘画这一基础，就谈不上冷拼的艺术创作。

绘画的步骤有四：一是构图，即将写生物安排在画面适当的位置上；二是根据物体特征，找出大体的比例关系；三是勾画物体大致的轮廓；四是根据物体的黑白关系处理画面。

绘画作品中黑、白色调以及它们的过渡色——灰色调，是作者对明暗变化和物象颜色明度的概括。它也是重要的绘画造型语言，可以使画面产生节奏感并表达一定的情调或某种含义。在菜点造型中，我们可以利用不同色相及其明度的特点，进行运用，以使画面产生节奏感并表达一定的情调或某种含义关系。

二、冷拼造型色彩运用的特点

冷拼造型色彩运用就是烹饪师根据由自然色彩所获得的丰富深刻的感受，把自己的思想感情和创作才能融进去，运用各种艺术和技术的手法，根据冷拼造型的实际需要，对烹饪原料固有色相进行组合，使色彩及其被赋予形象的艺术感染力得到充分的发挥，以达到更为理想的品尝和欣赏并进齐辉的效果。其特点如下：

（一）实用性

冷拼是供人们食用的，这是冷拼不可改变的根本特征和最基本的性能。所以，我们一定要使冷拼在服从和服务于食用的前提下，让其色彩的视觉效果得以充分发挥，因此，冷拼造型应该使色彩的感情象征意义和食用意义紧密地结合起来，取得高度统一的效果。

为了达到食用性要求，冷拼造型色彩的设计和运用，必须特别注意以下几方面：

（1）如果以牺牲原料的品质特性为代价，再好的色彩视觉效果的获取也是毫无意义的，所以，冷拼色彩的运用最好和原料的品质特征相吻合。

（2）如果以损害菜肴的美味为交换，再好的色彩搭配也会变得一文不值。冷菜的色彩最好与其口味相协调，两者之间应该是相互映衬，一味地追求冷拼色彩的视觉效果而不顾冷菜味道的做法是不可取的。

（3）如果以损害人的健康为代价，滥用人工合成色素，即便是最美艳的色彩也会是最令人憎恶的。因而，我们在对冷拼菜肴赋色时，以体现和展示原料的自然色彩为准则，尽量使用天然色素，少用或不用人工合成色素，即使在特殊情况下需要使用，其用量也一定要在国家规定的范围以内。

（二）理想性

冷拼造型的色彩不是对自然物象的写实，也不以自然色彩的美为满足，而是一种理想化的表现。我们大家都知道，自然界中的荷叶是绿的，如果冷拼“荷叶”也选用绿色原料拼摆成绿色的，不但刀面层次不清晰，而且反而会显得荷叶不真实不自然，在冷拼造型构图过程中，我们采用的是多种色彩的原料，把荷叶拼摆成五颜六色的，虽然表面上看，它与自然界的荷叶不符，并不完全真实，但正是这种处理方法，使单调贫乏的荷叶变得生动活泼、丰富多彩；又如自然界中的孔雀、锦鸡、鸳鸯、雄鸡、蝴蝶等动物，其色彩纷繁，而冷拼造型中它们的色彩虽然化繁为简了，但特征却更加突出了，形象也更完美了。

当然，理想性不是随意性，而是以自然色彩的某些特征为基础，以对理想色彩效果的向往为依据，通过合理的大胆夸张，创造出更富有暗示性、装饰性的理想化的色彩。从这种意义上说，冷拼造型的色彩，是一种更讲究形式美的“人造色彩”。

（三）因材制宜

冷拼造型应根据烹饪原料的质地，特别是其固有色的美，加以充分利用，并在此基础上进行设计构思，使原料原有的色彩美得以充分地保持和发挥，使形象更为典型，更为理想。很多冷拼原料色彩本来就有天然之美，如红色的火腿、碧绿的西芹、黄色的蛋糕、洁白的鱼片、紫色的海带、褐色的香菇等。如果不能通过设计来利用和发挥原料色彩的天然之美，而是全凭臆想，滥施乱敷色彩，为西芹着上红装，为鱼片染上绿色，其结果只能是糟蹋了原料的天然美，反见丑陋。

总之，在冷拼造型色彩设计中，要充分利用和发挥原料本身的固有色彩，获得设计思想与材料特性的高度统一和谐，由材料得到设计的启发，由设计而使材料的美感达到更理想的效果，相得益彰，创造出优秀的冷拼造型来。

（四）必须适应造型工艺条件

冷拼色彩运用既受原料色彩的制约，也受到冷拼造型工艺的制约。受原料色彩的制约，是因为可供选择和应用的原料色彩毕竟是很有限的，所以要扬长避短，因材制宜；受冷拼造型工艺的制约，是因为冷拼造型的工艺条件、工艺方法有其自身的特点和某种规定性，违背了这种规定性反而不美。比如说咸鸭蛋适合切块而不适合切片，如果不考虑这种特性，硬是切成薄片反落得破碎不堪；再如酱牛肉适宜于顶丝切薄片而不适合切成大块食用，否则即便色彩设计再好，也是徒劳，因为这样不便于食用。再说，有些原料在加热制熟以前色彩艳丽，一旦加热制熟以后色泽就变得灰暗，而有些原料色泽变化的情况则刚好相反；还有些原料则需要在加工过程中控制色彩变化的条件，才能获得美好的色彩。所以，冷拼造型色彩的运用，要与冷拼制作工艺方法和条件相适应，不能脱离和无视加工工艺的制约与规定，或凭想当然去应用色彩。只有这样，我们才能拼制出具有较高食用价值和艺术价值的优秀冷拼作品来，也才能凸显出具有冷拼造型工艺特点的意趣之美。

三、冷拼造型的色彩组合

冷拼造型色彩组合总的要求是：既要有对比，又要有调和。如果没有对比就无法传达造型形象，没有调和就不能形成统一的艺术美感。因此，冷拼造型的色彩组合，就是要妥善处理好色彩的对立统一关系。

（一）对比色的组合

对比就是一种差异，当并置两种或多种色彩比较效果能看出不同时，就是对比。对比色运用得当，能以其鲜明的对照、浓郁的气氛和强烈的刺激，赋予冷拼造型独特的效果。对比色的组合方式很多，从色彩属性看，有色相对比、明度对比和纯度对比；从色彩对比效果看，有强烈对比和调和对比；从相对色域的大小看，有面积对比等。这里主要从色彩属性的角度谈一谈对比色的组合问题。

1. 色相对比

是指由两种或多种色彩并置时因色相不同而产生的色彩对比现象。在色相对比中，临近色的对比属于调和对比，如红色与紫红、橙红的对比。在这些色彩中，红是它们的共同性因素，比较接近于调和色的组合效果。在色相环上，每相隔120° ~ 180°的颜色，由于相同的因素变少，相异的成分增加，色彩的对抗性显著增强，这类对比色的组合，就属于强烈对比。

最强烈的对比色组合莫过于补色对比，如黄与紫、红与绿等。它们的组合，双方都互相非常有力地反衬着对方，彼此都得到了明显的增强，如红与绿的组合，使红者更红，绿者更绿。所以，在冷拼造型色彩的应用中，补色的组合尤其要避免等量配置，以免显得过于刺激，并且还会因为相互抗衡与排斥，从而产生没有调和余地的感觉。恰当的组合方法是扩大补色各自相对色域多与少、大与小的差别，从而使各自的色彩表现产生增值作用，诚如我国古代诗歌中所描绘的“万绿丛中一点红，动人春色不须多”“两只黄鹂鸣翠柳，一行白鹭上青天”那样，这是典型的补色对比处理的最佳效果，这既是色彩对比美的赞歌，也是启发对比色组合在冷拼造型中应用的最形象的范例。

2. 明度对比

在明度对比中，既有同色与异色明度对比之分，又有强对比与弱对比之别。同色明度对比有如绿孔雀拼盘之深绿、浅绿的亮度差异；异色明度对比则是在普通冷拼的造型与点缀和盛器或花式冷拼的色彩配置中，利用不同色彩的明暗差别形成对比。

在明度对比中，特别值得注意的是黑与白的对比。黑与白，一个是最暗的颜色，另一个是最亮的颜色，明暗跨度最大，对比也最为强烈。如果运用得当，就能获得强烈的色彩效果给人以清晰醒目、情怀激荡之感，在强烈的反差下，使之成为整个造型中最引人注目的中心和重点，使人倍感明艳夺目。

另外，在明度对比中，还要处理好冷拼菜肴与盛器之间的色彩关系。在白色和淡色盛器里，所有冷拼菜肴的色感明度会变暗，尤其是黄色冷拼菜肴与白色和淡色明度差最小，可视度将会变低；在灰色的盘子里，绿色、橙色等色彩的冷拼菜肴，由于它们之间色彩明度比较相近，对比减弱，反差很小；而在黑色和深色盛器中，黄色、橙色等色彩的冷拼菜肴其色彩明亮而鲜艳，对比效果好。总之，在冷拼造型的实际应用中，要准确把握色彩明度关系的处理，排除成见，并通过反复比较实验和调配从纷乱中找出秩序，提高冷拼造型整体的表现力。

3. 纯度对比

从前面的“色彩三要素立体表示法”中完全可以看出，一种色彩的纯度序列是由最外围的高纯度向中心轴沿水平方向展开的。在冷拼造型色彩运用中，我们也发现了这样的纯度对比规律，即在同一色相中，纯度不同的颜色产生对比时，纯度高的颜色越显鲜艳，纯度低的颜色越加混浊。

纯度较高的冷拼菜肴，其色彩鲜明、突出，富有动感，因其艳丽夺目，可称之为“鲜艳色”。在一个冷拼造型中，纯度高的鲜艳色彩是最引人注目的，哪怕是一小点或一小块便有“点石成金”的妙用，使整个冷拼造型活跃起来。例如，冷拼造型“蝶恋花”中蝴蝶须的色彩设置，就是用了晶莹透红的点“红樱桃”装饰色为冷调。暖调具有膨胀感、近色感；冷调则有收缩感、远色感。暖调色彩使人兴奋，冷调色彩让人沉静。

在单色菜肴组成的冷拼造型中，其冷暖倾向显而易见，而在多色菜肴组成的冷拼造型中，其冷暖倾向因表现的主题不同而各有不同。如龙凤和鸣、丹凤朝阳、锦鸡报春、吉庆有余、金鸡唱晓、吉庆宫灯、双喜临门等冷拼造型，表现的主题是喜庆、向上的，其色彩布局上就要以暖色调为主，渲染的便是欢快的节奏和炽热的气氛；又如竹幽林静、国色天香等冷拼造型，表现的主题是宁静、悠闲的，因而在色彩布局上就要突出冷色，这样才能让人观之倍觉幽雅、疏旷和空明。当然，色彩上所谓的冷调与暖调又是相对的，是在具体的色彩环境中以及在既定的对比条件下我们所获得的色性感觉。

色彩的冷调与暖调，既互相对立，又相辅相成。暖调要靠冷色来反衬才更加绚丽光辉，冷调要靠暖色来烘托和调节才具有更深的韵味，所以，我们要巧妙地运用色彩冷暖变化的节律来调节视觉上的平衡。

（二）暗调与亮调

在分析色彩的冷暖统调的同时，我们也不应该忽视色彩的明暗变化，这是色调设计的关键。暗调沉稳厚重，如山、石、土坡、河堤、海岸、松树、雄鹰等造型，便是以深色的冷拼菜肴为主拼摆而成；亮调鲜明艳丽，如春色满园、向日葵、锦绣花篮等冷拼造型，即是以饱和度较强的色相为主来处理的。

但是，无论暗调还是亮调，都是由色与色之间的光度、色度所产生的关系左右的。暗调虽然没有五彩缤纷的绚丽感觉，但是需要亮色的点缀和衬托，否则，会给人以阴郁消沉或沉重寂闷的印象；亮调虽没有浑厚古朴的凝练感觉，然而需要暗色来均衡与制约，否则会给人以飘忽不定、浮躁不安的刺激。所以，在冷拼造型的设色中，暗调或亮调的选择，应根据造型形象和题材个性的需要来进行设计。

（三）色彩在冷拼造型应用中常见的问题及处理方法

冷拼造型中色彩的运用，需要通过长期的实践才能运用自如。在这一过程中，经常会由于“心有余而力不足”，出现这样或那样的问题。对于初学者来说，在冷拼造型的色彩设计过程中很容易出现的问题主要体现在以下几个方面。

1. 脏

所谓“脏”，是指冷拼造型的整个画面视觉感觉杂乱，或某些局部的设色违背了客观规律，使人感觉不到清爽。如在拼摆冷拼造型“私语”时，如果选用鲜红色的冷拼原料来制作天鹅嘴部，或选用亮黄色的冷拼原料来制作身体，这样的设色，给人的感觉是脏的。其实，色彩本身并无所谓的脏与不脏，但是，当某种色彩用到具体的题材造型中以后，与形象的色调形成错误的色彩关系时，脏的感觉便油然而生。鲜红、亮黄这两色虽然漂亮，但它们分别成为天鹅嘴、身体的颜色，便成了“脏”颜色，也破坏了冷拼造型的整个色彩基调。纯度高、亮度大的色彩虽然鲜艳、夺目，但它们给人们的心理感觉是“乱”和“杂”的，与天鹅的优雅的个性极不吻合，其造型的拼摆，不仅仅是嘴和身体需要选用色彩相对比较“净”的冷拼原料，整个主体形象色彩的基调都应该是比较清新的，这当然包括其头部、颈部和身部的羽毛。

克服设色“脏”的办法最主要的是多观察被塑造的物象的色彩特点和个性特点，熟悉和掌握色彩冷暖、明暗的变化规律以及它们与物象个性之间的对应关系；平时注重对色彩审美能力的培养，并在每次完成冷拼造型的拼摆以后，注意观察和体会整个画面的色彩是否协调，学会调整画面的色彩关系。

2. 乱

“乱”是指各个部分的颜色互不相干、杂乱无章地凑合在一起，不能形成统一的色调，色彩的表现力大部分被削弱在“内耗”中，它给人的感觉是混乱的、烦躁的，画面的主题也被淹没在一片浮躁和喧嚣之中。如在拼摆冷拼造型“柔情芳野”时，有的作品把多种色相的冷拼菜肴不分层次地错杂摆放，错误地认为这是创造绚丽多彩的色彩感觉。殊不知，由于主观的错误判断，忽视了色彩之间的种种联系，没有真正地清楚色彩之间的关系既要求对比，更要求统一，在这种情况下，“乱”也就在所难免了。

要避免在冷拼造型中设色的“乱”，其办法有多种，其中相对直接而有效的手段是用比较的方法认真区别各种色相的冷拼菜肴，并筛选出最适合的不同色彩的原料。从冷拼造型适合近距离欣赏的特点出发，通过分层次、有序的变化，注意整体的冷暖倾向，并从整体上把握色彩的对比与统一。

3. 火

“火”主要是指用色生硬，造型的局部或全部用色简单化或过度夸张等，使人产生一种不舒服的感觉。造成色彩“火”的最主要原因是制作者对烹饪原料色彩认识的简单化，如果用孤立、静止的认识方法对客观物象实行简单归类，片面地突出某种颜色的个性，过于追求所谓的亮丽鲜艳，不能对不同色彩的冷拼菜肴进行认真的观察和区分，不进行认真的选择与调配，不善于表现色彩的丰富变化，就会造成整体色彩效果的不协调。

在冷拼造型的设色上要抑制“火”情况的出现，其方法主要是认真观察和分析客观物象，总结其色彩上的特点、特征和规律；并认识色彩的冷暖变化，研究其丰富性、多样性，慎重使用极鲜艳色彩的冷拼原料，逐步掌握色彩应用的基本规律，把不同色彩的冷拼菜肴安置得恰到好处，给人清新明快、活泼爽朗的美感。

第四章
冷菜与冷拼工艺的工作准备

任务目标：

- ❑ 掌握冷菜与冷拼制作原料的选用方法，能够鉴别常见原料的质量。
- ❑ 认识冷菜与冷拼制作的主要工具与设备，并掌握其使用与保养方法。

第一节　冷菜与冷拼制作原料选用

一、烹饪原料选择和鉴别的要点

在切配和烹调中，首先必须善于选择和鉴别原料。因为菜肴的质量好坏，一方面取决于烹饪技术，另一方面则取决于原料本身质量的好坏，以及选用是否适当。用质量较差的原料，其选用部位又不适当，即使烹饪技术再高，也很难想象能做出好的菜肴。

烹饪原料的选择和鉴别，一般应注意以下几点。

（一）了解原料的特性

不同原料都伴有季节性生长的规律，也有盛产时期和低产时期、肥壮时期和瘦弱时期。例如，植物性原料一般以春、夏鲜嫩者较多；家畜类原料以秋末、初冬时节为最佳。又如菜心，虽然四季都有上市，但质量最好的是在秋季，这个季节的菜心，鲜嫩青翠。再如广东的特产禾花雀，产期虽然在中秋节前，但这时期的雀身细，肉薄而瘦，不大好食；只有到了农历九月中旬，水稻抽穗扬花，禾花雀才够肥嫩、骨脆、肉厚，但一到了秋末后，禾花雀又变得骨硬了，肉质、食味都远比不上旺产时期。由此可见，不同季节，原料的品质和肥嫩程度也不同，在选择原料时应有所了解，以广东菜“菜胆扒鸭”为例，夏天制作时宜选用芥菜胆，冬天制作时宜选用绍菜胆或生菜胆。

（二）原料产地与质量关系密切

随着交通运输的日趋方便，烹饪原料已不局限于本地，而是来自不同地区，各地自然环境、种植、饲植以及捕捞情况不同，原料的质量也大相径庭，加上供、销周期长短不同，因而原料的质量有好次之分。熟悉原料的不同产地，就可以采购到优质的原料；同时也可以根据不同品种的原料，采取相应的烹调方法。例如，北京填鸭适宜做烤鸭，别的鸭子则适合做扒、烧、爆、炒、炖等菜。

（三）熟悉原料不同部位的特征

各种原料有其不同的部位，每个部位的质地又有所不同。例如，猪、牛、羊、鹅、鸡、鸭等，体内各部位肌肉都有瘦、肥、老、嫩之分，因而有的适用于爆炒，有的适用于烧煮，有的适用于蒸炖，有的适用于熬汤。以猪为例，猪肘部位的肉，宜卤、酱；贴骨的猪排，宜做红烧、炸或糖醋的菜肴；猪前腿肉宜作叉烧；近脊部的鬃头，宜做猪扒或咕噜肉；猪后腿肉，肉厚而嫩，瘦肉多，宜切丝、片、丁或制肉丸；猪枚肉（外脊肉）质地动滑，则宜油爆或熘。再如鲜露笋，前部位碧绿而嫩，且外形美观，不宜斩切成碎料；其后部位则需刨皮后，切成斜刀片（马蹄片）烹制。其他蔬菜的根、茎、叶的质地和色泽也均有不同，选用时也要有所区别。因此，必须掌握原料不同部位的特点，做到物尽其用，这样才能使菜肴精美可口，达到烹调要求。

（四）鉴别原料的质量

原料质量的好坏，不仅关系到菜肴的色、香、味、形，更重要的是关系到顾客的健康，这是烹饪人员应予以特别注意的。原料主要应合乎下列几条要求：

（1）不能选用有病或带有病菌的家畜、家禽、水产品等。尤其海产品更要保持新鲜，防止将病原体传染给顾客。

（2）含有生物毒素的鱼、蟹、虾、野菜、果仁、菌类等，以及含有有机、无机毒素的香料、色素等，均不能选做烹饪原料，以防止食物中毒。

（3）各种原料均不应有腐败、发霉、变味以及虫蚀、鼠咬等变质现象。

关于鉴别原料质量的方法，一般有感官鉴定、理化检验以及微生物检验等，一般常用感官鉴定方法，即用人的各种感官，如鼻、口、眼、耳、手等，来鉴定原料的质量。感官鉴定方法通常是鉴定原料的外部特征，如形状、色泽、气味、质地等。经验丰富的烹饪工作人员，只要看一看原料的表面颜色或用手触摸一下原料的外部，就可以鉴别出它的鲜、陈或有无变质。

二、烹饪原料及风味特点

烹饪原料由蛋白质、脂肪、碳水化合物和水，加上少量的其他化合物，如矿物质（包括盐）、维生素、色素（着色剂）和风味元素组成。了解这些成分在加热或与其他食物混合时的反应是很重要的。这样就可以更好地纠正烹饪错误，并预测烹饪方法、烹饪温度或配料比例变化的影响。

（一）碳水化合物

淀粉和糖是碳水化合物，这两种化合物以多种形式存在于食品中。它们存在于水果、蔬菜、谷物、豆类和坚果中，肉和鱼也含有少量碳水化合物。对于厨师来说，热引起的碳水化合物的两个最重要的变化是焦糖化和糊化。焦糖化是糖的褐变，炒蔬菜的褐变和面包皮的金色是焦糖化的形式。淀粉吸水膨胀时会发生糊化，这是酱汁增稠和面包、糕点生产的主要原理。酸能抑制糊化，如果含有酸，用面粉或淀粉增稠的酱汁就会变稀。

（二）膳食纤维

膳食纤维是一组复杂物质的名称，它们赋予植物结构和硬度，纤维不能被消化。糖使纤维更加紧实，加糖煮的水果比不加糖煮的水果保持形状更好。小苏打（和其他碱）使纤维变软。蔬菜不应与小苏打一起烹饪，因为它们会变成糊状并失去维生素。

（三）蛋白质

蛋白质是肉类、家禽、鱼类、鸡蛋、牛奶和奶制品的主要成分，在坚果、豆类和谷物中含量较少。蛋白质由许多条氨基酸长链组成，这些链通常形成紧密的线圈，随着蛋白质被加热，线圈逐渐放松。此时，蛋白质变性。对于烹饪来说，变性的一个重要事实是，当蛋白质线圈放松时，它们相互吸引并形成键，这种键合称为协同键合。凝固的蛋白质形成一个牢固的键网，并变得牢固。随着温度的升高，蛋白质会收缩变性，变坚硬，失去更多的水分。蛋白质暴露在过热环境下会使它们变硬、变干，大多数蛋白质会完全凝固或在71～85℃下煮熟。

许多蛋白质类食品，如肉类，含有少量碳水化合物，当蛋白质加热到154℃左右时，蛋白质链中的氨基酸与碳水化合物分子发生反应，并发生复杂的化学反应，结果使其变成褐色，并产生丰富的碳水化合物。这种反应称为美拉德反应，它是肉变褐色时发生的反应。由于它需要高温，美拉德反应只发生在食物的干燥表面上。由于它的含水量，肉的内部不能得到这种热量。

结缔组织是存在于肉中的特殊蛋白质。含有大量结缔组织的肉是坚硬的，但有些结缔组织在用水分缓慢煮熟时会溶解。因此，适当地烹调坚硬的肉会使它们更嫩。酸，如柠檬汁、醋和番茄制品，对蛋白质有两种作用：加速凝结；有助于溶解一些结缔组织。

（四）脂肪

脂肪存在于肉类、家禽、鱼类、鸡蛋、奶制品、坚果、全谷物中，在较小程度上还存在于蔬菜和水果中。脂肪也作为传热介质，赋予油炸食品香酥的风味。脂肪在室温下既可以是固体也可以是液体。液态脂肪称作油，当固体脂肪被加热时，它们就会熔化，或者从固体变成液体。不同固体脂肪的熔点各不相同。

当脂肪被加热时，它们开始分解。当温度足够高时，它们会迅速恶化并开始冒烟。发生这种情况的温度被称为烟点，它随脂肪的类型而变化。在油炸过程中，稳定的高烟点脂肪是一个重要的考虑因素。许多风味化合物溶解在脂肪中，因此脂肪是风味的重要载体。当脂肪熔化并从食物中消失时，一些风味以及一些维生素也随之消失。

（五）矿物质、维生素、色素和风味成分

矿物质和维生素对食物的营养质量很重要。色素和风味成分对食物的外观和味道很重要，可能决定食物是否足够开胃。所以保留这些元素是很重要的。其中一些成分溶于水，另一些则溶于脂肪。所有这些成分都可能在烹饪过程中被从食物中滤出或溶解掉。

维生素和色素也可能被热量、长时间烹饪以及烹饪过程中存在的其他元素破坏。因此，尽可能保存食物营养、味道和外观的烹饪方法很重要。这一点在本书其余部分解释烹饪技巧时都会有说明。

（六）水

几乎所有的食物都含有水。干粮可能只含有1%的水分，但鲜肉、鱼、蔬菜和水果主要是由水分组成的。水有三种状态：固体（冰）、液体和气体（水蒸气或蒸汽）。在海平面上，纯液态水在0℃处变为固体或冻结，在100℃处变为蒸汽。当水分子转化为蒸汽并将能量释放到大气中时，水被称为沸腾。在较低的温度下，水也可以从液体变成气体。当水在任何温度下变成气体时，这个过程称为蒸发。蒸发的速度越慢，温度越低。蒸发是食物干燥的主要原因。食物表面在烹饪过程中的干燥可以使它们变成褐色。许多矿物质和其他化合物溶于水，所以水可以作为风味和营养价值的载体。当水携带盐或糖等溶解化合物时，其冰点降低，沸点升高。

（七）味道

味道是使菜肴吸引食客的重要因素。然而，舌头上的味蕾只能感知四种基本味道：咸的、甜的、苦的和酸的。我们所认为的风味是味觉和香味的结合。当缺乏嗅觉时，例如当你感冒时，食物似乎没有什么味道。当你品尝每一道菜时，你遇到的第一道味道是主要成分。其他的风味，我们可以称之为佐料味，佐料味是增强主要原料的原味。

1. 鲜味

尽管欧洲和北美的传统认可四种基本口味咸、甜、苦和酸，但当局最近已经确定了第五种口味，即鲜味，长期以来被亚洲文化所认可。鲜味是舌头上的感官感受器对某些氨基酸起反应引起的感觉。因为氨基酸是蛋白质的组成部分，所以这种味道在蛋白质含量高的食物中很浓。事实上，鲜味通常被翻译为“肉味”。牛肉、羊肉、某些奶酪和酱油鲜味含量特别高。食品添加剂味精用作味剂，可以使人在食用时保持良好的口感。风味增强剂在一些亚洲菜中，产生强烈的鲜味。

动物油脂在烹饪中的合理使用也可使鲜味在口腔中变得更加复杂，不仅如此，在大多数西式酱料中，复合油脂与肉类产生的含氮浸出物，通过烹饪加热，使香味和鲜味变得诱人。有时，在烹饪活动中，有经验的厨师为了提升食材和酱汁的鲜味，经常放入酸味物质增强菜肴鲜味，例如柠檬汁等。如果厨师能将这道菜的鲜味表达得很出色，形成主次分明的味感层次，又相互融合，那么这位厨师的调味技艺就很高超了。

2. 风味构建

组合口味没有固定的规则，但是刚才讨论的例子提出了一些一般原则。当开发或修改一个食谱时，应考虑以下几点：

第一，每一种配料都应该有其使用目的。从主料的风味、色泽、形态等方面考虑，配料应该如何与其搭配。

第二，烹饪原料中的食材可以通过风味对比，发挥构建整体风味的作用。例如小牛肉因其肉质风味清淡，辅佐的酱汁也应保持清淡的风味，才能构建统一的风味。

第三，柠檬的酸味特别适合解除奶油的油腻，使风味跳跃形成对比，需要注意的是，在两种成分形成对比时，要确保它们的平衡。与此同时，不仅要考虑到单食材的风味特点，还要考虑到其他配菜的风味之间是否协调，是否可以构成一个统一的风味体系。

（八）调味

1. 香料

草本植物是某些植物的叶子，通常生长在温和的气候中。香料是植物和树木的芽、果、花、皮、种子和根，其中许多生长在热带气候地区。这种区别常常令人困惑，但要知道哪种调味料是香料，哪种是草药，如何熟练地使用它们。最终，应该能够在不看标签的情况下，通过香气、味道和外观来识别货架上的每一种香料。香料使用指南：

（1）熟悉每一种香料的香气、味道和对食物的影响。看一张香料图表，并不能代替对实际产品的熟悉。

（2）将干燥的药草和香料存放在阴凉的地方，盖紧，存封在不透明的容器中。加热、光照和潮湿会使药草和香料迅速变质。

（3）不要使用陈腐的香料和香草，不要购买超过6个月的使用量，否则香料的风味表现力不足，直接影响菜肴风味。

（4）更换旧香料后要小心，新鲜的香料风味更加浓郁，所以更换后针对菜肴的标准配方可能要做出调整。

（5）使用优质的香料和香草。在这里省钱是不划算的，成本差额只是百分之一的小部分。

（6）整个香料比磨碎的香料释放香味需要更长的时间，因此要留出足够的烹饪时间。

（7）用粗棉布（称为香囊）松散地捆绑整片香草和香料，以便于去除。

（8）当有疑问时，添加的数量要比你认为需要的少。你可以一直添加更多香料，但很难减少已添加的。

（9）除了咖喱或辣椒，香料不应该占主导地位。通常，它们甚至不应该是明显的。

2. 调味料

前面关于风味形成的讨论涉及所有添加风味或改变菜肴风味的成分。这些成分包括主要成分和辅助成分或次要成分。本章的其余部分主要涉及香草和香料以及常见的洋葱、大蒜和芥末等调味品。为了重复最重要的调味概念，主要成分是主要的风味来源。使用优质的主要成分，小心处理所有食物，并采用正确的烹饪程序。记住，香草和香料仅起到辅助作用。准备不好的食物不能靠最后一分钟添加草药和香料来挽救。

虽然厨师并不总是这样使用术语，但可以说，调味和调味料之间有区别。调味意味着增强食物的自然风味，而不会显著改变其风味。盐是最重要的调味成分。调味料意味着添加食物的新味道，从而改变原有的味道。调味料和调味剂之间的区别通常是程度的不同。

3. 调料品

菜肴调味最重要的时间是烹饪过程结束时。大多数食谱的最后一步，都是“使用调味料调味”，给予菜肴某种单一味道。这意味着你必须先尝一尝，再评估产品。然后你必须决定应该做什么。为了提升味道，通常是在炖菜中加点盐或在酱汁中加点新鲜柠檬汁。评估和纠正口味的能力需要经验，这是厨师最重要的技能之一。烹饪开始时也加入盐和其他调味料，尤其是对于较大体积的食材，最后加入的调味料一般难以被吸收或混合，而是仅仅停留在食材表面。在烹饪过程中加入些调味品，有助于提升菜肴整体味道。

4. 调味剂

根据烹饪时间、烹饪过程和调味成分的不同，调味剂通常以复合味道呈现，可以在烹饪活动的开始、中间或结束时添加。烹饪结束后，只需加入少量调味剂即可。

（1）盐是最重要的调味品　食盐有细颗粒，它可能含有碘。作为饮食添加剂，食盐也可能含有其他添加剂，以防止结块。盐之花在厨房里很珍贵，因为它很纯净。与食盐不同，它不含添加剂。由于它的颗粒粗大或呈片状，溶解速度不如食盐快，但添加到食物中时更容易提升菜肴味道，所以许多厨师喜欢在烹饪中使用盐之花。

海盐的种类和类型十分多样。它们有许多颜色，从灰色到绿色到红色，从各种矿物质到其他杂质。此外，它们的粗颗粒带给它们令人愉快的口感。海盐比其他盐更贵，主要用作高档食材的风味调和。

（2）胡椒的种类与风味　胡椒有白色、黑色和绿色三种，这三种浆果实际上是同一种，但加工方式不同（黑胡椒未成熟；白胡椒成熟，去壳；绿胡椒未成熟，在颜色变暗前保存）。

（3）柠檬汁在烹饪中的运用　柠檬汁是一种重要的调味汁，特别是用来增进酱汁和汤的味道。

（4）洋葱、大蒜、葱的使用　洋葱、大蒜、葱以及胡萝卜和芹菜，几乎用于厨房的所有地方。多用于食材的去腥、增香等。

三、烹饪常用原料的质量鉴别

可供烹饪的原料很多，现将常用的主要原料的质量鉴定方法介绍如下。

（一）植物性原料的质量鉴别

1. 蔬果类

蔬果类原料的种类颇多，其中根菜类以生脆不干缩、表皮光亮润滑、水分充足者为佳；叶菜类以叶身肥壮、色泽鲜艳、菜质细嫩者为好；瓜果类以色泽鲜艳、无斑点、光滑丰满、有该品种特有的清香气味者为好（图4–1）。

图4-1 酸扁果

2. 豆类和豆制品类

对鲜豆和豆荚原料的选择，要根据季节及时选用，一般以色绿荚嫩、光洁丰满者为好；干豆类一般以粒大、均匀、质地坚实、富有光泽者为好；豆制品如豆腐、豆腐干、豆腐衣等，一般以质地细嫩、大小薄厚一致并均匀、水分适当者为好。

3. 禾谷类

禾谷类原料种类也很多，但鉴别其质量好坏，有一个共同的标准：保持新鲜，没经虫蚀，具有应有的色泽和光泽，没有异味（如酸味、霉味等）。另外，还要看其含水量是否合适，是否有杂质（如小砂石、泥尘、草屑），是否有病粒、虫咬粒、瘪粒等。鉴别各类面粉则是以粉面细、色白、无麸皮和其他杂质者为佳。

（二）家畜肉类的质量鉴别

家畜肉的品质好坏主要是以肉的新鲜度来确定。肉的新鲜度一般可分为三类：新鲜肉、不新鲜肉和腐败肉。在饮食业中一般以感官鉴定方法加以判断。

1. 新鲜程度

外观：新鲜肉的表面有一层微微干燥的表皮，呈淡红色；新切开的肉面稍有湿润而无黏性，肉汁透明，并且有各种牲畜肉的特有光泽。不新鲜肉的表面有一层风干的暗色的表皮，有时附有黏液，有时为霉菌覆盖。腐败肉的表面过分干燥或过度潮湿和发黏，呈灰色或绿色，切面为暗色，有时为淡绿色或灰色，很黏，肉汁很混浊。

硬度及弹性：新鲜肉的切面肉质紧密有弹性，用手指按压，凹陷处能迅速复原。不新鲜肉的肉质松软，弹性小，用手指按压，凹陷处不能迅速复原，有时不能完全复原。腐败肉的肉质松软无弹力，用手指按压，凹陷处不能复原，严重时肉粘手指。

气味：新鲜肉具有各种家畜肉的特有气味。不新鲜肉在肉的表面稍有氨基酸味，但深层中还没有这种气味。腐败肉表面及深层均有浓厚的腐败臭味。

脂肪状况：新鲜肉的脂肪无油腻味，牛肉的脂肪呈白色、黄色或淡黄色，质硬，并可用手捻为碎块；猪的脂肪为白色，有时略发红，柔软；羊的脂肪为白色，质硬。不新鲜肉的脂肪呈灰色，无光泽，用手挤压易粘手，有时发霉并有轻微的酸败味。腐败肉的脂肪带乌灰色或乌绿色，生霉，表面黏滑，质软，有强烈的油脂酸败味。

骨髓：新鲜肉的骨管内充满骨髓，质硬，色黄，骨的折断处有光泽，骨髓与骨腔边缘紧密结合。不新鲜肉的骨髓与骨腔壁微离开，质地较新鲜肉的软，色暗，呈乳白色或灰色，骨折处无光泽。腐败肉的骨髓不能充满骨腔，质软且黏，有时呈泥灰色。

肉汤：新鲜肉的肉汤透明芳香，脂肪气味良好，肉汤表面聚集有大量油滴。不新鲜肉的肉汤混浊不清，无芳香气味，常有油脂酸败气味，肉汤表面油滴少而小。腐败肉的肉汤极浑浊，在肉汤内悬浮有絮状的烂肉屑层，有腐臭气味，肉汤表面几乎无油滴。

2. 老嫩程度

猪肉：皮薄膘厚，毛孔细，表面光滑无皱纹，奶头小而发硬，骨头发白者肉质较嫩。皮厚膘薄，毛孔粗，表面粗糙有皱纹，奶头大而有管，骨头发黄者，肉质较老。

牛肉：嫩牛肉呈鲜红色，老牛肉呈紫红色（图4-2）。

羊肉：嫩羊肉纹质细，色浅红；老羊肉质较粗，颜色深红。

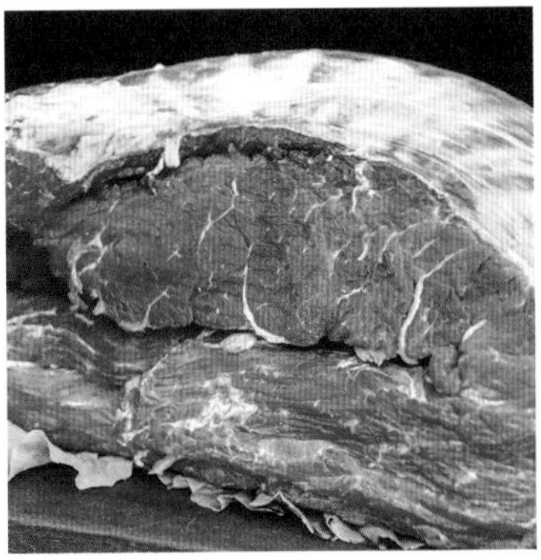

图4-2 牛肉

3. 脏腑类的鉴别

肝：新鲜肝呈褐色或紫色，用手触摸会感到坚实有弹性，不新鲜的肝颜色淡，呈软皱萎缩现象。

腰：新鲜的腰呈浅红色，体表有一层薄膜，有光泽，表面柔润，富有弹性。泡过水的腰子体积涨大，呈白色，质地松软。

心：新鲜的心用手挤压一下，会有鲜红的血液流出，肌肉组织坚实，富有弹性。

肚：新鲜的肚有光泽，呈白色，略带一点浅黄。肚壁厚的较好。如将肚子翻开，发现内部有硬的小疙瘩现象，系有病症，不宜食用。

（三）家禽的质量鉴别

家禽有活杀的和冷藏的两种。活杀的主要看其有无瘟病、是否肥壮及老嫩程度；冷冻的，其新鲜度为第一鉴别要点。以感官检验方法为主。

1. 肥度

家禽的肥度分3个等级。

鸡：一级品具有发达的肌肉组织，皮下脂肪较多，皮细嫩光滑，紧贴在肉上，鸡体亦呈圆形，肥胖（图4-3）。二级品尾

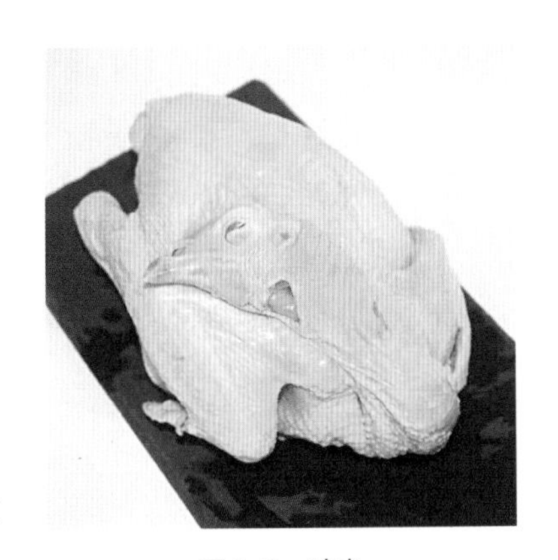

图4-3 鸡肉

骨稍尖，尾部及背部肌肉肥满。三级品则为胸骨突出明显，鸡皮松弛，较瘦。

鸭和鹅：一级品腰部呈圆形，肌肉十分发达，全身脂肪多，尾部脂肪厚，呈淡黄或黄色。二级品胸部稍有突出，全身脂肪较多，尾部脂肪层稍薄。三级品腰部呈扁圆形，胸骨突出，全身及尾部不肥，尾部脂肪很薄。

2. 新鲜度

家禽的新鲜度是通过对家禽的嘴部、眼部、皮肤、脂肪、肌肉及制成肉汤的感官反应而检验确定的。

嘴部：新鲜的家禽，嘴部有光泽、干燥、有弹性、无异味。不新鲜的家禽，嘴部无光泽、部分失去弹性、稍有腐败味。腐败的家禽，嘴部暗淡、角质部软化、口角有黏液、有腐败气味。

眼部：新鲜家禽的眼部，眼球充满整个眼窝、角膜有光泽。如眼球部分下陷、角膜无光为不太新鲜。而腐败的家禽，其眼球下陷、有黏液、角膜暗淡。

皮肤：皮肤呈淡黄色或淡白色、表面干燥、具有特有的气味为新鲜的家禽。不新鲜的家禽皮肤呈淡灰色或淡黄色、表面发潮、有轻度腐败味。腐败的家禽，皮肤灰黄、有的地方带淡绿色、表面湿润、有霉味或腐败味。

脂肪：新鲜家禽的脂肪色白，稍带有淡黄色，有光泽、无异味。不新鲜的家禽脂肪色泽变化不大明显，但稍带有异味。腐败家禽的脂肪呈淡灰色或绿色，有酸臭味。

肌肉：新鲜家禽的肌肉，结实而有弹性。鸡的肌肉为玫瑰色，有光泽，胸肌为白色或带玫瑰色。鸭、鹅的肌肉为红色，幼禽肉有光亮的玫瑰色，稍湿不黏，有特有的香味。不新鲜的家禽肌肉弹性变小，用手指压时，留有明显的指痕，带酸味及腐败味。腐败的家禽，肌肉为暗红色、暗绿色或灰色，有很重的腐败味。

制成的肉汤：新鲜家禽的肉汤透明、芳香、表面有大的脂肪油滴。不新鲜的肉汤较为浑浊，脂肪滴小，有特殊气味。腐败的肉汤混浊，有腐败气味，几乎无脂肪油滴。

3. 老嫩度

家禽老嫩主要通过看和捏胸骨、喙根、皮肤、脚等部位来判断。

胸骨：以手捏鸡、鸭胸骨的尾端软骨，骨软则嫩，硬则老。

喙根：以手捏鸡、鸭嘴根部，骨软嫩，硬则老。

皮肤：这是指无毛的冻禽，羽毛管软、表皮皮肤粗糙、毛孔大为嫩，羽毛管硬、毛孔细密为老。

脚：鸡脚皮肤毛粗，爪尖尖锐，指长为老，反之为嫩。鸭、鹅可捏拉其蹼，松软为嫩，韧性足且厚实为老。

（四）常见水产品的质量鉴别

鱼、虾、蟹等水产品和家畜肉不同，它们含有较多的水分和丰富的蛋白质，较少的结缔组织，因此比家禽肉更容易腐坏，尤其是夏、秋季。如果食用不当，往往会发生食物中毒，因此对水产品的质量要求，最主要的是新鲜度。

1. 鱼类的感官检验标准

新鲜的鱼：鱼鳞新鲜发光，紧贴鱼体不易脱落；鱼鳃清洁鲜红，无黏液和臭味，鳃盖及口紧闭；眼珠清亮凸出，黑眼珠和白眼珠界限分明；鱼体表皮上有一层清洁、透明的黏液；鱼体发硬，用手摸鱼背时感到坚实、有弹性，压下去的凹陷处随即平复；肚腹不膨胀。

不新鲜的鱼：鱼鳞失去光泽，鳞片松散，易脱落；鱼鳃变为暗红、紫红、灰红、绿色或苍白色等，由于细菌的繁殖，鳃片黏液增多，有腥臭味，鳃盖松开；眼珠发混呈灰白色，眼珠下塌；鱼体表皮黏液增多；透明度下降；鱼体发软，失去弹性，用手指压之，其凹陷处不能立即恢复原状；由于细菌的活动，肠内充满气体，肚腹胀大，肛门稍突出。

活鱼：活鱼应活泼好动，对外界刺激有敏锐的反应，身体各部分如眼、口、鳃、鳞、鳍等无残缺或病害。如行动缓慢，浮游水面或体不能直立的均为将死特征。

冻鱼：鱼体应坚硬，在用硬物敲击时能发出清晰的响声，鱼体温度应在-8 ~ -6℃，体表无污物，色泽鲜亮。解冻后的质量要求应与鲜鱼相似。

2. 虾的感官检验标准

新鲜的虾：虾体完整、结实、细嫩，有一定的弯曲度；呈青白色或青绿色，壳发亮；肉质紧实（图4-4）。

不新鲜的虾：头尾脱落或易离开，肉质松软，有异味；虾体伸直；体表面呈红色或灰紫色，壳发暗。

图4-4　虾

3. 蟹的感官检验标准

（1）新鲜的蟹

生蟹：壳青腹白，带有亮光，腿爪完整，腿肉坚实，脐部饱满，分量较重，肉质鲜嫩，无臭味。

熟蟹：活着煮熟的蟹，腿爪卷曲，分量重，肉质丰满。

（2）不新鲜的蟹

生蟹：呈暗红色，腿肉松空，体重较轻，肉质松软，脐变黑色，有异味。

熟蟹：分量轻，腿爪不完整且伸直，蟹黄发苦而不结块。

（3）活河蟹的肥瘦质量鉴别

肥蟹：蟹腿坚实，用手指掐不动的，蟹壳离缝大的为肥蟹。

瘦蟹：用手掐蟹腿，一掐就下陷的，蟹壳离缝小的为瘦蟹。

第二节　冷菜与冷拼制作常用工具设备

一、冷菜与冷拼制作常用工具

冷菜制作的主要工具种类很多，各地也不同，随着科学技术的不断发展，新工具、新式样越来越多，现将各地广泛使用的几种用具介绍如下。

（一）炒锅

炒锅又称炒勺、镬子、炒瓢等，有生铁锅、熟铁锅、不粘锅三大类，规格直径为30～100cm不等（图4-5）。熟铁锅比生铁锅传热快，不易破损；生铁锅经不起碰撞，容易碎裂；不粘锅烧煮冷菜不易粘锅、焦煳。熟铁锅和不粘锅有双耳式与单柄式两种。

图4-5　炒锅

（二）钢精锅

钢精锅是烧、煮、酱、卤等烹调方法所需的用具，由铝合金制成，圆形、有盖，两旁有把手，直径与高度均在15～35cm不等。

（三）不锈钢桶（又称圆底桶）

不锈钢桶常用于烧煮大量的冷荤菜，如酱鸡、盐水鸭、卤牛肉等，桶形两旁有耳把，上有盖，规格直径与高度均在20～60cm不等。

（四）蒸笼

蒸笼是蒸制菜肴使用的工具，一般多用竹篾制成，也有用铝、不锈钢制成（图4-6）。形状多种多样，有圆柱形、长方形、正方形等，蒸笼的规格也很多，一般直径在56cm左右，大的有100cm以上，最小的8cm左右。

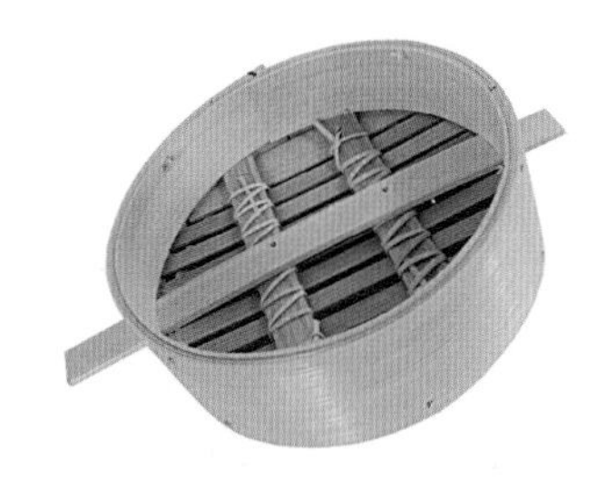

图4-6　蒸笼

（五）烤盘

烤盘是用于烤箱内盛装原料的工具，多以铁皮或不锈钢制成，长方形，矮边。一般长50cm，宽30cm，高6～8cm，视烤炉大小而定其规格的大小。

（六）方盘（长方盘）

方盘一般用于盛装已成熟的冷菜或腌制冷菜用的盛具，多以不锈钢制成。方盘规格多种多样，一般长50cm，宽50cm，高6cm；长方盘一般长50cm，宽30cm，高6cm。

（七）砧墩

图4-7　砧墩

砧墩又称菜墩，是对原料进行刀工操作时的衬垫用具，冷菜间的砧墩最好选用橄榄树或银杏树（白果树）等材料来做，因为这些树的木质坚密且耐用（图4-7）。制墩材料要求树皮完整，树心不空，不烂、不结疤，而且颜色均匀无花斑。也有冷菜间用白塑料制成的塑料圆形砧墩。无论是木质的还是塑料制成，其规格一般以直径40cm、高15m为好。

（八）刀具

用于制作冷菜的刀具种类很多，一般以铁制或不锈钢制成，常用的刀具有批刀（也叫薄刀）、砍刀（也叫劈刀）、前切后砍刀、烤鸭刀（也叫小批刀）、剪刀等。应根据冷菜原料的性质不同（如有带骨的，有韧性较强硬的，有质地较脆嫩的），选用不同类型的刀具对原料进行刀工处理，才能达到理想的形状。

（九）刷子

刷子是用于清洗炒锅的用具，有竹子、不锈钢丝、丝瓜瓤等多种材质。

（十）磨刀石

磨刀石是将刀具磨利的工具，一面细磨，一面粗磨（图4-8）。

图4-8　磨刀石

（十一）调味盒

调味盒用于盛放各种调味品，有不锈钢、搪瓷、黏土等不同材质。

（十二）手勺

手勺用于盛舀食物、加放调味品或拌炒锅中的菜肴以及将做好的菜肴出锅装盘。一般用铁、不锈钢等材质制成。

（十三）油缸

图4-9　油缸

油缸用来盛装食用油，有不锈钢、搪瓷、陶瓷之分（图4-9）。

（十四）网筛

网筛用来滤去汤或液体调味品中的杂质，由铜丝、不锈钢丝制成。

（十五）漏勺

漏勺用来滤油、沥水及从油锅或水锅中捞出原料。一般用铁、不锈钢等制成。

（十六）腰碟

腰碟有各种规格供选择，用来盛装单拼、双拼和什锦拼等冷菜。

二、冷菜与冷拼制作的常用设备

冷菜、冷拼制作中，必须借助一定的设备和工具。当今厨房设备和工具越来越先进、美观、耐用且多功能，这对提高菜肴质量、减轻员工劳动强度、改善工作环境、提高工作效率起到了非常重要的作用。烹调工作人员必须熟练地掌握各种设备和工具的结构性能、用途及使用方法，才能运用自如，使制作出的冷菜、冷拼制品达到理想的效果。

冷菜、冷拼制作的主要设备与热菜制作所需的设备具有相同之处，但又有其自身的特点和要求。按功能来划分，可分为加热设备、排风设备、清洗设备、冷藏设备以及其他设备等。

（一）加热设备（炉灶）

1. 炉和灶的区别

加热设备主要是炉灶，但是炉和灶是有区别的。“炉”用于烘、烤、熏等烹调方法，加热时以辐射热为主，火力要求均匀持久，一般在烹调中不用水、油、汽作传热介质，如烤猪炉、烤鸭炉、烘炉等。“灶”用于炸、烧、煮、酱、卤等烹调方法，加热时以利用传导热与对流热为主，火力要求集中旺盛，一般在烹调过程中用水、油、汽作传热媒介，如炒灶、蒸灶等。但饮食行业往往对“炉”与“灶”不加区别，习惯统称炉灶。

2. 烹调对炉灶的要求

炉灶本身的结构形式和使用效率，对烹调操作和成本控制具有很大影响。一般来讲，一台合格的炉灶应具备下列几点要求：

（1）利用热能效率高　燃料完全燃烧时所发出的总热量中能用于烹调部分所占的百分比，就叫炉灶热效率。比较科学的炉灶结构，它的热效率较高，一般炉灶的热效率约为35%。所以衡量一只炉灶优劣，最主要看它利用热能效率的高低程度。

（2）火力大小易于操纵　烹调方法多种多样，不同的烹调方法需要使用不同的火力。有时在烹制一种菜肴的过程中，根据不同的成熟阶段需要不同的火力，如旺火、中火、小火等。所以炉灶的结构和性能，要有利于调节火力，操纵自如，得心应手。

（3）符合劳动保护的要求　有的炉灶设计及结构不科学，燃烧时火焰蹿得很高，很容易造成灼伤事故。为了使烹调人员不受高温侵袭，不致发生烧伤事故，炉灶间必须要有通风降温和防护的设备，以保证安全生产和烹调人员健康。

（4）符合清洁卫生的要求　炉灶上的清洁卫生是非常重要的，首先在炉灶结构和性能上必须尽量使烟、油、灰不致向外飞扬散逸，否则会影响工作人员健康及食物的清洁卫生。此外，炉灶的外表也必须整洁美观，便于清洗。

（5）便于操作　在烹调时要求烹调人员动作麻利，速度要快，所以要求炉灶高度适宜，布局合理，要有流畅的进水管道和排水渠道，各种开关易于操作。

3. 炉灶的分类

（1）按输送空气的方法可分为吸风灶和吹风灶两大类。

（2）按使用的能源可分为木炭灶、煤灶、煤气灶、液化石油气灶、柴油汽化灶、沼气灶、太阳能灶、电灶（微波炉、电烤炉）等。

（3）按炉灶的用途可分为炒灶、蒸灶、煲仔灶、烘炉、烤炉、熏炉等。

（4）按炉灶的形式可分为炮台灶、单眼灶、双眼灶、多眼灶等。

（5）按炉灶的材料结构可分为砖灶、铁灶、不锈钢灶等。

4. 常用炉灶简介

炉灶的种类很多，因全国各地的地理条件、饮食习惯不同，使用的燃料及烹调方法不同，常用的炉灶也有很大的差别，现主要介绍如下几种炉灶：

（1）炮台灶　炮台灶形如古代的炮台，一般为泥砖结构，火眼周围均用泥砌成较高的边缘。主火眼一个，正对炉膛，下有炉箅及灰膛；支火眼一般有两个或两个以上，在主火眼的炉膛中设有斜形通火道通向支火眼。燃烧时火力从主火眼的炉膛中经过火道，通向各个支火眼。这种灶主要烧煤，适用于多种烹调方法，是目前中、小城市使用较普遍的炉灶。

（2）港式双眼炒灶　港式双眼炒灶又称广式炒灶。规格一般为：长（L）220cm，宽（W）110cm，高（H）80cm。式样有两个主火眼，两个副火眼或两个主火眼，一个副火眼等。主火眼均高出灶面，呈倾斜状。燃料是液化气、煤气、柴油。灶内装有鼓风机，火力大而猛，适宜炒、炸、烧等烹调方法。

（3）中式蒸柜、蒸灶　中式蒸柜式样很多，常见有二门蒸柜和三门蒸柜，其规格为：二门蒸柜长（L）90cm，深（D）90cm，高（H）150cm；三门蒸柜长（L）90cm，深（D）90cm，高（H）190cm（图4-10）。

中式双眼蒸灶其规格为：长（L）180cm，宽（W）105cm，高（H）80cm。中式蒸柜和蒸灶的燃料是液化气、煤气、柴油，可蒸制各种菜点等。

（4）煲仔炉　煲仔炉式样较多，有四头、六头、八头不等，有的煲仔炉下还带煸炉。由于规格各不相同，以四头为例：一般长（L）90cm，深（D）76cm，高（H）80cm，燃料以液化气、煤气为主，可用于炖、焖、煮、炸、煎等烹调方法。

（5）矮汤炉（又名汤灶）　矮汤炉一般多为两个炉头，其规格为：长（L）110cm，高（H）45cm，深（D）65cm。燃料以液化气、煤气为主，因炉体矮，一般用于制汤、炖、

图4-10　蒸柜

焖、煮、炸等烹调方法，对体重大的需煮、焖等菜肴放在矮汤炉上烹调，便于工作人员操作，省力省时。

（6）烤猪炉（又称叉烤炉） 烤猪炉规格一般长（L）110cm，宽（W）62cm，高（H）60cm，其结构是在炉膛内设有多根带小孔的管道，上面放上石块。燃料以液化气或煤气为主，需烤制食物时，打开阀门点燃燃料，先烧热石块，再进行烤制，这样火力均匀，烤制的成品色泽鲜艳，一般用于叉烤等烹调方法。

（7）烤鸭炉（又称挂炉） 烤鸭炉规格一般高（H）150cm，圆直径（D）81cm。内部结构：上部四周有轨道式的铁架，铁架上置有活动铁钩，用于挂原料用，在炉体腰部有一个长方形小炉门，可观察原料的成熟度及色泽，炉底有一圈燃气管道作加温之用，炉顶有一个活动盖板，用来调节炉温、进出原料和排烟之用。烤鸭炉利用热的辐射及热空气的对流将原料烤熟，烤鸭炉除烤鸭外，还可烤鸡、烤肉等。

（8）稀饭锅 稀饭锅有可倾式稀饭锅和不倾式稀饭锅之分，加热方式可用蒸汽或电热，规格容量有100L、200L、300L不等，可用于煮、烧、制汤等烹调方法。

（9）电烤炉 电烤炉又称电烤箱、电焊炉。由于采用远红外电热元件作加热源，所以又称远红外电烤炉。波长为30～1000pum的远红外光，有着很强的穿透能力和较高的热效率，当远红外电热元件工作时，电热能量绝大多数被转变为辐射能，产生热，容易被食物吸收，从而达到加热食物的目的。其规格多种多样，烤箱门有对开式、分层式等，可以烤制各种菜肴等食品。

（10）油炸炉 油炸炉也称电炸锅，由于具有方便快捷，清洁卫生，省时、省力、节油等优点，现广泛用于厨房中。油炸炉呈长方形，以电加热为主，炉内设油温测量器等，可根据各种原料的大小、老嫩来控制油温和炸制时间，能有效地保证菜肴的特点和质量（图4–11）。

（11）微波炉 微波炉通过磁控管把电能转换成微波。食品置于微波振荡中时，其分子将变成带有正电荷与负电荷双离子，且随振荡频率而改变排列方向，因为所采用的频率24500兆赫，故食品分子每秒钟要改变49亿次排列。如此高速度振荡，食品分子必然产生剧烈的摩擦，从而

图4–11 油炸炉

食品自身产生高热。尤其当食物中含水量较多时，几秒钟之内便使食物成熟，它的特点是频率高、波长短，具有穿透能力强、加热时间短、热效率高、操作方便等优点，是目前饮食业及家庭常用的一种加热炉。

（二）排风设备

排风设备是冷菜厨房烹调中必备的设备，因为厨房生产的特殊性，往往厨房内油烟四溢、蒸汽弥漫而污染菜肴及其他设施，也影响工作人员的身体健康。为了确保在烹调工作高峰时油烟不滞留，以及有蒸汽的地方不因蒸汽滞留而滴水，厨房必须要安装通风排气设备。

1. 通风排气对设备的要求

（1）通风排气设备必须噪音小、性能好，功率大小与厨房面积相适应，厨房内每小时空气换气次数在30～60次为宜。例如，某厨房长20m，宽16m，高3.75m，则该厨房空气体积为1 200m^3，以每小时换气50次计算，其公式是：

$$CH = V \times AC$$

式中　CH——每小时所排出的空气体积（m^3/h）；

V——空气体积（m^3）；

AC——每小时换气数（次/h）。

则：CH=1 200m^3 ×50次/h=60 000 m^3/h。

因此该冷菜厨房的通风系统需每小时排出并输入空气60 000m^3，才能保证良好的空气，如购买排风设备时就要考虑这一因素。

（2）通风排气设备必须易安装、修理、清洗，照明灯光不失真，无阴影，并有防爆设置，符合安全要求。

（3）通风排气设备必须整洁美观，结构科学合理，油烟排出符合环保要求。

2. 排风设备种类

冷菜厨房除用自然通风外，通风排气一般以电机排风为主，如通风罩、换气扇、抽风机、空调等设备，其种类、规格也多种多样，设在炉灶上排油烟罩较先进的有如下几种：

（1）强力脱排油烟罩　这种设备主要安装在厨房加热设备上方，靠设备中电动机的快速转动，将厨房内的油烟、蒸汽及时抽吸出厨房外，保证厨房空气质量良好。但因油烟直接排出室外，对环保有一定的影响。

（2）运水烟罩　运水烟罩是以电脑控制循环水排油烟罩，又称电脑控制运水排烟机，是目前最先进的排油烟罩，该设备在排油烟罩的水槽上方有一块倾斜45°左右的不锈钢板，循环自来水从不锈钢板上流过，当高温的油烟和蒸汽被抽吸向上升腾时，遇到温度相对较低的不锈钢板，会凝结在表面，形成油滴和水滴，沿倾斜的不锈钢板流进油污收集槽内被排出。所排出室外的烟气符合环保要求，设备也易清洗。

（三）清洗设备

厨房清洗设备较多，最常见的有洗涤水槽滤水台、消毒柜等。

1. 洗涤水槽

洗涤水槽有水泥、瓷砖和不锈钢三种，目前冷菜厨房的洗涤水槽以不锈钢居多，其规格多种多样，主要有单斗洗涤槽、双斗洗涤槽、三斗洗涤槽等。一般单斗洗涤槽规格长 65cm、宽65cm、高95cm；双斗洗涤槽长120cm、宽65cm、高95cm；三斗洗涤槽有带架和不带架之分，一般不带架洗涤槽长为180～200cm，宽65cm，高95cm，带架三斗洗涤槽，其架高在原槽面上增加85cm，带架的作用是可将洗涤的原料放在架上，充分利用空间。具体规格可根据冷菜厨房大小与厂房联系直接订购。

2. 滤水台

滤水台一般四周略高于中间，将洗涤干净的原料或餐具等装入盛器，放在滤水台上，水不易到处流淌，保持厨房干净不潮湿。

（1）一般滤水工作台　该设备长180cm、宽80cm、高80cm，四周略高于中间，可当滤水台，也可当工作台。

（2）特殊滤水工作台（又称残物台）　这种设备长180cm、宽80cm、高80cm，它与一般滤水台的不同之处是四周略高于中间，台面中间有一洞，并盖板，洞的下面有一只不锈钢桶，可放一些残物及垃圾，在清洗原料或工具时，如有残物等垃圾可随手放入洞中，既方便又卫生。

3. 蒸汽消毒柜（箱）

蒸汽消毒柜有大有小，式样多种多样，有的用电将水加热产生蒸汽；有的从锅炉输送蒸汽。一般的蒸汽箱长80cm、宽69cm、高100cm，蒸汽箱内有气压表或温度器，上方有蒸汽阀门，待蒸汽有一定压力时，会自动放汽，保证消毒效果和安全。

（四）冷藏设备

现代的冷菜厨房必须要有各种冷藏设备，保证冷菜原料及冷菜新鲜不变质，大体有如下几种设备。

1. 冰箱

冰箱的式样很多，如四门冰箱、六门冰箱、八门冰箱等，冰箱根据用途和制冷温度的不同又可分为速冻冰箱、冷冻冰箱、冷藏冰箱。

（1）速冻冰箱　温度控制在-30～-24℃，可使食品快速冷冻，如水产类、肉类、禽类等食品的速冻。

（2）冷冻冰箱　温度控制在-18～-12℃，可用于已冻结食品的贮藏。

图4-12　冷藏冰箱

（3）冷藏冰箱　温度控制在0～5℃，多用于贮存冷菜、水果等食品（图4-12）。

上述冰箱规格很多，一般四门冰箱长（L）180cm、宽（W）80cm、高（H）80cm。

2. 兼带工作台冰箱

这类冰箱上面是不锈钢工作台，下面则是冰箱，多用于冷菜间、配菜间，具有使用方便、易于清洁、节省厨房空间等优点。规格般为：长（L）185cm、宽（W）80cm、高（H）80cm。

3. 冷藏陈列柜

冷藏陈列柜又称冷藏展示柜，其柜门用透明保温玻璃制成，内有照明灯管从外面可以直接看到内部的贮存食物。有的展示柜内部还可自动旋转，一般温度在2～5℃，多用于冷菜、糕点、水果等食物展示。

4. 活动式冷库

现代酒店均有活动式冷库，采用风冷式制冷原理。按容积可分为6m^3、9m^3、12m^3等几种不同规格，根据饭店需求，其温度的高低、规格大小、式样等可直接要求厂方设计订购。这种活动式冷库具有空间大、贮存方便、便于清洗等优点，是现代饭店必备的冷藏设备。

（五）其他设备

1. 工作台

工作台规格式样很多，多是由不锈钢制成，一般分为简易工作台、单（双）向工作台、带架工作台等几种。

（1）简易工作台　简易工作台其规格为长（L）180cm，宽（W）80cm，高（H）80cm；台面平整，台下有搁板和没有搁板之分。这种工作台结构简单，价格便宜，有利于搞卫生。

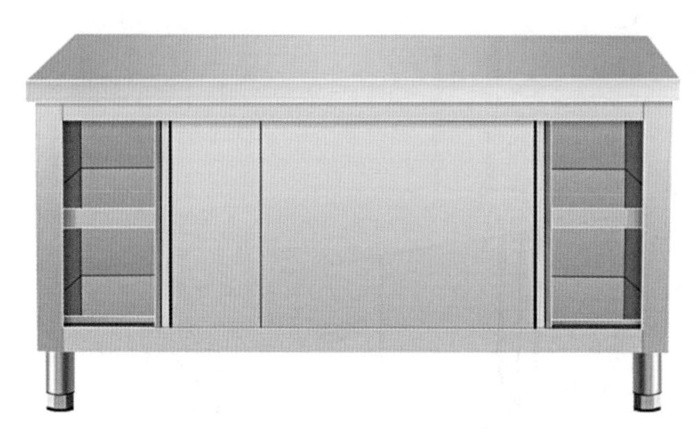

图4-13 双向工作台

（2）单（双）向工作台　这种工作台规格同简易工作台一样，但台面下有单向移门和双向移门的柜子，可存放餐具等（图4–13）。

（3）带架工作台　带架工作台其规格台面下同单（双）向工作台一样，但台架有三层，高出台面85cm，其长150cm，宽30cm，可存放冷拼等。这种工作台具有充分利用空间、方便操作等优点。

2. 有盖调料车

有盖调料车规格一般长（L）70cm、宽（W）50cm、高（H）80cm，上部可放8～10只调料罐，有盖，下部有双向移门柜，可放各种调味瓶，四脚有车轮，可随时移动。这种调料车存放调料卫生、整洁。

3. 立式纱窗橱（贮藏柜）

立式纱窗橱用于暂存一些冷菜等原料，其规格长（L）120～150cm，高（H）180cm，宽（W）60cm，除立式纱窗橱外还有立式贮藏柜等，其规格与纱窗橱一样，但柜门是双向移动的不锈钢门。

三、冷菜制作工具设备的使用及保养

（一）冷菜主要设备的使用及保养

1. 燃气炉灶的使用和保养

燃气炉灶常用的能源有煤气、液化气、沼气等，这种灶火力易于控制、操作方便，点火常用点火棒点火，有电动鼓风机，火力集中，外表均由不锈钢制成，造型美观，便于清洁，是现代厨房必备的加热设备之一。其使用和保养方法如下：

（1）燃气炉灶的使用

①点火前：要检查有无漏气现象，各开关是否关好，各种管道或皮管有无破损，如发现漏

气，应及时修理，通风换气，严禁火种，避免发生燃烧或爆炸事故。

②点火中：首先在确定没有漏气后，再点燃引火棒，然后打开开关，点燃燃气，并观察火焰颜色。正常的火焰颜色是无烟、浅蓝色，如发现火焰发红、有黑烟、不稳定，应及时疏通火眼。

③使用中：根据菜肴的烹调方法和要求，边旋转灶具的开关旋钮，边观察火焰的大小，直至满意为止。

④烹调结束后：首先关闭总阀门，再逐个关闭各开关，使管道中不留存气，该程序不能颠倒；关闭各气阀后，再清理灶面、灶具。

（2）燃气炉灶的维护与保养

①每天必须清洗炉灶表面油污，疏通灶面下水道；

②每周用铁刷刷净并疏通炉灶火眼上的杂物；

③经常检查管道接头处和开关，防止燃气泄漏。

2. 矮汤炉的使用和保养

矮汤炉火势稳定，易于控制，适用于煮、卤、制汤等烹调方法。

（1）矮汤炉的使用　矮汤炉在使用时，要注意炊具盛装的汤水不宜太满，以防汤水烧沸后溢出而浇灭火焰，矮汤炉下面用于收集油污的托盘要每天清洗。

（2）矮汤炉的维护与保养

①每天要清洗表面的油污、汤汁，疏通下水道；

②每周必须疏通火眼，清除火眼上杂物；

③经常检查管道、皮管接头处和开关是否有泄漏现象，如发现问题及时修理。

3. 蒸汽灶的使用和保养

蒸汽灶一般由不锈钢灶台、蒸汽盘管、蒸笼等组成，适用于蒸制各种菜肴等食品。

（1）蒸汽灶的使用　使用蒸汽灶时，应特别注意安全，防止烫伤。需要从笼内取放食物时，先要关闭气阀或调整火焰开关然后打开笼盖，让蒸笼内蒸汽散去一部分，再用抹布垫手取放食物。蒸笼蒸汽盘、蒸汽灶面要经常清洗，要注意蒸锅的水量及经常更换。

（2）蒸汽灶的维护与保养

①使用后要及时将锅中的水舀洗干净。

②蒸笼、蒸汽盘管要及时清除水垢。

③勤检查气压阀和气压表是否正常。

④保持灶面及地面清洁卫生。

4. 油炸炉的使用和保养

油炸炉呈长方形，均由不锈钢电热管、温度器等组成，常用于炸制各种食品。

（1）油炸炉的使用

①油炸炉在使用时，特别要观察油温，检查温度器是否正常。

②根据食品性质、大小及烹调要求正确掌握油温，保证菜肴质量。

③油炸炉在操作时，工作人员不应离开现场，要离开现场，必须关闭电源。

④每天工作结束后，要将油过滤，除去油中的杂质、食品屑等。否则油易变质。

（2）油炸炉的维护与保养

①每天倒油和滤油时，要关掉电源，并将锅擦抹干净。

②每周用热水加入清洁剂调匀煮沸关闭开关。让溶液在锅里泡上12h左右，倒去溶液再用温水加热进行清洗，刷去残渣油污，使油锅保持干净。

③清洗油炸炉时，不可用腐蚀性或碱性较强的溶液清洗。

5. 电烤箱的使用和保养

电烤箱是现代厨房必备的设备，具有工效高、耗电少、操作简便等特点，主要用来烘烤食品等。

（1）电烤箱的使用

①将需烤制的食品预先调制好，置于烤盘中。

②将烤箱中的温度调节旋钮、定时器旋钮的开关等调至最低位置。然后接通电源，待炉体加热后，再根据被烘烤物品的要求，将各旋钮调至所需位置。

③待指示灯自动灭后，表明箱内已达到所需温度，此时即可打开箱门，将物品放入，并关好箱门。

④根据烘烤的食品所烤的时间成熟度，并注意食品各部分受热是否均匀，根据情况作必要调整。

⑤烘烤完毕将旋钮调至“关”的位置，切断电源，取出食品。

（2）电烤箱的维护和保养

①电烤箱所用的电线、插座必须根据烤箱耗电的功率来设计，不可线路过细，否则易引起火灾。

②烤箱放置地方应离水池或水龙头远一些，防止受潮。

③在烤制食品时，不可频繁地开启烤箱门观察，以免热效率下降。

④烘烤有油和汁的食品时，必须使用烤盘，以防油汁滴烤箱内而影响使用寿命。

⑤清洁烤箱外壳时要趁热用软布擦抹，才能将污迹擦净，清洁烤箱内部时要待温度降下后再进行。烤箱内部清洁时不可用水或其他洗涤剂清洗，只能用软钢丝刷或干抹布进行清理。

⑥当烤箱使用完毕后，要及时将电源插头拔下以防事故的发生。

6. 微波炉的使用和保养

微波炉具有加热迅速、省电省时、加热均匀、易于操作等优点，深受人们的青睐。

（1）微波炉的使用

①盛放食品不可用金属器具或表面含有金属涂层的器具，因金属会反射微波，并产生火

花，宜选用耐高温的陶瓷器及玻璃制品。

②微波炉上层食品较下层热得快，且微波是从上面放射的，所以上层不要摆满，否则微波无法辐射到底。

③微波炉中食品不宜太少，若被加热食品太少，由磁控管产生的微波不会被完全吸收，从而影响磁控管的使用寿命。

（2）微波炉的维护和保养

①微波炉使用完毕后，要及时清除炉内的溢出物及油污。

②经常用中性清洁溶液擦洗玻璃盘及内壁，再用干布擦拭，以防产生异味。

③定期检查炉内排风管是否畅通，并清除阻塞物。

④检查门缝是否封闭，连接开关是否完好，防止微波泄漏。

⑤使用完毕后，要及时拔掉电源插头，切断电源。

7. 强力脱排油烟罩的使用和保养

（1）强力脱排油烟罩的使用　强力脱排油烟罩排油烟的功率分为高、中、低三挡，如油烟很多使用高挡功率开关，一般性油烟使用中档功率开关，油烟较少使用低档功率开关。

（2）强力脱排油烟罩的维护和保养

①定期清洁排油烟机的外壳。

②定期请有关技术人员对排风设备的内部进行清洁保养。

③经常清洗排油烟管道上的油污，以防火灾。

④如发现有异常响声或油烟排放不出去，要立即通知有关专业人员来维修，非专业人员不得随便拆卸。

8. 运水烟罩的使用和保养

（1）运水烟罩的使用　运水烟罩的使用同强力脱排油烟罩的使用相同，使用时只要开动所需的电钮开关即可。

（2）运水烟罩的维护和保养　维护和保养的方法同强力脱排油烟罩方法基本相同，不同点就是要经常清洗油烟罩上的水槽和不锈钢板及油集箱内的油污。

9. 冷藏设备的使用和保养

冷藏设备有冰箱、冰库、冰柜等，其功用有速冻、冷冻、冷藏三种，应根据烹调需要正确使用。

（1）冷藏设备的使用

①不要开启门太频繁或太久，最好是在规定时间开启。

②冰库、冰箱存放食品要整齐、分类存放。

③存放食品要留有间隙，便于冷气流通，蒸发器附近更不要塞满。气味较浓的食品要加遮盖储存。

④热食品要等冷却后方可冷藏。

（2）冷藏设备的维护和保养

①冷藏设备要定期清洗、整理，以免积存污物，滋生细菌。

②冷凝器使用时间过长，会沾满灰尘、油污，降低散热效果，应时常加以清洁。

③要经常检查各部分有无异常，观测温度，一旦发现故障，及时通知专业技术人员修理，确保正常运转。

（二）冷菜主要工具的使用及保养

1. 铁制工具的使用及保养

铁制工具具有价廉耐用等特点，在使用铁制工具时应注意如下几方面：

（1）铁制工具易生锈，用完后要及时擦干水，保持清洁（如刀具、炊具等）。

（2）熟铁锅如油污太多或太厚，可把锅干烧变红，除去油污，再用清水洗净。

（3）禁止用金属或其他硬物撞击锅体或用手勺、漏勺敲打硬物，防止变形损坏。

（4）铁制烹调用具不可长时期盛装菜肴或浸泡在汤水中。

2. 不锈钢工具的使用及保养

不锈钢工具（盛器）具有美观清洁、无毒光亮的特点，冷菜间使用的不锈钢工具（盛器）很多，如炒锅、手勺、漏勺、不锈钢桶（锅）等，在使用时应注意如下几点：

（1）选购不锈钢工具时要有鉴别能力　按钢材分，则有“13～0”“18～0”“18～8”三种“13～0”是指钢材中含铬13%，不含镍；“18～0”是指钢材中含铬18%，不含镍；“18～8”是指金材中含铬18%，含镍8%。其中“18～8”性能最好，它不会被磁铁吸附，其他则可被磁铁吸附，选购时只要用磁铁鉴别即可。

（2）使用不锈钢工具（盛器）时要及时清洗表面污物、油迹，否则会使表面变暗，失去光洁。

（3）不锈钢工具（盛器）切勿长时间装盛汤水，或浸泡水中，用完后要及时清洗擦干水，保持光洁。

（4）不锈钢工具（盛器）要防止干烧，否则会出现难看的蓝环，影响设备外观。

（5）不锈钢工具（盛器）不可用硬物敲打，否则易变形损坏。

3. 铝合金制品工具的使用及保养

铝合金制品工具具有价廉量轻、传热快等特点，常用的工具有铝制炒勺、手勺、漏勺、钢精锅等。在使用及保养时应掌握如下几方面：

（1）铝合金制品工具不可干烧，干烧易变形、烧化。

（2）铝合金制品工具要定期擦洗表面油污，才能保持光亮。

（3）铝合金制品工具不可长时间浸泡或盛装汤水或强酸、强碱的溶液，否则易使工具失去光泽，会氧化而产生有毒成分。

（4）铝合金制品工具质软，不可用硬物敲打等，否则易变形或损坏。

4. 不粘锅的使用及保养

不粘锅有较多品种，有不粘锅炒锅、平底锅（俗称法兰板）、不粘锅、电饭煲等，这些锅的内部涂上一层“杜邦”的金属，所以不易粘黏食品，但在使用时必须注意如下几方面：

（1）在烹制食品时不可使用金属的炒勺或饭勺，应使用专用的塑料或木制的为好。

（2）请勿使用醋及碱液。

（3）清洗时不能使用去污粉和刷子，请使用软布或海绵轻轻擦洗。

（4）不粘锅不要烹制一些带硬壳的食品，不可碰撞，否则会造成变形而影响锅内的不粘涂层。

（5）切勿将锅直接放在明火上干烧。

5. 菜墩的使用与保养

冷菜间菜墩有木制和白塑料两种，在使用时应注意如下几点：

（1）新购买进来的木制菜墩可浸在盐卤中或不时用水和盐涂在表面上，使菜墩的木质收绵更为结实耐用。新购进塑料菜墩应用84消毒液刷洗消毒方可用。

（2）在使用菜墩时，要转动墩位，尽量保持墩面平整，如有凹凸不平时，应用铁刨刨平。

（3）每次使用完毕后应将菜墩刮洗干净，晾干，用洁布或墩罩罩好。每天要做好消毒工作。最好上笼蒸半小时左右。

（4）菜墩忌在太阳下曝晒，以防开裂。

第五章

冷菜工艺及其造型实例

任务目标：

- ❑ 了解冷菜制作的各种技艺的概念与操作原理。
- ❑ 了解冷菜制作各种工艺技法的区别与联系，能够熟练运用各种烹调方法制作符合质量标准的冷菜。
- ❑ 通过对刺身类特殊冷菜制作的学习，举一反三，掌握其他特殊冷菜的烹制方法和注意事项。
- ❑ 掌握各种冷菜的调味程序与方法，能够独立进行冷菜常用滋汁的调制与保存。
- ❑ 通过实训操作训练使学生理解冷菜拼摆造型与题材个性之间的关系。

第一节　常见冷菜的烹制

一、拌炝工艺

（一）拌制工艺

1. 拌的概念与特点

拌是将经过加工整理的烹饪原料（熟料或可食生料）加工成丝、片、丁、条等细小形态后，再加入适当的调味品调制搅和成冷菜的一种烹调方法。拌是冷菜烹调中最普遍、使用范围最广泛的一种方法。

拌制类冷菜具有用料广泛、品种丰富、制作精细、味型多样，成品鲜嫩香脆、清爽利口的特点。拌制冷菜多数现吃现拌，也有的先经用盐或糖调味，拌时沥干汁水，再调拌成菜。拌菜的调味品主要有香油、醋、酱油，也可以根据不同的口味需要加入芝麻酱、胡椒粉、糖、蒜泥、味精、姜末等调味品。

2. 拌的工艺流程

拌制工艺一般经过选料加工、拌制前处理、选择拌制方式、装盘调味等工序（图5-1）。

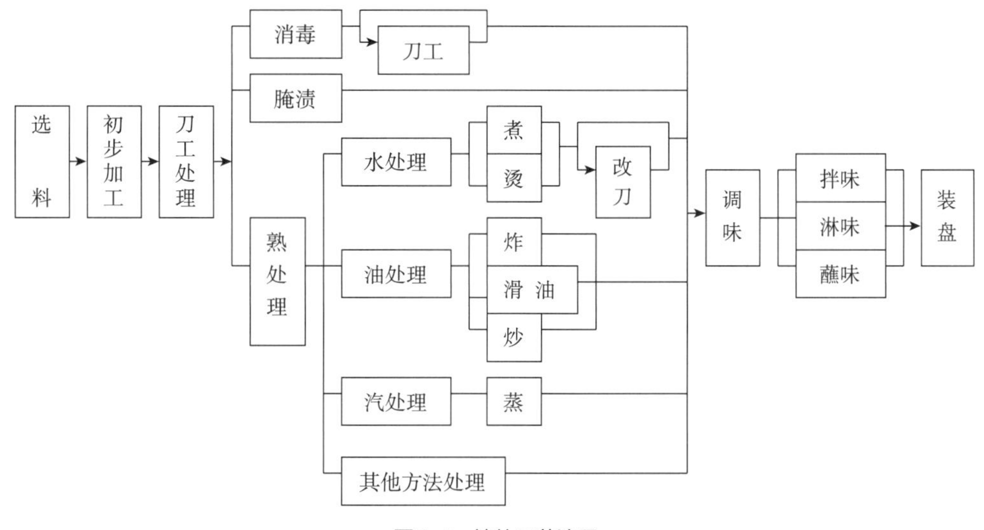

图5-1　拌的工艺流程

3. 拌的种类和技术关键

（1）拌的种类　拌制类冷菜根据原料生熟不同，可分为生拌、熟拌和生熟混合拌等（图5-2）。

①生拌：生拌是将可食用原料经刀工处理后，直接加入调料汁拌制成菜的技法。生拌的烹饪原料，一定要选择新鲜脆嫩的蔬菜或其他可生食的原料，将其先洗净后再用消毒液洗净，然后切配成形，最后加入调味品拌制。异味偏重的原料需用盐腌制排出异味涩水。

②熟拌：熟拌是将生料加工熟制、凉凉后改刀，或改刀后烹制成熟原料加入调味汁拌制成菜的技法。熟拌的烹饪原料，需经过焯水、煮烫，要求沸水下锅，断生后即可。然后趁热加入调味品拌匀，否则不易入味。若要保持烹饪原料质地脆嫩和色泽不变，则应从沸水锅中捞出后随即凉开或浸入凉开水散热。划油后的冷菜原料，若油分太多可用温开水漂洗，再沥干水分。

③温拌：温拌，即热拌，或将拌好凉菜上桌前加热。多用于海鲜和内脏的拌制。

④生熟混合拌：生熟混合拌是将生、熟主料和配料切制成形，然后拼摆在盘中，加入调味汁拌匀或淋入调味汁成菜的技法。

生熟混合拌的烹饪原料，其生、熟原料应按一定的比例配制。操作时应注意，熟料一定要凉透后再与生料一起加入调味品拌制，这样才能保证质地脆嫩和色泽不变。

⑤捞拌（捞汁）：“捞汁”是句广东话，原本的意思是吃饭的时候用菜汁拌饭，更多的时候，是因为菜的味道做得非常好，为了下饭就连菜的汤汁都和饭一起吃掉，而不剩下。“捞汁”就是连汁都捞净的意思。后来，“捞汁”有了进一步的发展，摒弃了“捞汁”的原本意思，发展为“捞拌菜”。由于南方海鲜比较丰富，一般海鲜的“捞汁”比较多。尤其是对于新鲜的海鲜，通过厨师们调出各种味汁可以直接蘸食，也可以直接把味汁浇在做好的冰镇菜上，所以，捞拌的特点是汁多。

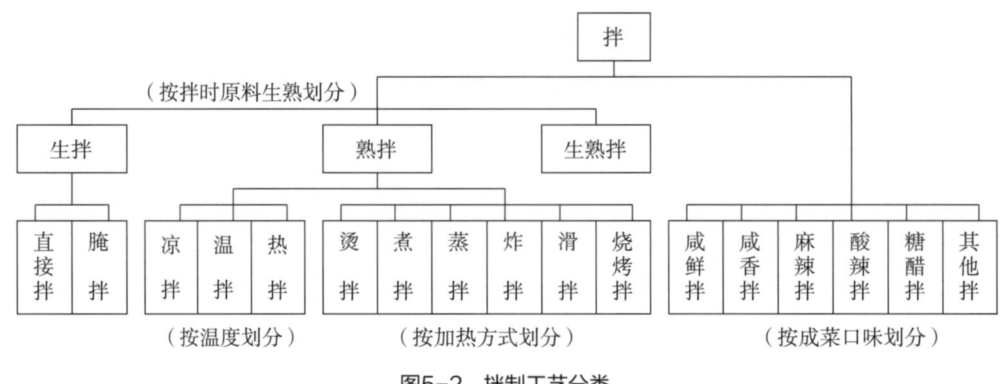

图5-2 拌制工艺分类

（2）拌的技术关键

①原料的加工整理要恰当：可生食的原料，必须先洗净，再用盐水（2%）或高锰酸钾溶液（0.3%）消毒（泡5min），然后再改刀拌制。

凡需熟处理的原料，熟处理时要根据原料的质地和菜肴的质感要求掌握好火候，例如焯水有沸水锅和冷水锅之分，成熟度可分为断生、刚熟、熟透、软熟等层次。若要保持原料质地脆嫩和色泽鲜艳，焯水后则应随即凉开或放入凉水中散热。过油有走油（即炸）和划油之分，走油油温宜高，划油油温宜低；走油要使原料酥脆，划油要使原料滑嫩。若油分太多，还要用温开水冲洗。

②调味要准确合理，各种拌菜使用的调料和口味要有其特色：拌制菜肴，不论佐以何种味型，都应先根据复合味的标准，正确调味。调制的味汁，要掌握浓厚的程度，使之与原料拌和稀释后能正确体现复合味的风味。拌菜调味的方式因具体菜肴而不同，一般有以下三种：

拌味：指菜肴原料与调味汁拌和均匀再装盘成菜的方式，它多用于不需拼摆造型的菜肴，要求现吃现拌，不宜拌得太早，拌早了影响菜肴的色、味、形、质。

淋味：指将菜肴装盘上桌，开餐时再淋上调制好的味汁，由食者自拌而食的方式。这样，一可体现凉菜的装盘技术；二可避免某些不能久浸调味汁的原料，在味汁中浸泡过久；三可保证成菜的色、味、质、形。

蘸味：指一种原料或多种原料多味吃法的方式。这种方式应根据原料的性质，选用多种相宜的复合味，并且要求复合味之间又各有特色，经调制成味汁后，分别盛入配置的味碟中，与菜肴同时上桌，由食者选择蘸食。

③应现吃现拌，不宜久放：拌制菜肴的装盘、调味和食用，要相互配合，装盘和调味后要及时食用。

4. 成菜特点

成菜的特点是：香气浓郁，鲜醇不腻，清凉爽口；少汤少汁（或无汗）；味别繁多；质地脆、嫩、韧。

5. 菜品实例

生拌

生拌黄瓜

原料组配

主料：水果黄瓜约200g。

辅料：蒜末20g、红椒丝5g。

调料：精盐5g、味精2g、白糖2g、白醋15g、红油10g。

操作过程

1 将所需原料整齐装入盘中备用。

2 先将黄瓜洗净后改刀，切成约7cm长、2mm厚的黄瓜片。

3 将切好的黄瓜片放入盆中，加入精盐、蒜末、白糖、白醋、味精、红油调拌均匀。

4 将拌制好的黄瓜片进行卷制，拼摆出造型。

5 将卷制完成的黄瓜片进行装盘。

6 点缀装饰红椒丝即可。

注意事项

- 选料时，制作生拌的黄瓜（地黄瓜、水果黄瓜）一定要新鲜。黄瓜不宜过粗，体形匀称者为上。
- 黄瓜拌制完成后，可先放入冰箱冷藏半小时，待黄瓜温度冷却、调料渗入后食用口感更加爽脆。
- 操作过程中需要遵守操作规范，保证食品安全卫生。

手撕拌菜

原料组配

主料：冰菜40g、青红黄彩椒60g、水果黄瓜30g、胡萝卜30g。

辅料：洋葱20g、樱桃萝卜20g、紫叶生菜20g。

调料：酱油10g、陈醋10g、白醋5g、蚝油10g、白糖15g、味精1g、香油1.5g、白芝麻适量。

操作过程

1 将所需原料整齐装入盛器中备用。

2 将洗净的冰菜、紫叶生菜、青椒、红椒、黄椒、洋葱等，用手撕成块。

3 胡萝卜、黄瓜、樱桃萝卜等用曲花刀（波浪花刀）切成片。

4　将处理好的原料放入碗中，用酱油、陈醋、白醋、蚝油、白糖、味精等调味料调制好料汁，倒入碗中进行拌制。

5　将拌制完成的菜品装盘，撒上适量白芝麻进行点缀即可。

注意事项

- 选料时，制作生拌的原料一定要新鲜。
- 菜品拌制完成后，可先放入冰箱冷藏半小时，待菜品温度冷却、调料渗入后食用口感更加爽脆。
- 原料进行拌制前一定要清洗干净，去除泥沙等污染物。

熟拌

熟拌肚丝

原料组配

主料：猪肚300g。

辅料：青红椒丝20g、鲜花椒8g。

调料：酱油15g、红油25g、精盐5g、白糖4g、味精2g、姜末15g、蒜末27g、白芝麻适量、干花椒5g、香叶1g、八角3g、桂皮3g、葱段20g、姜片15g、料酒适量。

操作过程

1 将所需原料整齐装入盛器中备用。

2 准备一个新鲜猪肚洗净处理备用。

3 处理完成的猪肚冷水下锅，放入葱段、姜片进行焯水。

4 将焯过水的猪肚搭配葱段、姜片、干花椒、八角、香叶、桂皮、料酒放入锅中煮制。

5 熟制的猪肚静置冷却，改刀切成5cm长条放入碗中，加入青红椒丝、酱油、红油、精盐、白糖、味精、姜末、蒜末进行调味。

6 将拌制完成的猪肚进行摆盘，撒上适量白芝麻、鲜花椒进行点缀即可。

注意事项

- 选取原料时，一定要选用新鲜红亮无病变的猪肚，必须进行反复漂洗，以免影响成菜质量。
- 猪肚需要提前进行焯水处理，加入葱段、姜片去除异味。
- 猪肚焯水处理后可立即放入冰水冷却，使猪肚口感更加脆爽。
- 菜品拌制完成后，可先放入冰箱冷藏半小时，待菜品温度冷却、调料渗入后食用更加入味爽脆。

温拌

温拌腰花

原料组配

主料：猪腰300g。

辅料：青笋60g、木耳15g。

调料：姜末8g、蒜末4g、精盐2g、味精1g、香醋5g、酱油3g、料酒10g、淀粉10g、干花椒2g、干辣椒11g、红油20g、葱花适量、白芝麻适量。

操作过程

1　将所需原料清洗干净放入盛器中备用。

2　将猪腰清洗干净，剔除中间骚腺。

3　处理干净的猪腰，进行刀工处理。

4　将改好花刀的猪腰，切成宽约1cm长条。

5　将猪腰长条放入碗中，加入淀粉抓匀。

6　处理好的猪腰开水下锅进行焯水，加入料酒去除异味。

7 盘中摆入处理好的青笋丝、木耳丝垫底。

8 将姜末、蒜末、精盐、香醋、酱油、味精、干花椒、干辣椒、红油调制料汁与猪腰进行拌制。

9 撒上葱花、白芝麻进行点缀摆盘即可。

注意事项

- 选用原料时，一定要选用新鲜、饱满、红亮的猪腰。
- 猪腰进行刀工处理时，需要注意下刀的角度与深度，保证腰花美观。
- 腰花焯水时注意时间，焯水时间不能过长，否则影响口感。

生熟混合拌

蒜泥白肉

原料组配

主料：猪肉（五花肉）500g。

辅料：水果黄瓜3根、葱段40g、姜片10g、薄荷尖适量。

调料：料酒10g、蒜末50g、酱油50g、味精1g、红油30g、白糖15g、精盐2g。

操作过程

1 将所需原料整齐装入盛器中备用。

2 将五花肉洗净，冷水下锅放入葱段、姜片、料酒煮制。

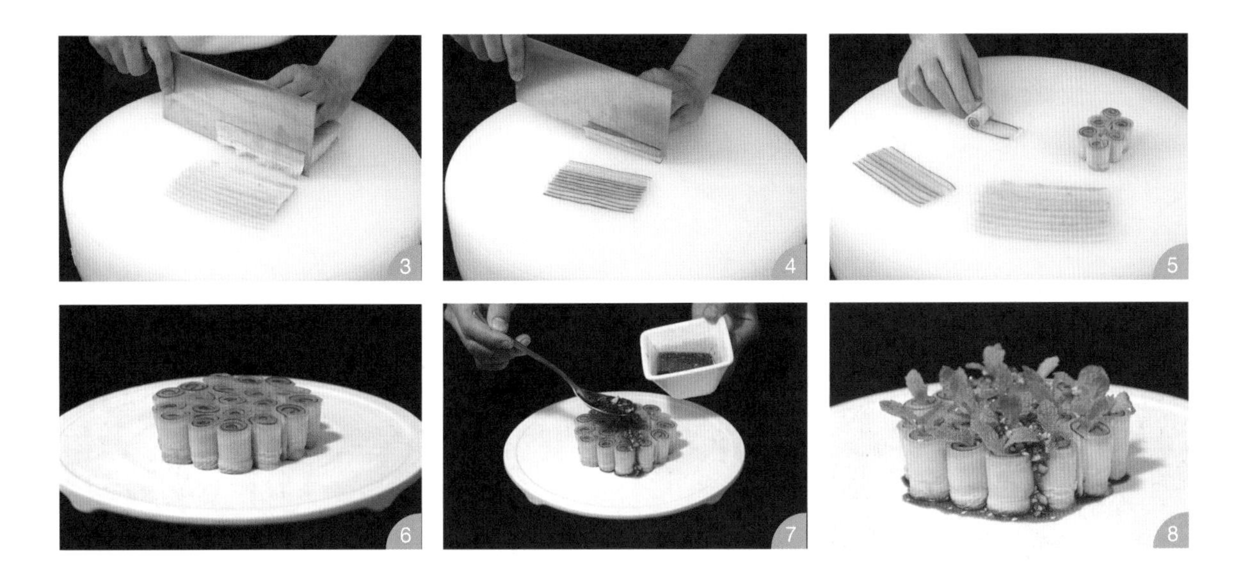

3 将煮熟的五花肉捞出凉凉，改刀切成2mm的薄片。

4 水果黄瓜洗净后，切成2mm薄片备用。

5 将五花肉片与黄瓜片卷成筒状。

6 将卷制完成的菜品整齐装入盘中。

7 将蒜末、酱油、红油等调制成料汁，淋入装盘的白肉上。

8 放上薄荷尖进行点缀即可。

注意事项

- 煮制五花肉应先用旺火煮沸，转小火微煮，使肉质软烂，以刚熟透明为佳。
- 猪肉煮制完成后，使用原汤静置冷却最佳。
- 猪肉进行刀工处理时，需做到猪肉片张完整，厚薄均匀。
- 调兑味汁时口味以咸鲜为主，略带辣味，蒜香味浓郁，因此蒜末稍多。

捞拌

五彩捞汁螺片

原料组配

主料：活海螺500g。

辅料：白芹菜50g、苦菊50g、心里美萝卜50g、紫甘蓝50g、黄椒50g。

调料：米醋20g、白糖20g、辣鲜露5g、酱油20g、花椒油5g。

操作过程

1 将所需原料清洗干净放入盛器中备用。
2 将活海螺取肉，改刀片成薄片。
3 将片好的海螺片，放入开水中焯水备用。
4 将白芹菜、心里美萝卜、苦菊、紫甘蓝、黄椒切成细丝，堆成球状，摆入盘中。
5 将海螺片摆在蔬菜球中间。
6 将米醋、白糖、辣鲜露、酱油、花椒油调成料汁，淋在菜品表面即可。

注意事项

- 海螺肉焯水时间不能过长，否则海螺肉质变硬，口感不佳。
- 蔬菜切丝后，可放入冰水中进行冷却，口感更加爽脆。

（二）炝制工艺

在口味众多的拌制菜肴中，有一些菜肴是用花椒油、花椒面、芥末油、芥末酱、白酒、胡椒粉等具有较强挥发性物质的调味品拌制而成的。白酒有强烈的酒味，沸油炝香料有浓烈的香味与热油味，呛入鼻喉，于是有人就把这类菜肴的烹调方法称为“炝”。从制作过程看，炝还是拌制法，或者说是拌的一种，炝与拌是种属关系。炝的名称始见于清代的《调鼎集》，如炝菱菜、炝冬笋、炝虾、炝松菌等。现在炝法各地都广泛使用。

1. 炝的概念与特点

炝就是把加工成丝、条、片、块等形状的小型原料，用划油为主要方法（也可以焯水），沥干油（水分），趁热或凉凉后加入以精盐、味精、花椒油为主的调味品，使其炝入菜肴的烹饪方法，具有色泽美观、适应面广、刀工讲究、质地嫩脆醇香入味的特点。

炝适用于鲜活动物性原料或应时植物性原料，炝制时常以花椒油、精盐、蒜泥、姜末、香醋等作为调味料，也可以用咖喱、芥末、胡椒粉、辣椒等作为调味料。

炝与拌的区别在于：炝多用以花椒油为主的调味品，以上浆、划油的方法为主；拌则以焯水、煮、烫的方法为主。在选料上，炝一般多用于动物性原料，且以熟料为主；拌多用于植物性原料，生料占相当比例。

2. 炝的工艺流程

炝是把具有较强挥发性物质的调味品，趁热（也有凉凉的）直接加入经焯水、过油或鲜活的细嫩原料中，静置片刻使之入味成菜的冷菜烹调方法。在加热方法上，炝以使用上浆划油的方法为主，植物性原料则一般焯水，在调料使用上，炝以具有挥发性物质的调料为主。

炝制工艺一般要经过选料、初加工、切配、熟处理、炝制调拌等工序。其一般工艺流程见图5-3。

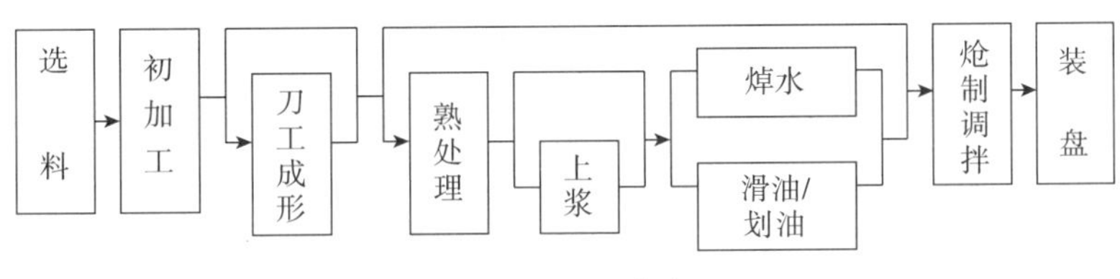

图5-3　炝的工艺流程

3. 炝的种类和技术关键

（1）炝制类冷菜根据烹调方法的不同，分为水炝、油炝、生炝三种。

①水炝：水炝是将经过加工成一定形状的原料用沸水烫至断生，再用冷开水过凉后，加入调味料拌匀即可的制作方法。

水炝的冷菜应以质地脆嫩、含水量低的动植物原料为主，焯水时间短，水要沸腾，原料焯水时断生即可，切忌焯水时间较长。

②油炝：油炝是将加工成一定形状的原料经过上浆划油后，用温开水冲洗并沥干油分和水分，再加入调味料拌匀即可的制作方法。

油炝的冷菜适用于质地脆嫩的动物性原料，划油后放入水中过凉，严格控制火候和时间。

③生炝：生炝是将经过严格消毒的新鲜或活的动物性原料洗净后，不经高温处理直接加入具有杀菌消毒功能为主的调味料即可。

（2）炝的技术关键

①熟处理：原料熟处理时的火候要适中，原料断生即可，过老或过软都会影响炝制菜肴的风味。植物性原料在熟处理时，一般要焯水，然后凉凉炝拌。动物性原料一般要上浆，既可划油，也可汆烫。划油的原料，蛋清淀粉浆的干稀薄厚要恰当，油温在三四成热时下锅；汆烫的原料，其蛋清淀粉浆应干一点、厚一点，水沸时再下锅。

②炝制：原料在熟处理后，既可趁热炝制，也可凉凉炝制，但动物性原料以趁热炝制为好。原料炝制拌味后，应待味汁浸润渗透入内，再装盘上桌。

4. 成菜特点

色泽鲜艳，润滑油亮；脆嫩（或滑嫩）爽口；鲜香入味，风味独特。

5. 菜品实例

水炝

炝土豆丝

原料组配

主料：土豆350g。

辅料：青红椒25g、香菜梗5g、葱花2g。

调料：干花椒3g、干辣椒2g、蒜末10g、精盐3g、白糖2g、酱油10g、香油少许。

操作过程

1 将土豆、青红椒洗净备用。

2 将所需原料放入盛器中备用。

3　土豆、青红椒切丝备用。

4　将土豆丝、青红椒丝沸水下锅焯水断生，过凉备用。

5　将蒜末、精盐、白糖、酱油、香油倒入碗中；烧少许热油淋在干花椒、干辣椒表面，激发出香气，倒入碗中与焯过水的土豆丝、青红椒丝进行搅拌。

6　将主辅料拌制均匀。

7　撒上香菜梗、葱花适当点缀装盘即可。

注意事项

- 土豆丝切好后可放入水中浸泡，防止氧化变色。
- 土豆丝焯水后，应立即浸入冷水中，使其口感更加脆爽。
- 干花椒、干辣椒表面淋油时要注意油温，油温过高会使其焦煳，过低则无法激发出香气。

油炝

滑炝鱼丝

原料组配

主料：草鱼150g。

辅料：青椒丝25g、鸡蛋清1个。

调料：大葱25g、精盐5g、姜片10g、味精1g、淀粉10g、料酒10g、花椒油15g、干花椒适量、干辣椒适量。

操作过程

1 将所需原料清洗干净放入盛器中备用。

2 将鱼肉洗净，剔除鱼皮、鱼刺。

3 鱼肉改刀切丝。

4 将鱼丝放入碗中，加入精盐抓拌，直至鱼丝表面出现黏液。

5 用清水漂洗去鱼丝表面黏液，放入冰水中静置。

6 使用厨房用纸吸干表面水分。

7 姜片、葱段、干花椒调制成葱姜水，鱼丝放入碗中，加入葱姜水、料酒、精盐、蛋清、淀粉抓匀上浆。

8 将处理好的鱼丝下入锅中滑油熟制。

9 捞出控油。

10 将鱼丝摆入盘中，淋上炝好的干花椒油、干辣椒油即可。

注意事项

- 鱼丝使用精盐腌制抓拌，可使鱼丝更加白净，成菜效果更佳。
- 将处理好的鱼丝浸入冰水，可使鱼肉肉质更加紧实。
- 鱼丝进行滑油，油量不宜过少否则鱼肉会粘连，影响成菜效果。
- 鱼丝加入蛋清、淀粉可使鱼肉更加嫩滑，口感更佳。

生炝

炝生菜

原料组配

主料：生菜200g。

辅料：蒜末10g。

调料：精盐1g、生抽10g、红油10g、白糖3g、香醋3g、姜末5g、香油10g、干花椒3g、干辣椒3g。

操作过程

1 将所需原料清洗干净放入盛器中备用。

2 将生菜洗净，改刀。

3 将改刀的生菜整齐摆入盘中。

4 将精盐、生抽、红油、白糖、香醋、姜末、香油、干花椒、干辣椒调制成味汁，淋上热油激发出香气。将调制的料汁淋在生菜表面。

1

2

3

4

注意事项

- 选择原料时，要选择新鲜嫩绿无病虫的生菜，成菜效果最佳。
- 干花椒、干辣椒表面淋油时要注意油温，油温过高会使其焦煳，过低则无法激发出香气。

（三）拌、炝菜肴的知识要点

1. 拌、炝菜肴的区别

拌和炝两种烹调技法，有很多相似之处。有些地区的拌、炝不分，视为一种技法。实际上，这两种技法在鲜香、脆嫩、爽口相同的特点下还是略有区别。拌，以水焯、煮烫为主，炝除焯水烫外，还使用滑油的方法。

从调料上看，拌主要用香油（或芝麻酱）、酱油、醋、糖、盐、味精、姜末、葱花等，也多用三合油（酱油、醋、香油）拌制。炝则多用热花椒油加调料拌制，总体来说，炝的味道更浓烈。

2. 拌、炝菜肴制作要点

（1）脆嫩清爽　这是拌菜与炝菜的第一要求，也是个重要的关键。如果制作出来的拌菜与炝菜，又软又腻，则失掉了它的风味特点。为了保证脆嫩清爽，必须在选料和加工处理上，认真对待。对于生料拌，一定要选择新鲜的脆嫩原料，这是保证生拌的前提条件。对于熟料拌，无论何种加热处理都要以保证脆嫩为出发点，例如用水炝法，只能在水开后下锅，在火上或离火迅速挑翻几下，使之均匀受热，一见转为翠绿，断掉生味，立即出锅投入凉开水中浸泡，只有这样，炝后才能保持质地脆嫩、色泽鲜艳、清爽利口。

（2）清香鲜醇　具有香气又是拌菜与炝菜的另一要求和关键要点。拌与炝菜的香，既要能散发出扑鼻的香味；又要入口后越嚼越香，这是所有冷菜的共同特点。因此，在冷菜制作过程中，需要运用各种手段增加香味。在拌与炝的制法中，一方面，是在拌、炝中使用香气浓郁的调料，如调汁中要用花椒、京葱之类的香料，有的要用姜丝、姜末和醋来增香，有的要以蒜泥、芝麻酱、芥末等拌和，还有的用花椒油、香油等，使菜肴香味增强。另一方面，对于拌、炝的熟料，在制作时要使香味渗入原料内部，产生内部的香味，从而达到内外俱香，香气四溢的效果。拌菜的调味品，有的是酱油、醋、香油（三合油）等，取其清香爽口；也有的根据口味需要，用蒜末、姜末汁、辣椒面、花椒面、芝麻酱、芥末、白糖、芫荽等调味。

3. 拌、炝菜肴制作的注意事项

拌、炝凉菜时的注意事项主要有以下几点：

（1）刀工精细　拌菜在刀工处理上要整齐美观，如切条时长短大体要一致，切片时厚薄要均匀；切丝时粗细要相同。此外，若在原料上切出不同的刀花那就更好，如在糖醋小萝卜上切出蓑衣花刀，这样既能入味，又能令人望而生津，增进食欲。

（2）注意调色，以料助香　拌凉菜要避免菜色单一，缺乏香气。例如，在黄瓜丝拌海蜇中，加点海米，使绿、黄、红三色相间，增加食欲；小葱拌豆腐一清二白，看上去清淡素雅，如再加入少许香油，便可达到色、香俱佳；拌白肉中加点蒜末既解腻又生香，可使白肉肥美味厚。

（3）调味合理　各种凉拌菜使用的调料和口味要求各具特色。如糖拌西红柿口味甜酸，只宜用糖调味，而不宜加盐；拌凉粉口味宜咸酸清凉，没有必要加糖和味精，只需加少许醋、盐。拌菜调味时，要特别注意四点：

①醋是拌菜的主要调味，由于酸的作用，过早放入会使鲜绿菜变成黄色，所以最好在上桌时调入。

②姜为主要的提味品，一定要切成蓉或细末，才能入味。

③味精是鲜味调料，要趁菜热时加入，菜冷后加入提不起鲜味。如果调凉菜时要使用，要先用热水化开后再调入。

④生拌凉菜必须十分注意卫生，因为蔬菜在生长过程中，常常沾有农药等物质。所以应冲洗干净，必要时要用高锰酸钾水溶液和凉开水冲洗。此外，还可多使用醋、蒜等杀菌调料。

二、煮、卤、酱工艺

（一）煮制工艺

1. 盐水煮的概念与特点

盐水煮就是将腌渍的冷菜原料或待腌的原料，放入水锅中加精盐、姜、葱、花椒等调味品（一般不加糖和有色调味品），再加热成熟的一种制作方法。

根据原料形状、大小及质地的不同，盐水煮可分别采用不同的火候和操作方法。对形状较小、质地细嫩或需要保持鲜艳色泽的植物性原料应沸水下锅，断生即可；对形状较大、质地老韧的动物性原料应冷水下锅煮到七成熟捞出，再放入盐水锅煮熟；对用盐或硝酸钠腌制过的动物性原料则应在清水中漂洗，下锅焯水去掉异味后，再煮制成熟。成品冷菜改切装盘后，大都浇入适量原卤汁食用。盐水煮具有咸香清淡、鲜嫩爽口的特点。

2. 盐水煮的工艺流程（图5-4）

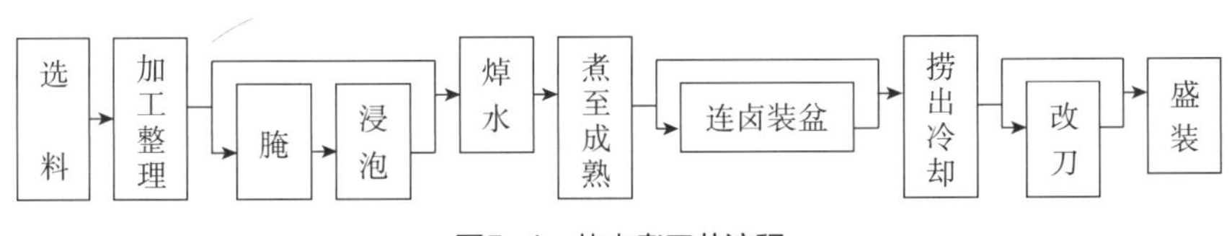

图5-4　盐水煮工艺流程

3. 盐水煮的技术关键

（1）原料选择　盐水煮要选择新鲜无异味、易熟的原料。如虾最好选用鲜河虾，越鲜越佳，如虾不鲜，食时口感绵软，风味不佳。牛羊肉应选新鲜的腱子肉。

（2）初步热处理　盐水煮的原料在正式煮前一般要焯水，特别是事先经盐腌或硝腌的原料，应浸泡并洗去苦涩杂味或焯水后再煮。菜花焯水时应加点醋可防止出现黑点。

（3）掌握好放盐的时间及盐量　盐水煮以盐定色、定味，一般要求质嫩的原料，盐不宜早放，最好待原料即将成熟时放入。因为盐是一种电解质，可以加速原料中蛋白质的凝固，延长加热时间，导致原料变色。经过腌渍的原料，一般不需加盐，只放些葱、姜、料酒、香料即可。盐与水的比例要随原料而定，一般500g水加盐25g为宜。

（4）煮制时还要掌握好火候　对一些形小质嫩或要求保持色泽鲜艳的植物性原料，应沸水下锅，煮至断生即可，如“盐水毛豆”就不易久煮，否则绿色变成黄色，容易散失养分。对体大质老坚韧的原料应冷水下锅，先用旺火烧沸，再用小火焖煮成熟，不宜长时间大火烧煮，否则原料质老而韧，不宜咀嚼。

另外要注意，用于盐水煮的锅一定要洗刷干净，否则影响外观颜色，影响食欲。盐水煮不炝锅，不提前制卤。

4. 盐水煮的成菜特点

盐水煮的成菜特点是色泽淡雅，清新爽口；质地鲜嫩，咸鲜味美；无汤少汁。

5. 白煮的概念与特点

白煮是将已经初步加工的原料放水锅或白汤锅内，不加任何调味品，先用大火烧沸，再转至小火煮制成熟，冷凉后改刀装盘，再用调味卤汁拌食和蘸食的一种制作方法。其特点是成品色泽洁白，清爽利口，白嫩鲜香。

6. 白煮的工艺流程（图5-5）

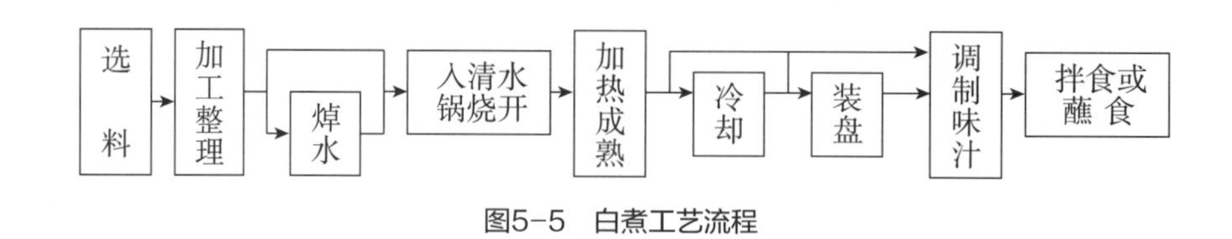

图5-5　白煮工艺流程

7. 白煮的技术关键

白煮技法从表面上看，就是将加工整理好的原料放入开水锅中，用中小火长时间煮熟成菜，似乎没有什么技术内容。实则不然，白煮技法从选料到成菜有一系列的严格要求，而且具体操作方法也很细致。主要表现在以下几点：

（1）选料　用于白煮的原料均经过精选，用最优良品种的原料和原料中最细嫩的部位。如白煮肉片选用的猪肉必须是皮薄、肥瘦比例适当、肉质细嫩、体重在百斤左右的育肥猪。宰杀以后，取其去骨带皮的通脊肉、五花肉作原料，才符合白煮的要求。白煮羊头肉所用的羊头也很有讲究，一般都用内蒙古羯山羊头，这种羊头肉厚，质嫩，不膻，成熟后可片成大薄肉片。正是精选了这些原料，煮制时不杂他味，才使得原料的鲜香本味得以充分体现。

（2）原料加工　用于白煮的原料须细致地加工，清除污物和异味。如羊头，就须将其先放入冷水中浸泡2h以上，泡去血水，然后用板刷反复刷洗头皮，刷出白色，越白越好（但不能将皮刷破）；再用小毛刷伸进掰开的口腔中刷洗洁净；继续用小毛刷把鼻孔、耳内的脏物全部刷洗出来。全部刷净后，另换新水冲洗两三遍，方可取出控水待用。洗净后的羊头须从头皮正中至鼻骨处用刀划一长口，熟后从划口处拆骨和切片。白煮肉的猪肉加工，要刷去表面污物，除净细毛，洗涤干净，然后切成长20cm、宽13cm的长方大块，熟制后改刀切片。

（3）水质　白煮技法的独到之处就是突出原料本味。因此，白煮的水质必须洁净，不能让其他杂味混入。白煮的锅具多用透气好、不易散热和不受污染的大砂锅，水量要多。其目的是：一能保持恒温热量，水温不会发生过高过低的大变化，有利于加热取得应有的效果；二能保持水质不易发浑，让原料在洁净水中受热，成品显得清爽。

（4）火候　冷菜的白煮和热菜的煮法主要区别就在于加热的火力和时间不同。热菜的煮法大都是旺火或中上火，加热的时间较短；冷菜的白煮则是中小火或微火，加热时间较长，根据原料性质而定。一般为1～2h，有的3h。在煮制过程中，必须控制好火力，只让水保持微开状态，水温在90℃左右，中途不能添加冷水，以免影响水的温度恒定。在检查白煮肉的熟度时，多用筷子戳扎，如一戳即入，拔出时无嘬力，即成熟度适当。检查白煮羊头是否成熟，是用手按压羊脸的皮肉，如由下锅时的硬挺变得稍有弹性，再按压羊耳根部，也由硬变软即熟，捞出，再用冷开水浸泡1h，使表皮变得脆嫩。

（5）改刀　白煮的原料是整块大料，须改刀装盘才能上桌，因此对改刀的刀口和形状有较高的要求。白煮猪肉改刀切片，要求切得又大又薄，肥瘦相连，不散不碎，整齐美观。一般来说，每块肉片长约20cm，宽约13cm，厚0.1～0.15cm，达到“片薄如纸，粉白相间”的标准。白煮羊头改刀更复杂，要求按羊脸、羊眼、羊耳、羊舌、羊上膛软骨等不同部位用不同切法切出不同的片形。如羊脸、羊舌，均用片刀法切出又大又薄的大坡刀片，羊眼、羊耳、羊上膛软骨等则用立刀直切法切成细薄的片，再按不同部位分别装盘。

8. 白煮的成菜特点

白煮的菜肴保有原料纯正的鲜香本味，再配上精细制作的调味料后，就形成更丰美的滋味。白煮肉片的调味料是用上等酱油、蒜泥、腌韭菜花、豆腐乳汁和辣椒油调制成鲜咸香辣的味汁，也可将调料分别放在小碗上桌，由顾客根据喜好自选调制。白煮羊头的调料则是将细盐、花椒用微火慢慢焙干。特别是盐既要焙干又不能上色，要保持洁白的本色，然后在石板上研成粉末，再过细筛。最后将盐粉、花椒粉和丁香粉、砂仁粉等香料粉混合一起拌匀，成为特制的鲜香椒盐。食时，边吃边撒椒盐或蘸椒盐吃，具有独特风味。椒盐不能提前撒，否则羊头肉受到盐的渗透作用，会变得软塌无劲，失去脆嫩的特色。

9. 菜品实例

白煮

白斩鸡

原料组配

主料：鸡1只（约1kg）。

辅料：姜片15g、葱段30g、黄栀子2个。

调料：花椒油10g、白糖10g、姜蒜末30g、香油30g、葱花10g、香菜10g、料酒30g、熟白芝麻30g、红油40g、醋10g、味精5g。

操作过程

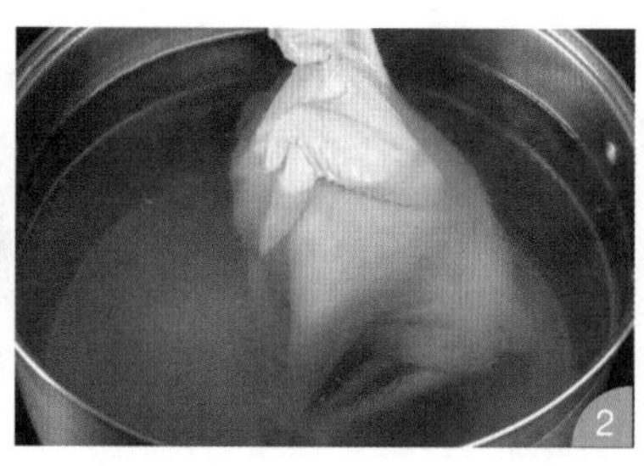

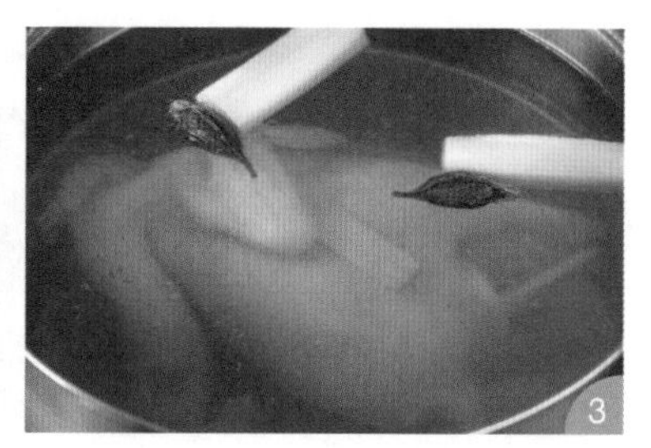

1 将所需原料清洗干净放入盛器中备用。

2 整鸡洗净，入沸水汆去血水；净鸡浸入热水中烫约3s，至外皮定型，反复三次。

3 整鸡重新放入锅中，加入葱段、姜片、黄栀子煮制。

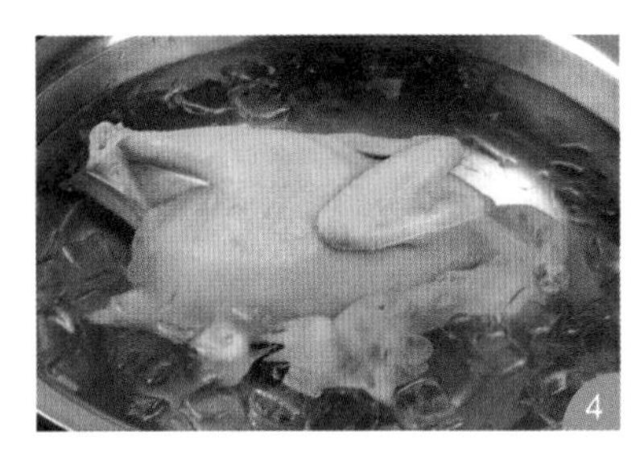

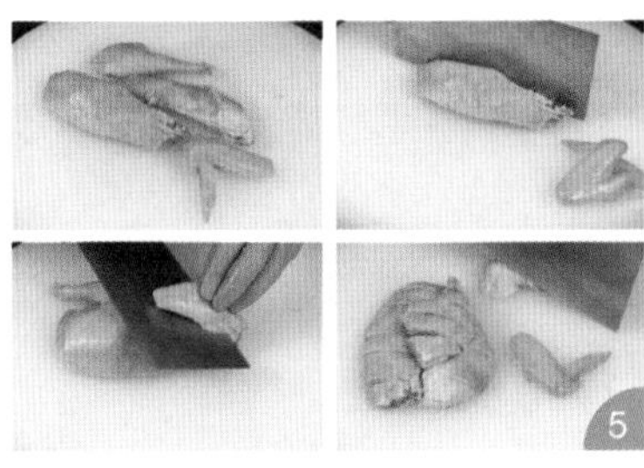

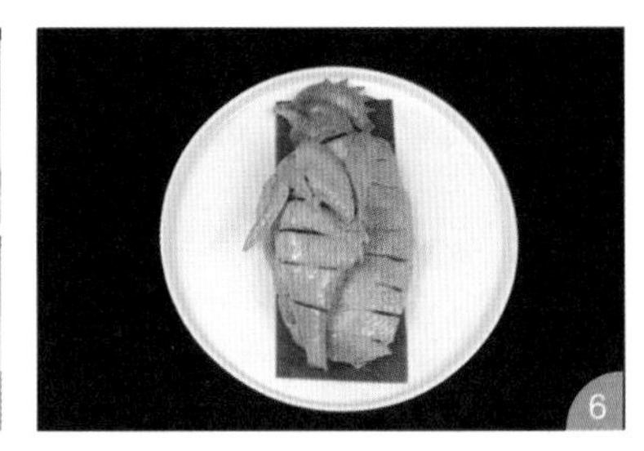

4 鸡肉煮至刚刚断生后关火，盖上锅盖用余温闷制，成熟后捞出放入冰水中浸泡冷却。

5 去除整鸡多余部分，斩成条形备用。

6 将斩好的鸡肉摆入盘中，进行适当装饰即可（配以料汁食用）。

注意事项

- 鸡肉煮制时温度不可过高，否则鸡肉肉质过于软烂，影响成菜效果。
- 鸡肉煮制成熟后需立即过冰水，使得鸡肉表皮更加紧实，口感更加脆嫩。
- 斩鸡时注意下刀的手法，分步取料，使得白斩鸡造型整体美观。

盐水煮

盐水花生

原料组配

主料：花生米250g。

辅料：胡萝卜丁30g、莴笋丁30g、青红椒丁15g。

调料：大葱20g、姜片10g、八角10g、干花椒5g、五香粉5g、精盐5g。

操作过程

1 将所需原料清洗干净放入盛器中备用。

2 锅中倒入冷水，放入大葱、姜片、八角、干花椒、五香粉、精盐、花生米，大火煮至沸腾；改小火慢煮1h，煮至花生米入味，捞出凉凉备用。

3 将胡萝卜丁、莴笋丁、青红椒丁与花生米分别放入盛器备用。

4 焯水的胡萝卜丁、莴笋丁、青红椒丁与花生米进行拌制。

5 将拌制完成的花生米摆入盘中，进行适当点缀即可。

注意事项

- 煮制完成的花生米可放入料汁中浸泡一段时间，使花生更加入味。
- 选用新鲜带壳花生，口感更加鲜脆。

（二）卤制工艺

1. 卤的概念与特点

卤是将加工整理的原料，放入事先制好的卤水中，先用旺火烧开，再改小火浸煮，使卤水中的滋味，缓缓地渗入到原料内部，使原料变得香浓酥烂，停火冷却后成菜的一种烹调方法。一般来说“卤”是一种复合调味制品的总称，许多菜肴在制作过程中需要“对卤”，这里的卤，主要是讲用卤来煮熟原料，是成熟与调味合二为一的冷菜烹调方法。卤制品称卤货或卤菜。

卤菜调味以盐、香料为主，酱油为辅，主要是增加食物的滋味和色泽。烹制好以后，成品要浸在卤水内，让其慢慢冷却，随吃随取，保持香嫩；也可即行捞出，待凉后在原料表面涂上一层香油，防止卤菜表面发硬和干缩变色。

2. 卤的工艺流程

卤菜的风味，由于各地原料和口味的不同而有差异，但卤菜的制作过程却是基本相同的。其一般制作工艺过程见图5-6。

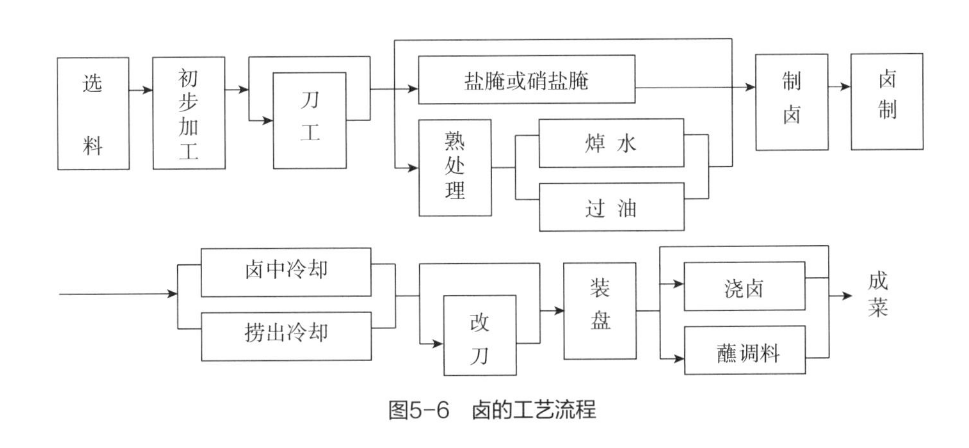

图5-6 卤的工艺流程

3. 卤的种类

卤按调味品的不同，可分为红卤和白卤两种。红卤的主要调味品有酱油、红曲米、糖色、精盐、白糖、黄酒及各种香料。白卤不用有色调味品，一般也不放白糖，常用调味品有盐、味精、葱、姜、料酒、桂皮、大茴香、花椒等，卤制的方法与红卤相似。

4. 卤的技术关键

（1）原料要求　卤菜的原料应新鲜细嫩，滋味鲜美。鸡应选择仔鸡或成年公鸡，鸭应选用秋季的仔鸭，鹅应选用秋后的仔鹅。猪肉应选用皮薄的前后腿肉，牛羊肉应选用肉质紧实、无筋膜的，其内脏应选新鲜无异味、无杂质、未污染、有正常气味的内脏。

（2）卤制原料的整理加工　卤制原料的整理加工，是做好卤菜的重要一环。原料的整理加工一般包括初步加工、分档、刀工等几道工序。这些工序的优劣对卤菜的色、香、味、形有一定影响。

（3）原料的卤前预制　卤制的原料大多数需要经过焯水处理，以除异味，再进行卤制，如家畜的肠、肚、舌等。有些动物性原料一般带有血腥味，为了使其在卤制后色泽红润、香透肌里、味深入骨，卤制前要经过盐腌或硝腌，如卤牛肉等要掌握好硝腌的用量。另有一部分原料在卤制前必须过油，使菜肴增进口味、丰富质感、美化色泽。如琥珀凤爪，先将洗净的鸡爪焯水，再入热油锅炸，然后再卤制。

（4）卤汁的制法与调理

①卤汁的制法：卤汁又称卤汤，第一次现配，用后保存得当，可以继续使用。反复制作卤制品并保存好的卤汁，称为老卤（又称老汤）。再次使用时，适当添加水、香料和其他调味料，一次次使用下去。凡用老卤卤制，又称套卤，制品滋味更加醇厚，有些老店甚至保存有百年以上的老卤。配制卤汁的关键是掌握好投料的比例。

②卤汁的调理：卤汁要专卤专用，卤制前要根据卤制的原料和菜肴的质量要求，经常有针对性地调剂好色、香、味。

（5）卤制

①卤制时要掌握好卤汁与原料的比例，一般卤法以淹没原料为好，使原料全部浸没在卤汁中烹煮。卤制中要勤翻动，使原料受热均匀，特别是红卤，锅底可垫竹箅之类，以防止粘底煳锅。

②卤制品的原料一般块形大，加热时间较长，因此原料下锅后先用旺火烧沸，再改用小火煨煮，以达到内外成熟一致的要求。卤制时，要撇去浮沫，以免污染菜肴。卤制最宜加盖，其火力以保持卤汁沸而不腾为准。

③投料的先后次序也要适宜，几种不同原料可以在同一锅内卤制，但要根据原料的不同质地及所需要加热时间的长短而先后投料，保证达到成熟度一致。如牛肉、口条、鸭子等一起卤制，应先下牛肉，口条次之，鸭子再次之。

（6）出锅装盘

①原料卤好后要适时出锅，掌握好这个环节，主要就是在达到色、香、味、形基本要求的基础上，正确判断原料的成熟度。

②卤菜的冷却有两种方法：一是将卤制好的成品捞出凉凉后，在其表面涂上一层香油，以防变硬和干缩变色；二是将卤制好的原料离火浸在原卤中，自然冷却，随吃随取，以最大限度地保持卤菜的鲜嫩。

③冷却后的卤菜，形状较小的可直接装盘食用，形状较大的要改刀后再装盘食用。也可在切配装盘后，根据食者喜爱，食用时酌放原卤调味，或者将原卤盛入碗里，有选择地酌加花椒面、辣椒面、香油、味精、白糖、鲜汤、葱花、熟芝麻等调味品供浇食或蘸食，以增添卤制菜肴的风味特色。

（7）卤水的保存　制成的卤水，保存时间越长，香味越透，这是因为卤汁中所含的可溶性蛋白质等成分越来越多。再者，香料经常换新，在再次卤新原料时，还要加进调味品，所以，卤汁是保存越久越好。老卤的保存，关键在于防止因污染而导致的发酵变质。

5. 成菜特点

香透肌里，诱人食欲；滋味鲜香不腻，醇厚隽永。

6. 菜品实例

红卤

制作视频

卤茶叶蛋

原料组配

主料：鸡蛋20个。

辅料：普洱茶15g、姜片15g、葱段40g。

调料：八角7g、香叶1g、桂皮10g、小茴香2g、冰糖50g、精盐20g、老抽15g、生抽25g、干花椒12g、草果10g、干辣椒5g。

操作过程

1 将所需原料清洗干净放入盛器中备用。

2 鸡蛋冷水下锅，煮至成熟。

3 用勺子将煮熟的鸡蛋表面敲出裂纹。

4 锅中倒入冷水，放入普洱茶、姜片、葱段、八角、香叶、桂皮、小茴香、生抽、干花椒、草果、干辣椒、冰糖、精盐、老抽，大火煮至沸腾。

5 将处理好的鸡蛋放入卤水中煮开，开小火用卤汁浸泡备用。

6 将卤制完成的鸡蛋捞入盘中即可。

注意事项

↘ 煮鸡蛋时，为防止鸡蛋破裂可在水中加入适当精盐。
↘ 卤制完成后需要清除锅中残渣，防止变质。
↘ 夏季卤制时卤汁中需要多加些许精盐，防止鸡蛋变质。

白卤

白卤猪肝

原料组配

主料：新鲜猪肝1kg。
辅料：葱段40g、姜片20g。
调料：桂皮2g、八角2g、干花椒1.5g、精盐10g、白糖20g、料酒50g。

操作过程

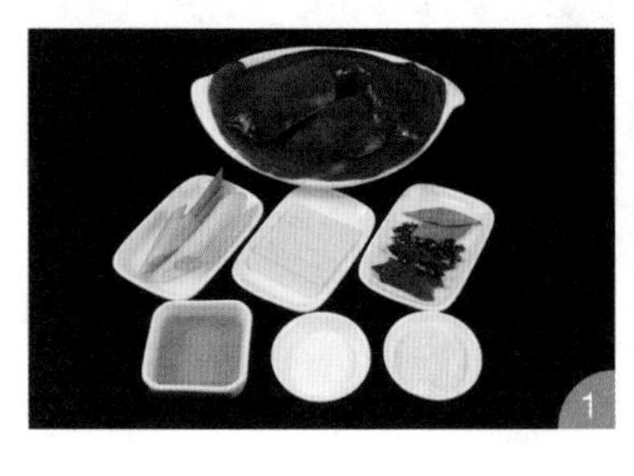
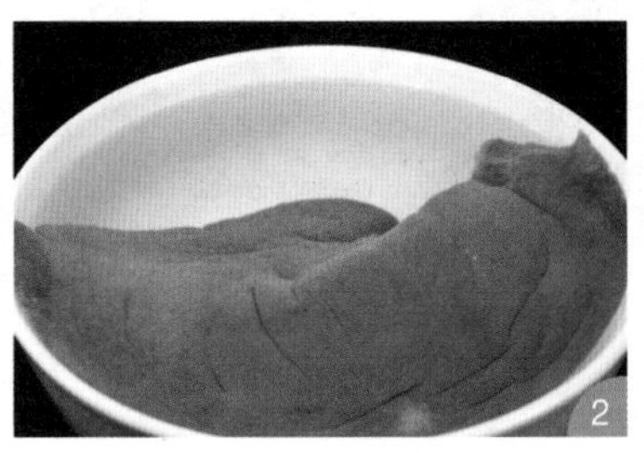

1 将所需原料清洗干净放入盛器中备用。
2 将猪肝放入碗中，浸泡30min，冷水漂洗。
3 猪肝冷水下锅。

4　加入葱段、姜片、料酒大火烧开，转小火煮制30min，用筷子扎一下，无血沫冒出即可捞出。

5　用清水洗去表面污物。

6　用精盐、白糖、桂皮、八角、干花椒熬制白卤水，静置冷却备用。

7　将熟制的猪肝放入卤水中浸泡8～12h，卤制入味。

8　捞出，切3mm薄片。

9　将切片的猪肝摆盘装饰即可。

注意事项

- 选料时，需要选用新鲜猪肝，经冷冻的猪肝质感发渣。
- 煮制时间不能过长，断生即可。

（三）酱制工艺

1. 酱的概念与特点

酱是将原料初步加工后，放入酱锅（以酱油或面酱、豆瓣酱为主，加其他调料制成）中，用小火煮至质软汁稠时出锅，凉凉后，浇上原汁食用的一种烹调方法。酱油（有时也用面酱或豆瓣酱）是加工此菜主要调料，用量多少，直接影响到成菜的质量。

酱和卤者属热制冷吃的烹调方法，其调味、香料大致相同，制法也大同小异，故有人把酱和卤并称“卤酱”。其实，酱与卤从原料选择、品种类别、制作过程和成品风味等方面都有不同之处：①酱菜选料主要集中在动物性原料上，如猪、牛、羊、鸡、鸭及头蹄下杂一类；卤菜的选料则适应性较强，选择面宽。②酱制用的酱汁，原来必用豆瓣酱、面酱，现在多改用酱油，或加糖色上色，酱制成品一般色泽酱红或红褐、品种相对单调；卤制菜则有红卤和白卤之分，成品种类多样化。③酱菜的卤汁可现制现用，酱制时把卤汁收浓或收干，不余卤汁，也可用老卤酱制，酱制成熟后，留一部分卤汁收于制品上；而卤菜一般都需要用“老卤”，卤制时添加适量调料，卤制后还需剩下部分卤汁，作为“老卤”备用。④酱制菜肴成品除了使原料成熟入味外，更注重原料外表的口味，特别是将卤汁收浓，黏附在原料表面，故口感外表更浓重一些；成菜原料由于长时间浸在卤汁内加热，故成品内外熟透，口味一致。

2. 酱的工艺流程

凡需酱制的原料，一般要用盐、硝腌渍一定时间，再洗去血水和污物，然后切成500 ~ 1000g的块，焯水后放入酱汁锅中进行酱制。一般先以旺火烧开，再改用小火煮至原料上色、酥烂为止。酱汁用后可和卤法的卤汤一样保存和调理并长期使用。酱制一般工艺流程见图5-7。

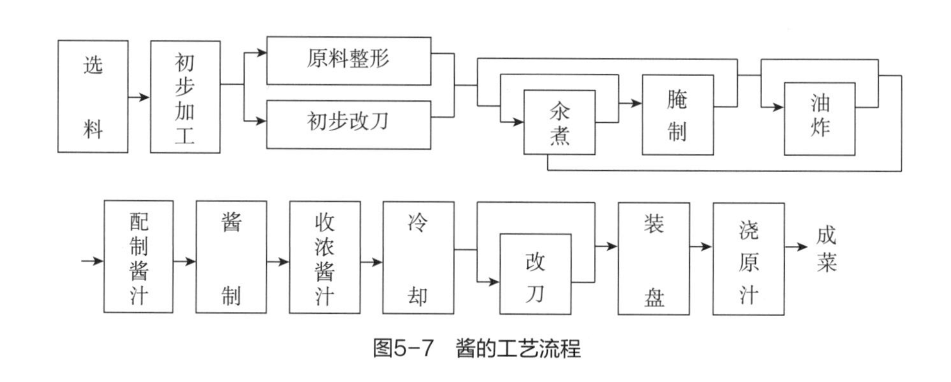

图5-7 酱的工艺流程

3. 酱的种类

根据酱制方法不同，酱可分为普通酱和特殊酱两种。普通酱一般先配酱汁，酱菜一般多浸在酱汁中以保持新鲜，避免发硬和干缩变色。特殊酱是在普通酱基础上，增加用糖量，再加入红曲米上色。

4. 酱的技术关键

（1）腌制　大多数酱菜要经过腌制（豆制品不需要腌制），即用精盐（如炒过更佳）在原料的表里擦匀或加精盐拌匀，置瓦钵（或瓦缸）内腌渍。有些异味重的牛、羊、狗、野兽及其内脏在腌渍时，除用盐外，还需要同时加些白酒、葱、姜等拌匀腌之，以减轻其恶味。腌渍的时间为1 ~ 2d（热天入冰箱）。然后，用清水略漂（洗去一部分盐分），洗净。有的原料在酱制前要经过硝腌，一定要掌握用硝量，不可追求肉色红、肉质香而盲目多加。这样一则会影响口感，产生一种涩味，二则因硝可转化生成亚硝胺这种致癌物质，多加会对人体产生危害。如用炸制，则油温应高一些，炸的时间要短一些，为了颜色更为鲜亮，也可先以少量酱油或甜酒酿汁涂抹原料表皮。

（2）配制酱汁　酱法多先配制酱汁，配制时掌握好香料（葱、姜、辣椒除外）、白糖、酱油的用量。香料太少，香味不足；香料过多，酱汁味浓重。白糖过多，酱菜“反味”；白糖太少，酱菜味道欠佳。酱油过多，酱菜发黑，味道变咸；酱油太少，则达不到酱菜要求，体现不出酱菜风味特色。酱菜一般不需加盐，因原料经盐渍后就已经有盐了，加上酱油、豆瓣酱中的盐分，就已有足够的盐了。如盐渍后的原料不用清水略漂还会出现盐分过多（但不宜久漂，不然，成菜的味道变差）。此外，水（或骨汤）的用量还应结合不同的原料和不同的加热时间而酌情增减。

（3）掌握好火候　将焯水后的动物性原料或未焯水的植物性原料（豆制品）放入锅内卤汁中，先用旺火烧开，再转小火，保持微沸（否则，卤汁由于强烈翻腾而溅在锅壁上并焦化落入菜肴中，影响菜肴的口味和美观），加热的时间要根据原料的质地和大小来掌握。一般蛋类、豆制品约半小时，嫩的动物性原料1～1.5h，老的动物性原料2～3h，原料成熟时，要撇去汤面的油脂和浮沫，用大火收稠汤汁，使原料上色。

（4）酱汁用后也可和卤法的卤汤一样保存和调理并长期使用，有“百年老汤”之说。

5. 成菜特点

酱制成菜的特点是：口味浓醇，鲜香酥烂，酱香浓郁；色泽鲜艳，制品有的呈红色，有的呈紫酱色、玫瑰色、褐色等。

6. 菜品实例

普通酱

酱牛腱肉

原料组配

主料：牛腱肉2kg。

辅料：葱段20g、姜片20g、甜面酱100g。

调料：八角8g、丁香2g、陈皮2g、干花椒15g、老抽40g、黄酒15g、小茴香2g、精盐20g、白糖40g、桂皮8g、香叶1g、香油20g。

操作过程

1 将所需原料清洗干净放入盛器中备用。
2 将牛腱肉洗净后改刀，切长条备用。
3 牛腱肉冷水下锅，放入葱段、姜片焯水。
4 锅中倒入冷水，放入甜面酱和八角、丁香、陈皮、干花椒、老抽、黄酒、小茴香、精盐、白糖、桂皮、香叶、香油大火烧开。将焯过水的牛腱肉放入卤料中，大火烧开改小火慢煮2h。
5 将煮熟的牛腱肉静置于卤料中，浸泡入味。
6 将卤好的牛肉，切块备用。
7 将切块牛肉进行摆盘，适当装饰即可。

注意事项

↘ 选择原料时最好选用牛腱肉，肉质紧实，成菜效果好。
↘ 牛肉可提前煮制15min捞出过冷水，这样肉质凝固更易切片。
↘ 牛腱肉肉质偏硬，大火烧开后需转小火长时间炖煮。

酱猪耳

原料组配

主料：新鲜猪耳1kg。

辅料：葱段50g、姜片30g、料酒15g。

调料：酱油100g、精盐15g、八角5g、干辣椒5g、干花椒8g、老抽15g、料酒10g、白糖30g。

操作过程

1 将所需原料清洗干净放入盛器中备用。

2 将猪耳朵放入盆中，用刷子刷去表面污物，漂洗干净。

3 猪耳朵冷水下锅，放入葱段、姜片、料酒焯水备用。

4 锅中放入冷水，放入酱油、精盐、八角、干辣椒、干花椒、老抽、料酒、白糖煮沸，放入猪耳朵进行酱制。

5 大火烧开煮沸，转小火酱制约40min，将猪耳朵捞出备用。

6 将酱制的猪耳朵整齐叠放。

7 使用保鲜膜进行包裹。

8 将酱好的猪耳切长条，进行摆盘装饰即可。

注意事项

- 酱猪耳大火烧开后，转小火酱制时间不能过长，否则肉质软烂影响成菜。
- 选料时最好选用新鲜猪耳朵，经冷冻的猪耳朵肉质过软。

特殊酱

酱猪蹄

原料组配

主料：猪蹄2.5kg。

辅料：葱段20g、姜片20g、红曲米20g。

调料：酱油130g、精盐20g、八角8g、桂皮8g、干花椒8g、冰糖40g、料酒30g、丁香2g。

操作过程

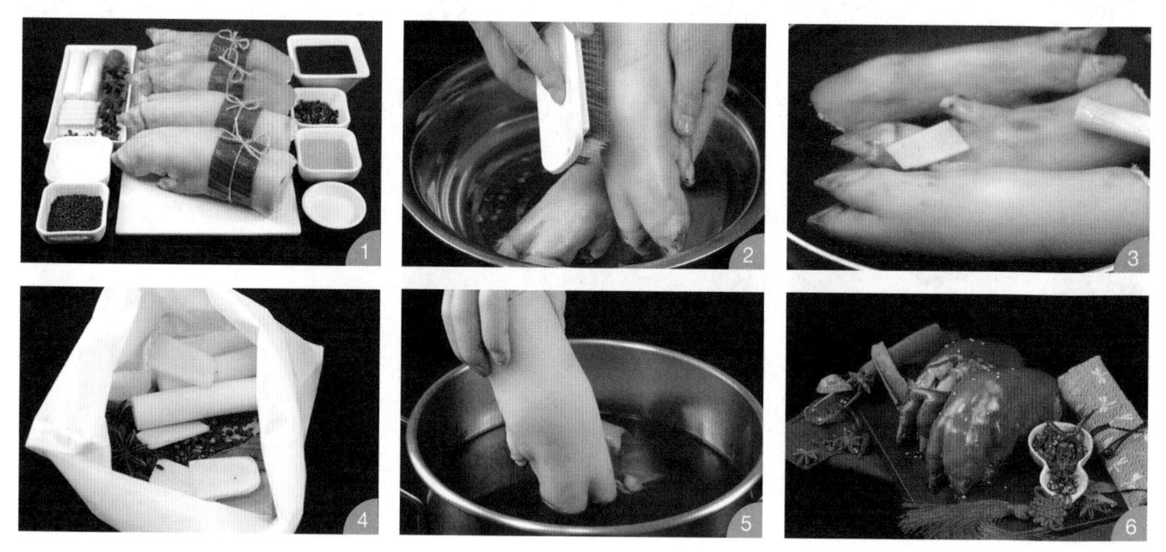

1 将所需原料清洗干净放入盛器中备用。

2 将新鲜猪蹄放入盆中冷水漂洗，用刷子刷洗干净。

3 猪蹄冷水下锅，放入葱段、姜片、料酒（10g）焯水备用。

4 取一个料包，放入酱油、精盐、八角、桂皮、干花椒、冰糖、料酒（20g）、丁香、红曲米。

5 锅中放入酱料包，煮至沸腾，放入处理干净的猪蹄进行酱制，大火烧开转小火煮制2h。

6 将酱制的猪蹄进行摆盘装饰即可。

注意事项

- 酱猪蹄煮制时间不可过长，否则肉质软烂影响成菜效果。
- 进行特殊酱制时红曲米要适量，过多会导致成品颜色过红影响食欲，过少会导致颜色过浅影响成菜效果。

三、醉、糟、泡工艺

（一）醉制工艺

1. 醉的概念与特点

醉有三义：一指饮酒过量而神志不清；二指专注于某事，如“令人心醉”；第三指物醉，专指以酒浸物，用之于厨事，成为极有特色的一种烹调技艺。

醉，也叫醉腌，就是将烹饪原料经过适当的处理（包括初步加工和熟处理），放入以酒和盐为主要调味品的汁液中腌渍至可食的一种冷菜烹调方法。所用的酒一般是优质白酒或绍兴黄酒。醉制工艺流程一般要经过选料、刀工、热处理、醉腌、盛装等工序。

2. 醉制工艺流程（图5-8）

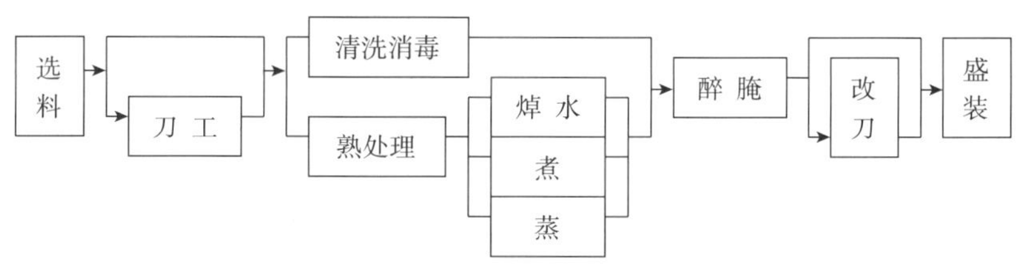

图5-8　醉制工艺流程

醉制冷菜一般不宜选用多脂肪食品，适宜用蛋白质较多的原料或明胶成分较多的原料，主要是新鲜的鸡、鸭、鸡鸭肝、猪腰子、鱼、虾、蟹、贝类及蔬菜等原料。原料可整形醉制，也可加工成丝、片、条或花刀块醉制。酒多用米酒或露酒、果酒、白酒。其中以黄酒、白酒较为常用。

酒腌的调味卤汁，可根据原料和菜肴的需要，用不同的调味配方调制不同的卤汁，使醉制菜肴各呈不同的风味特色。

用来生醉的动植物必须新鲜、无病、无毒。动物性原料如虾、蟹、螺、蚶必须是鲜活的。为了入味，多把这些活料先洗净，装入竹篓中，放入流动的清水内，让其吐尽腹水，排空腹中污物，停放一些时间，使活料呈饥饿干渴状态，再放入调味汁中，活料可自吸多量调味汁。

酒腌过程中，要封严盖紧使不漏气，要到时才能取用。醉制时间长短应根据原料而定，一般生料久些，熟料短些，长时间腌制的卤汁中咸味调料不能太浓。短时间腌制的则不能太淡。另外，若以黄酒醉制，时间不能太长，防止口味发苦。醉制菜肴若在夏天制作，应尽可能放入冰箱或保鲜室。盛器要严格消毒，注意清洁卫生（因为通过醉制后不再加热处理）。

3. 醉的种类

按所用的调料不同，醉可分为红醉、白醉；按制作原料方法的不同，醉可分为生醉和熟醉。

（1）生醉　生醉就是选用鲜活原料，加入醉卤汁直接醉制，成品不需加热即可食用。具有味道鲜美、风味独特的特点。

（2）熟醉　熟醉就是先将烹饪原料加工成熟，再用醉卤汁浸泡的一种制作方法。具有味鲜嫩滑、酒香扑鼻的特点。

4. 成菜特点

醉制成菜的特点是：酒香浓郁，鲜爽适口，大多数菜肴保持原料的本色本味。

5. 菜品实例

生醉

醉虾

原料组配

主料：鲜虾300g。

辅料：姜米30g、蒜末30g、青椒20g、高度白酒（酒精度53%vol）70g、绍兴黄酒280g。

调料：白糖80g、香醋120g、酱油8g、香葱5g、香菜15g、小米辣25g、蚝油20g。

操作过程

1　将所需原料清洗干净放入盛器中备用。

2　碗中倒入白糖、香醋、酱油、蚝油、姜米、蒜末、香葱、香菜、青椒、小米辣调制料汁。

3 料汁调拌均匀备用。
4 将鲜虾洗净放入碗中，倒入高度白酒、绍兴黄酒进行浸泡。
5 鲜虾醉制备用。
6 将醉制的鲜虾淋上料汁。
7 搅拌均匀，醉虾腌制入味。
8 摆入盘中适当点缀即可。

注意事项

- 选料时，需要选用鲜活的活虾进行制作，死虾不可生食。
- 醉制时，需要选用高度白酒和黄酒进行醉制，一方面可杀死细菌，另一方面则更有利于除去异味。

熟醉

醉蟹

原料组配

主料：大闸蟹（约1kg）。

辅料：花雕酒500g、高度白酒（酒精度53%vol）30g、葱段30g、姜片40g、大蒜30g。

调料：生抽400g、冰糖320g、精盐4g、干花椒1g、八角2g、桂皮2g、香叶1g、陈皮5g。

操作过程

1 将所需原料装入盘中备用。

2 锅中倒入生抽、葱段、精盐、冰糖、姜片、大蒜、干花椒、八角、桂皮、香叶、陈皮。大火烧开，转小火煮制10min。

3 加入花雕酒、高度白酒煮开，静置冷却放入冰箱冷藏备用。

4 大闸蟹洗净，用绳子捆扎结实，顶部摆上葱段、姜片，上锅蒸制12～15min。

5 将熟制的大闸蟹静置冷却，放入料汁中浸泡12～24h，即可食用。

6 将醉制的大闸蟹进行摆盘装饰即可。

注意事项

- 大闸蟹进行腌制时，背部可扎些小孔使得菜品更加入味。
- 菜品制作选用新鲜的活蟹，腌醉可选用高度白酒，但使用黄酒风味更佳。
- 蒸制大闸蟹时需注意蒸制时间，大火速蒸，保证蟹肉更加鲜嫩。

（二）糟制工艺

1. 糟的概念与特点

糟就是将经过加工处理过的生料或熟料，用糟卤等调味料浸渍的一种制作方法。冷菜的糟制方法和热菜的糟制方法区别是：热菜的糟制一般选用生的原料，经过糟制后需经蒸煮等方法烹制，趁热食用。而冷菜的糟制是将原料烹制成熟后再糟制，食前不必再加热处理。成菜具有糟香浓郁、口味清爽、别有风味的特点。

2. 糟制工艺流程

糟制工艺一般要经过选料、加工整理、刀工、制卤、浸腌、盛装等工序，其一般工艺流程见图5-9。

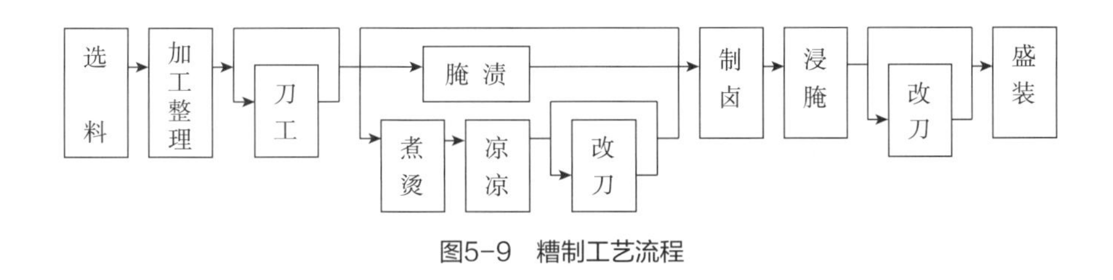

图5-9　糟制工艺流程

3. 糟的技术关键

（1）选料　糟制冷菜一定要选择鲜活，味感平和而鲜，没有大的特殊味感的原料，最好不用冷藏或经过复制的原料。其原料的种类比较广泛，但并不是所有原料都适宜，如牛肉、羊肉，由于其本身带有腥膻气味，做糟菜非但不能突出香味，还会使原料与糟结合生成一种异味，使人难以接受。另外，一些有特殊气味的原料，如香菇香味浓郁，蒜薹香气扑鼻，洋葱辛香味重等，都不宜制作糟菜。因此在选择、使用原料时，要注意其自身的特殊性和加热后的变化，采用适宜的原料，才能制出鲜香味美的糟味冷菜。

（2）初步加工要得法，要彻底　有的煺尽羽毛，有的洗净内脏，有的去除黏液，有的刮净外皮，有的剔除污物，必须收拾干净。

（3）熟糟的原料要经过熟处理　一般原料应热水下锅，先用急火烧，再用文火煨。原料要全部浸在水里，并要不时轻轻翻动，不要使原料表面破损。鸡、鸭类断生即可，猪肚则要煮至熟软，蔬菜一烫即可，要根据实际情况掌握火候。

制糟卤汤：糟制冷菜主要以香为主，关键在于卤汤配制，方法恰当，就能体现成品特色，反之，即使用上等原料制成，也未必能引起人食欲。一般方法是：先将原料原汁或其他鲜汤过滤后倒入锅中，放入葱、姜、盐、白糖、味精及香料调料，烧开后倒入一半糟卤，烧煮一下离火，自然冷却即成。卤汁糟味是否突出，关键在酒糟、糟卤的质量以及香糟与酒、糟卤与原卤的比例。

（4）浸腌　浸腌时要根据原料的不同特性来掌握冰箱的温度或腌制的时间。将烧煮的原料改刀，放入卤汁内，连同容器一起放进冰箱，卤汁要宽，使之淹没原料。冰箱温度通常控制在10～15℃，温度太低，成品冰冷刺口，吃不出脆感；温度太高，成品有韧性不爽口。浸制时间要恰当，一般在4h左右，否则也会影响菜肴质量。

4. 糟的种类

按原料的生熟，糟制方法分为生糟、熟糟两类；根据所用糟制调料品不同，分为红糟、香糟和糟油三种。

（1）生糟　生糟就是将烹饪原料未经熟处理直接用糟卤汁浸泡数小时和数天入味后，再加热成菜的制作方法，具有糟香入味、清淡适口的特点。

（2）熟糟　熟糟就是将烹饪原料熟处理后再进行糟制入味改刀装盘成菜的制作方法，具有咸鲜爽口的特点，是夏令佳肴。

5. 成菜特点

糟制成菜的特点如下：

（1）糟香突出，清淡可口　糟菜所用的调料如酒糟、黄酒、茴香、桂皮、花椒、蜜饯、桂花等都具有特殊的香气，不同原料自身或多或少也有一定的香味，两相融合，浸渍析出，自然就形成了特殊的香味，在众多的成品中，有突出干香的糟鹅、糟肫，有突出鲜香的糟鸡、糟虾，有突出清香的糟香瓜、糟西芹，有突出浓香的糟猪爪、糟内脏。另外，糟制冷菜在制作过程中，除了酒、酒糟及香味调料外，用来提味的一般是盐、糖、味精之类，实际适用在某一品种时，要根据原料情况，按一定的比例、数量、次序投放，基本构成以淡味为主的口味，目的是既能突出糟味的鲜香，又不使原料味寡单调。

（2）色泽淡雅，诱人食欲　糟制冷菜的色基本以原色为主，因为制作糟菜一般不放有色调料，故糟卤呈淡黄色（如用糟油制卤，色泽稍深一些）。浸制的原料更为淡雅，大部分成品还是以原料本色出现，这样更能引起人的食欲。

（3）杀菌抗病，夏令佳肴　糟制冷菜一年四季均可制作，但以夏令品尝最佳。酷暑炎夏，人们偏爱清淡可口的菜肴，而糟制冷菜，尤其是那些要在冰箱内浸制或浸制后入冰箱冷冻的糟菜，既凉爽可口，芳香扑鼻，又引人食欲，增添营养。对荤菜来说，它利用糟卤中的酒性，分解荤性原料中的“脂肪”，使一些动物性原料的油腻荡然无存，从而使人不因暑热而拒食鸡鸭鱼肉，确保人体对各营养素的摄取平衡。对素菜而言，夏季上市的时令蔬菜特别多，有很多蔬菜、瓜果、干果、菌类原料等都可以糟制，这样也改变了夏季素菜局限于冷拌、白煮、盐腌等方法的束缚，丰富了夏令的冷菜品种。由于糟卤内含有多种香味药材，其中某些原料对夏季的一些有害细菌有抑制和消杀作用。因此，夏令糟菜能使人增加食欲，增强体质，提高抗病能力。

6. 菜品实例

生糟

糟莴笋

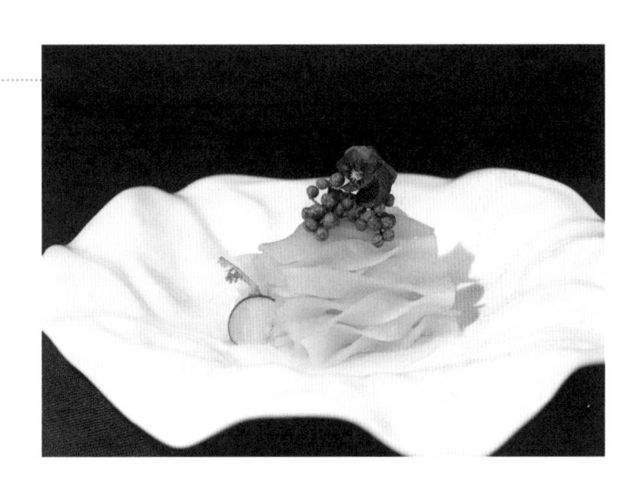

原料组配

主料：莴笋500g。

辅料：香糟汁50g、黄酒50g。

调料：精盐12g、味精1.5g、白糖10g、干花椒1g。

操作过程

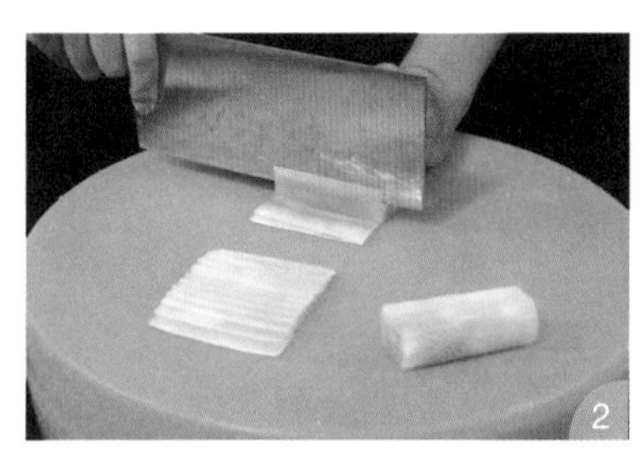

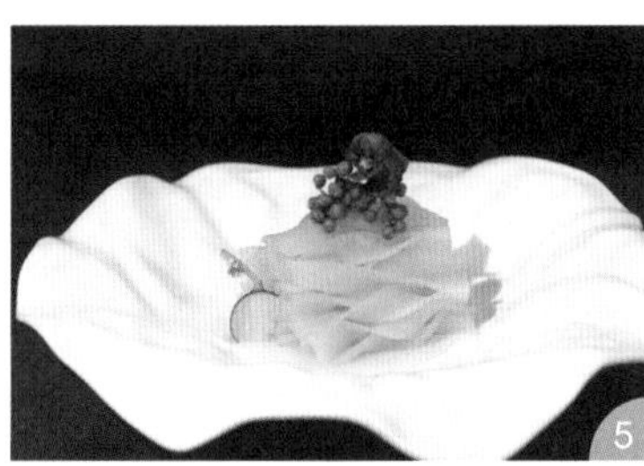

1 将所需原料清洗干净放入盛器中备用。

2 莴笋洗净后去皮，切2mm薄片备用。

3 将莴笋焯水后倒入碗中，加入精盐、味精、白糖、干花椒混合搅拌。

4 碗中倒入香糟汁、黄酒进行糟制。

5 将糟好的莴笋进行装饰摆盘即可。

注意事项

- 糟制的莴笋可放入冰箱进行冷藏2h，口感更加爽脆。
- 糟制前，可将莴笋加些许精盐提前腌渍使其入味。

熟糟

糟鸭掌

原料组配

主料：鸭掌300g。

辅料：糟卤500mL。

调料：大葱10g、姜片5g、香叶1g、干花椒2g、黄酒30mL、精盐5g、冰糖20g、八角1g。

操作过程

1 将所需原料清洗干净放入盛器中备用。

2 鸭掌冷水下锅大火烧开后，煮制10min备用。

3 将焯水的鸭掌浸入冰水中降温冷却。

4 使用剪刀将鸭掌脱骨备用。

5　锅中倒入冷水煮沸，放入脱骨鸭掌，加入大葱、姜片、八角、香叶、干花椒煮制。

6　将煮熟的鸭掌捞出控水，静置冷却。放入保鲜盒中，加入精盐、冰糖、黄酒、糟卤调制糟汁，浸泡鸭掌，放入冰箱冷藏8h即可食用。

7　将糟制的鸭掌进行装饰摆盘即可。

注意事项

- 鸭掌煮制后，可放入冰水中快速冷却，使其质感更加脆爽。
- 选料时，需要选用干净无瘀血的鸭掌，用冷水反复冲洗。

（三）泡制工艺

1. 泡的概念与特点

泡也可称渍，作为一种冷菜烹调方法，是指经加工处理的原料，装进特制的有沿有盖的陶器坛内，以特制的溶液浸泡一段时间，经过乳酸发酵（也有的不经发酵）而成熟的方法。其溶液通常用盐水、绍酒、白酒、干红辣椒、红糖等佐料和草果、花椒、八角、香叶等香料，入冷开水浸渍制成。经泡后的烹饪原料，可直接食用，也可与其他荤素原料配合制作风味菜肴。

2. 泡制工艺流程

泡制工艺一般要经过选料、初加工、刀工、制卤、泡制等工序，其基本工艺流程见图5-10。

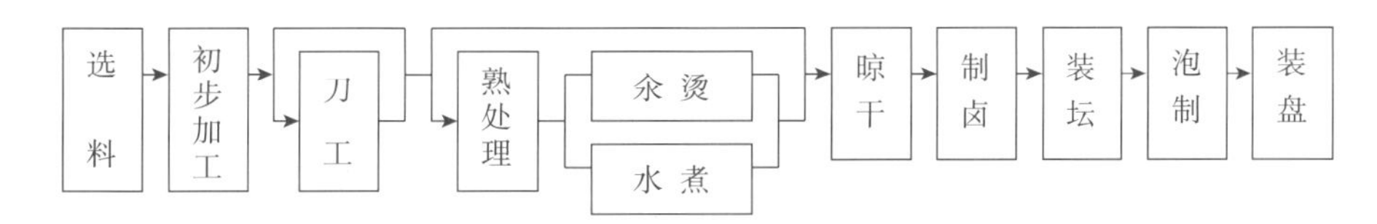

图5-10　泡制工艺流程

3. 泡的种类

按泡制卤汁及选用原料的不同，大体可分为咸泡和甜泡两种。咸泡卤汁主要用精盐、白酒、花椒、姜、干辣椒、大蒜、泡椒、糖等调味品，成品以咸、辣、酸味为主，酸味的产生是发酵作用结果。甜泡是卤水中加入以白糖、糖精、白醋等为主的调味品，口味呈酸甜味道。

4. 泡的技术关键

（1）原料选择与加工　适于泡制的原料很多，主要有茎、根、叶、花、果类蔬菜和部分水果、菌类。从市场上买来的菜品，往往表皮附着泥沙尘土、微生物、寄生虫及残留农药，因此，对用于泡制的原料应特别注意洗涤。特别是嫩姜、青菜头之类的芽瓣或皮层裂痕、间隙处藏着不少污物，更要认真、耐心地反复多次清洗，才能洗净。

在洗涤时要用符合卫生标准的流动清水。为了除去农药，在可能的情况下，还可在洗涤水中加入0.3%高锰酸钾，或0.05%~0.1%盐酸或0.04%~0.06%漂白粉，先浸泡10min左右（以淹没原料为宜），再用清水洗净原料。

另外，洗涤时应注意不损伤原料，必要时可用刀削去粗皮、伤痕、老茎和挖掉心瓤后泡制。

（2）盛器的选择　泡菜坛又名上水坛子，是我国大部分地区制作泡菜必不可少的容器，其用陶土烧成，口小肚大，在距坛口边缘6~16cm处设有一圈水槽，称之为坛沿。槽沿稍低于坛口，坛口上放一菜碟作为假盖以防止生水侵入。由于泡菜坛子既能抗酸、抗碱、抗盐，又能密封且能自动排气，隔离空气使坛内能造成一种嫌气状态，有利于乳酸菌的活动，又防止了外界杂菌的侵害，因此，使泡菜得以长期保存。

泡菜坛本身质地好坏对泡菜汁水与泡菜有直接影响，故用于泡菜的坛子应经严格检验（表5-1）。用所述方法，严格选择出符合要求的坛子，按泡菜要求泡出的菜一般质量都较高。泡菜坛子选好后，应盛清水，放置几天，然后将其冲洗干净，用布擦干内壁水分备用。

表5-1　泡菜坛的质量检验

检验项目	检验内容
观形体	以火候老、釉子好、无裂纹、无砂眼、形体美观的为佳
看内壁	将坛压在水内，看内壁，以无砂眼、无裂纹、无渗水现象的为佳
视吸水	坛沿掺入清水一半，将草纸一卷，烧燃后放坛内，盖上坛盖，能把沿内水吸干（从坛沿吸入坛盖内壁）的泡菜坛质好
听声音	用手击坛，耳听声，钢音的质量较好，空响、砂响、音破的质次

此外，搪瓷盆、玻璃罐、不锈钢盛器等，也可用来泡菜，但必须注意加盖，保持洁净。这类盛器，一般只宜泡制短时间即可食用的泡菜，不宜长期贮存。

研究人员曾对家制泡菜的含铅量做过调查，发现在旧泡坛中腌制的泡菜，含铅量不高，而新坛中的泡菜，其含铅量大大超过国家卫生标准。原因是在菜坛的制作过程中，为保证其表面光洁，不发生渗漏，要在其表面上一层釉彩，绝大多数的釉彩中，都含有铅化合物。由于泡菜水是酸性的（pH5左右），长期浸泡后，釉彩中的铅会溶出，使泡菜中铅含量大增。如果经常食用这样的泡菜，则会造成铅在体内蓄积影响健康。旧坛已经过多次的浸泡，所以溶出的铅不多。

实验表明，新坛经过稀释的酸浸泡数日后，再腌制泡菜，其铅含量即大大降低。因此，为了健康，新买来的泡菜坛，宜先用酸浸泡后再使用。

（3）原料热处理　原料的热处理方法主要有水煮、氽烫，不同的原料入锅氽制或煮制的时间和质感要求不同，对于胶质重的原料，刮洗干净后，入水锅煮至五六成熟捞出。为了保持原料的色泽白净，煮时只能加姜葱和白酒，以压腥脱去异味，不用黄酒。煮好后，要及时投入凉水中冲漂凉透。鸭鹅掌、鸡爪腥臊味重，水漂处理时，可加入少许白醋和明矾粉末，起脱脂增白、清除腥臊味的作用，在入坛前要用清水冲漂净明矾涩味。

鸭鹅肠、肫、肝一定要刮洗干净，刀工处理后，再氽烫至断生即可；而鸡冠需要煮至微烂，腰花要先漂去血水再氽制。这些原料吃口脆嫩，故氽制不能过老。虾、蟹等海鲜以肉质细嫩鲜美著称，在选料上还必须保证其鲜活，入锅氽至断生再沥去余水。

（4）泡卤的配制及管理

①卤汁的配制是保证泡菜质量的根本。一般情况下，泡菜卤汁的成分包括盐水、佐料和香料三部分，但原料的种类及其比例则因不同地区和不同的泡菜种类而异。

②管理好泡菜卤水，对保证泡菜的质量作用也很大。如果管理不好，就会使卤水冒泡、涨缩、浑浓、生霉花、长蛆虫等。要使泡菜水多年不坏，香味长久，应注意以下几点：

忌泡含淀粉的菜，如莴苣等。盐能溶解它使盐水混浊，稠度增加，使坛内壁有浆膜层，又因为含盐吸潮就在坛的内壁会生霉长毛，过多的淀粉沉积在坛底，不利于蔬菜对盐的吸收。一年至少将盐水用纱布过滤一次。

尽量选用体积大的瓦坛，盐水不能少于2/3，夏天应存放在阴凉处，勿使盐水受热。

泡菜同时也要按加菜的比例加盐，盐水生白花时可多加菜入坛使白花溢出，加少量白酒去花。若泡菜水发黏，可全部倒入盆内澄清过滤后再继续泡菜。

坛沿水要经常更换，并始终保持洁净；揭坛盖时，切勿把生水带入卤水内，以免卤水变质。更不可使坛盖四周封口干涸漏气。

取泡菜时，要先将手或竹筷洗净，去污垢，去油分，消毒，以免卤水因遭污染而生蛆。

（5）装坛泡制

①由于蔬菜品种和泡制、贮存时间不同的需要，泡菜装坛的方法有干装坛、间隔装、盐水装坛等3种方法。

②几个小时甚至几十分钟至刚入味，就须即刻捞起。否则泡菜的味道就变咸了，口感也不再脆爽。

③泡荤料时可荤素同坛泡制。因为蔬菜中的西芹、柿椒、芹菜、仔姜、洋葱、黄瓜条等，都能挥发出自身特有的清芳气味来，故加入后能增添泡菜的风味，有的加入适量的水果入坛同泡，能丰富泡菜的口感，但要防止分量过多，品种过杂，改变泡菜原有的风味特色。

4. 成菜特点

泡制成菜的特点是：质地脆嫩，咸鲜微酸或咸酸辣甜，清淡爽口。

5. 菜品实例

甜泡

橙汁冬瓜

原料组配

主料：冬瓜800g。

辅料：橙汁150g。

调料：白糖80g、白醋5g。

操作过程

1 将所需原料清洗干净放入盛器中备用。

2 用挖球器取出冬瓜球。

3 将冬瓜球平整摆入盘中备用。

4 锅中加入冷水，待水煮沸放入冬瓜球焯水。

5 将焯水后的冬瓜球快速放入冰水中浸泡冷却。

6 将调制好的料汁（白糖、白醋、橙汁），倒入装有冬瓜球的盛具中。

7　冬瓜球放在橙汁中充分浸泡，放入冰箱进行冷藏。

8　将冷藏的冬瓜球进行摆盘装饰即可。

注意事项

- 焯水后的冬瓜球过冰水，可使冬瓜口感更加脆爽。
- 冬瓜球需在橙汁中充分浸泡，才能使其更加入味。
- 冬瓜球在焯水时可加入些许精盐，使冬瓜球带有咸味，更利于腌制。

什锦泡菜

原料组配

主料：青萝卜300g、心里美萝卜200g、胡萝卜150g、小米辣60g、豇豆100g、芹菜30g、白萝卜150g、小黄瓜100g、红皮萝卜150g。

辅料：泡椒水150g、野山椒80g、凉白开1.5kg。

调料：姜15g、蒜15g、精盐40g、冰糖50g、白醋50g、高度白酒10g、八角3g、香叶2g、干花椒3g。

操作过程

1　将所需原料清洗干净放入盛器中备用。

2　将所需原料改刀，倒入泡菜坛中。

3 将泡椒水、野山椒、精盐、冰糖、白醋、高度白酒、八角、香叶、干花椒、凉白开混合均匀，调配料汁；将料汁倒入泡菜坛中，盖上盖子，用水封住坛口。

4 将泡菜坛放在阴凉处储存，使蔬菜浸泡入味。

5 将泡制好的蔬菜进行装饰摆盘即可。

注意事项

- 泡菜坛必须放在阴凉处进行储存，避免太阳直射造成变质。
- 坛口用水进行密封，防止泡菜氧化产生有害物质。
- 蔬菜可使用波浪刀进行改刀，造型更加美观。

咸泡

泡椒凤爪

原料组配

主料：鸡爪500g。

辅料：洋葱40g、泡椒水100g、胡萝卜100g、芹菜500g、柠檬30g。

调料：生姜15g、料酒10g、白醋适量、精盐5g、小米辣30g、八角3g、香叶2g、干花椒2g。

操作过程

1 将所需原料清洗干净放入盛器中备用。

2 鸡爪洗净去除爪尖。

3 鸡爪处理干净放入冷水中进行漂洗。

4 锅中倒入冷水，放入八角、香叶、干花椒、料酒，将鸡爪进行煮制。

5 将煮制的鸡爪泡入冰水中冷却备用。

6 保鲜盒中倒入精盐、白醋、生姜、柠檬、洋葱、芹菜、小米辣、泡椒水、胡萝卜混合调制，将鸡爪放入汁水浸泡。

7 将鸡爪装入玻璃瓶放入冰箱冷藏。

8 装入玻璃瓶进行储存。

9 将泡好的鸡爪适当点缀即可装盘。

注意事项

- 鸡爪煮制20min即可，煮制时间过长肉质软烂，影响成菜效果。
- 鸡爪煮制后，浸入冰水中进行快速降温使表皮更加紧实。
- 鸡爪放入冰箱冷藏8～24h口感更佳。

四、冻卷工艺

（一）冻制工艺

1. 冻的概念与特点

冻是用含有胶汁的原料（琼脂、肉皮、鱼胶粉等）加入适量水，经过煮、蒸、过滤等工序制成较稠的汤汁，再倒入成熟的原料中，待冷却后凝固成菜的制作方法。冻也称水晶，在我国北方用得较多，在南方也得到广泛的应用。由于季节不同，选用烹饪原料也不一样，夏季多用含脂肪少的原料制作，如冻鸡、冻虾仁等；冬季则用含脂肪多的原料制作，如羊糕、水晶猪蹄。冻制冷菜具有晶莹透明、软嫩滑韧、清凉爽口、造型美观的特点。

2. 冻的种类

根据口味不同，冻可分为咸冻、甜冻两种。咸冻是以精盐、味精等作为主要调味品，口味呈咸鲜味的方法。甜冻是以白糖、食用香精等为主要调味品，口味呈甜味的方法。

3. 冻的技术关键

（1）胶体溶液的熬制　用于熬制胶体的原料主要有猪肉皮和琼脂两种。

①皮冻汁的熬制：选择洁净、无异味、无残毛、质地细密的猪皮，以脊皮（脊柱两侧的皮）和后腿皮为上品，因这两个部位的皮胶质成分重、皮厚、质地细密结实。将选择好的肉皮用镊子夹去残毛，片尽肥膘，然后放在热水中反复刮洗，去尽油脂和污垢，再放入清水中加葱、姜、料酒，用小火煮熟。将煮熟的肉皮捞出洗净后切成4cm长的薄片（便于胶原分子受热溶成明胶），放入清汤中（以保持成菜色泽晶莹透明。不能用毛汤，否则冻汁因渣质太多而混浊。没有清汤时，可用清水代替），加入焯水后的鸡鸭脚、鸡腿骨（增加冻汁的鲜味及浓度），用小火长时间慢熬，保持汤面沸而不腾（大火剧烈沸腾，易把汤汁冲干，胶质不易溶出，使汤汁混浊），一直熬至肉皮软烂不能受力时，冻汁即好，再用纱布过滤即可。

②琼脂汁的熬制：在熬制琼脂前，一般要先将琼脂浸泡在冷水里（使其充分吸水溶胀以便于加热后迅速溶化），涨大后，放在铝锅中再加水熬制一段时间，琼脂便慢慢溶化了。

为了保持冻制菜肴的清澈透明，在熬制冻汁时，采取蒸的方法比煮更好。由于蒸汽温度高于沸水温度，故蒸法所需时间短，生胶质可很快地水解溶出。同时，蒸法避免了水煮时沸腾产生的振荡，使分子之间丧失碰撞的机会，因此保持了胶体的清澈。

另外，应掌握好胶体溶液中水分的含量。一般来讲，当胶体溶液中所含动物胶的量达到1%～5%时，冷凝即可成形，并且含量越高，温度越低（不低于0℃），冷凝得越坚实。当胶体中含植物胶素达0.2%～1%，冷凝即可成冻。检验胶体溶液浓度的方法是：取一滴黏液滴在指甲上，如果很快凝固成坚牢、晶亮、弹性好的固体，说明冻汁熬好了，如果没有凝固或凝固了但没有弹性，说明胶液中水分过多，这时应该继续加热使一部分水分蒸发。如果凝固成很硬没有弹性的固体，这说明水分少了，需加些水再熬。将熬好的冻汁逐渐冷却，整个溶液便慢慢形成凝固态的物质。

（2）原料的搭配及口味的确定　动物胶中的胶原蛋白质属不完全蛋白质，人体对它的利用率极低，它不能维持人体的正常发育和健康。琼脂中的植物胶素是糖琼脂和胶琼脂的混合物，它供食用时不能被酶分解，也不被机体吸收，几乎没有什么营养价值。因此，单独利用含动物胶或植物胶的原料加工胶冻，不宜单独制成菜肴，应与其他原料组合搭配。

含动物胶素的胶体溶液，尽管经过精心漂洗，添加香料和长时间的蒸煮，但在胶体溶液中不可避免地还含有脂肪、氨基酸及各种原料本身的气味及异味等，不宜和植物性原料凝结在一起，从蛋白质的互补作用，含动物胶的胶体溶液应多与含完全蛋白质较多的肉类原料冷凝在一起，以起“取长补短”的作用。另外，含植物胶素的胶体溶液也应多与含各种维生素丰富的水果类、蔬菜类、果仁类原料冷凝在一起，因为水果蔬菜中的酶（尤其是蛋白酶）对动物胶素极敏感。蛋白酶是一种活性的、起催化作用的蛋白质，它能使动物胶素失去冷凝的能力，即使再好的皮冻对植物性原料也不起作用。

冻菜的口味大致有咸味和甜味两种。一般地讲，皮冻汁多用来作咸味冻，用于制作甜味冻也可以（注意熬冻的水不能加味，最好用清水），但其色、味上均有影响，不如用琼脂制作甜味优越。为了丰富口味，在上菜时还可根据食者的口味佐以各种冷菜复合味，用淋汁或蘸食的方法食用。

（3）冷凝的温度　胶体溶液凝固的好坏与温度有直接关系。动物性胶体溶液在30℃左右，其胶原蛋白分子活动比较激烈，分子之间的联结迟缓，因此胶体溶液结冻就慢。在低于0℃条件下，胶体溶液的温度越低，分子活动越慢，胶体溶液凝固越迅速。在温度低于0℃时，由于胶体中水分的冻结力大于胶原蛋白质分子之间的连接力，破坏了胶原蛋白分子所组成的网状结构，使其对水的亲和力遭到削弱，以致网中的水分破网而出，自由结合流动形成许多小水滴，进一步被冻结为冰碴。因此，胶汁冻结的温度在接近0℃时最为理想。有的厨师有胶汁未冷却时，就将其放在冷柜中急冻，这种急于求成的做法，其结果适得其反。

据测定，1%的琼脂在35～50℃时可凝固成为坚实的凝胶。

（4）凝冻成形　冻制菜肴的成形方法常见的有以下三种：

①将原料与冻汁混匀，然后倒入平盘中冷却，经刀工改成块状装盘。

②分层制作，待先入模的一层冷却至十分稠厚时，再加上后入模的一层冻汁，此法可制作许多层叠起的菜肴。

③特殊造型法，可制作出花型众多的皮冻食品。先将稠厚的冻汁放入器皿中至一定厚度，然后将加工的主料放在这层冻汁上。一般要拼摆出一定的造型，然后再轻轻倒入另一部分浓稠的冻汁，冷却后脱模而成。

（5）制作冻菜必须忌油　冻制冷菜的特点是爽口滑嫩，韧而鲜洁。如果有油必使冻体发腻，失去冻制菜肴的风味，使菜肴逊色。特别是原汁冻体与皮冻汁，由于动物肉体与表皮机体中都含有脂肪，在加热过程中会溢出，一部分和水混合成为乳胶状，饱和部分则漂浮于汤液之上。浮于汤液之上的脂肪并不能与冻体结合为一体，所以必须在冻体凝聚时将汤液上的多余脂肪滗出，这样才能保持冻体的爽滑明亮清口。在装配定型时，一切固定型态的盛器都不需涂油，因冻体中没有淀粉糊精的成分，不会粘住盛器。

4. 成菜特点

冻制成菜的特点是：色泽鲜艳，形状美观，图案清晰；口味有咸、甜两种；质地软嫩滑韧，清凉爽口，有的入口即化，为夏季时令菜式。

5. 菜品实例

山楂冻

原料组配

主料：新鲜山楂400g。

辅料：明胶片40g。

调料：水400g、冰糖150g。

操作过程

1 山楂洗净装入盘中备用。

2 山楂去核备用。

3 锅中倒入冷水，加入冰糖、去核山楂进行煮制。

4 将明胶（提前泡软）、煮熟的山楂放入榨汁机进行榨汁。

5 使用密漏过滤残渣。

6 将山楂汁倒入保鲜盒中，放入冰箱进行冷却凝固。

7 将山楂冻取出，切块备用。

8 将山楂冻摆入盘中，用豆苗点缀即可。

注意事项

- 榨取的山楂汁需用密漏过滤残渣，山楂冻口感更加细腻。
- 出菜前可提前放入冰箱冷藏，口感更加爽滑。
- 山楂冻进行改刀时一定要动作迅速，否则菜品可能会融化。

水晶皮冻

制作视频

原料组配

主料：猪皮500g。

辅料：葱段30g、姜片20g。

调料：八角5g、干花椒3g、料酒10g、精盐15g。

蘸料：蒜末25g、红油15g、白醋5g、酱油25g、精盐1g、味精1g、白糖8g、葱花5g。

操作过程

1 将所需原料清洗干净放入盛器中备用。
2 锅中放入冷水，将洗净的猪皮放入锅中，加料酒、葱段、姜片、干花椒进行煮制。
3 用刀刮去猪皮内侧油脂。
4 猪皮切长条备用。
5 猪皮放入碗中，加入精盐（15g）揉搓。
6 用清水冲洗直至清澈。
7 盆中倒入开水加入猪皮（猪皮与水比例为1∶3），放入蒸箱中大火蒸制2h。
8 将熟制的猪皮倒入保鲜盒中，放入冰箱进行冷却凝冻。
9 将猪皮冻取出改刀切块。
10 猪皮冻摆入盘中适当装饰，随蘸料一起上桌即可。

注意事项

- ↘ 选料时，选用大张平整且毛色较浅的猪皮。加工前将猪皮洗净，水煮后去除猪毛及内侧油脂。
- ↘ 猪皮在熟制时可选用蒸制法，利于吸收热量，使肉皮中的胶原蛋白融于汤汁。
- ↘ 使用精盐搓洗猪皮，可以去除猪皮表面多余油脂并去除异味。

（二）卷制工艺

1. 卷的概念

卷，是指用中、大薄形的原料做皮，卷入几种其他原料，经蒸、煮、浸泡或油炸成菜的一种烹调方法。

2. 卷的种类

按原料的种类分，食品的卷制方法分为布卷、捆卷、食用原料卷三种。

按熟制的方法分，食品的卷制方法分为蒸煮类、浸泡类、油炸类三种。

3. 菜品实例

翡翠蛋卷

原料组配

主料：鸡蛋500g。

辅料：菠菜400g、淀粉45g、面粉400g、紫菜15g。

调料：精盐5g。

操作过程

1　将所需原料清洗干净放入盛器中备用。

2　将菠菜洗净放入榨汁机中，倒入水榨汁。

3　使用密漏将菠菜汁滤掉残渣。

4　取部分鸡蛋打散，蛋液静置备用。

5　倒入面粉、菠菜汁、精盐、淀粉水搅拌均匀。

6　将调制好的蛋液倒入平底锅煎制。

7　取出绿色鸡蛋皮。

8　用同样方式煎制黄色鸡蛋皮，装盘备用。

9　将绿色蛋皮、黄色蛋皮、紫菜，按顺序进行叠制。

10　按住一侧轻轻卷起。

11　将蛋卷使用保鲜膜包裹定型。

12　上锅小火蒸制10min即可。

13　将熟制的蛋卷撕去保鲜膜，进行改刀备用（2cm厚度）。

14　将蛋卷摆入盘中，适当点缀即可。

注意事项

- 将菠菜进行榨汁时，注意菠菜与水的比例为1：1。
- 进行卷制造型时，使用保鲜膜将蛋卷包裹紧实，以免松散影响成品形状。
- 煎制蛋卷时，将锅烧热倒入少许植物油，防止粘锅。

五、酥炸、脱水工艺

（一）酥炸工艺

1. 酥炸的概念

酥炸，又称油炸，是将原料经过刀工处理后调味或加热，入油锅中炸酥成菜的一种烹调方法。

2. 酥炸的种类

（1）不挂糊炸　是指将原料腌渍或熟制后，投入油锅中炸酥成菜的一种烹调方法。

（2）挂糊炸　是指将原料腌渍或熟制后，在原料表面粘上发酵粉或用蛋液制成的糊浆，使炸后的菜肴外酥脆里鲜嫩的一种烹调方法。

（3）干炸　是指将原料腌渍后，在外表粘上干淀粉，直接下锅将原料炸熟的一种烹调方法。

3. 菜品实例

不挂糊炸

牡丹鱼片

原料组配

主料：草鱼约350g。

辅料：土豆200g、胡萝卜30g、鸡蛋干50g。

调料：葱段20g、料酒10g、姜片15g、玉米淀粉60g、吉士粉30g、精盐6g、葱花10g。

操作过程

1 将所需原料洗净摆入盘中备用。

2 鱼肉洗净片成2mm薄片。

3 将鱼片放入碗中，加少许精盐进行抓拌。待出现大量黏液，用清水漂洗干净。

4 放入葱段、姜片、料酒腌制鱼片。

5 将腌制的鱼片，裹上玉米淀粉和吉士粉，用擀面杖敲打成薄片。

6 将鱼片放入模具（牡丹花）中夹紧定型，沿边缘修去废料。

7 锅中倒入适量色拉油，鱼片放入勺中。

8 油温烧至五成热时下入鱼片炸制定型。

9 将胡萝卜雕刻成花心，土豆蒸熟搓成泥，加葱花炒制黏稠做花底。将炸制的鱼片进行拼摆，呈现出牡丹花形状。

10 用同样的方法拼摆出另一朵牡丹花，将鸡蛋干雕刻成牡丹花枝干，适当点缀即可。

注意事项

- 鱼片使用精盐腌制抓拌，可使肉质更加白净，去除腥味，使成菜效果更佳。
- 鱼片下入锅中炸制时，时间不可过长，低温油炸10s即可。

挂糊炸

油炸香蕉

制作视频

原料组配

主料：香蕉2根（约450g）、土豆2个（约1kg）。

辅料：粘米粉20g、糯米粉20g、淀粉15g、泡打粉15g、面粉160g。

调料：炼乳60g、沙拉酱100g。

操作过程

1 将所需原料洗净放入盛器中备用。
2 将土豆洗净切丝，放入油锅中炸至金黄色时捞出控油。
3 香蕉去皮切段备用。
4 将粘米粉、糯米粉、淀粉、泡打粉、面粉混合均匀，加适量水调制脆炸糊。
5 香蕉裹上脆炸糊，放入锅中炸制定型。
6 香蕉炸至金黄色时捞出控油。

7 用炼乳、沙拉酱调制酱料，香蕉球裹上酱料，表面粘上土豆丝即可。

8 将成品摆入盘中，适当点缀装饰即可。

注意事项

- 在调制脆炸糊时，注意各种原料的配比。
- 炸制香蕉球时，注意油温，油温过高会使成品焦煳，温度过低则容易脱浆。

干炸

干炸丸子

原料组配

主料：五花肉500g。

辅料：葱段20g、姜片10g、鸡蛋1个、红薯粉80g。

调料：料酒5g、干花椒1g、黄豆酱5g、生抽10g、胡椒粉1g、鸡精2g、白糖2g、白芝麻10g、精盐2g。

操作过程

1　将所需原料洗净装入盘中备用。

2　五花肉洗净剁成肉末。将料酒、黄豆酱、生抽、鸡蛋、胡椒粉、鸡精、白糖、精盐倒入碗中。

3　将五花肉末与各种调料搅拌均匀，反复搅打。

4　加入葱姜水继续搅打。

5　将红薯淀粉调制水浆分次倒入碗中，继续搅打。加入白芝麻，搅拌均匀。

6　挤出直径3cm左右丸子，油温烧至五成热时入锅中炸制定型。

7　将丸子炸制金黄捞出控油。

8　将炸制的丸子摆入盘中，适当点缀即可装盘。

注意事项

- 炸制丸子时要注意油温，炸至丸子浮起即可。
- 在制馅时，需加入适量葱姜水与料酒进行充分搅打，使丸子上劲。

（二）脱水工艺

1. 脱水的概念

脱水，是指将经加工后的原料，区分种类分别进行油炸、蒸煮、烘炒等，再进行挤压、揉擦，促使原料脱水而成蓬松、脆香的一种食品的制作方法。

2. 制作脱水制品的注意事项

（1）要选用新鲜脆嫩的植物性原料。
（2）动物性原料应不带脂肪、筋膜。
（3）需刀工处理的原料要切得均匀。
（4）调味时不能太咸。
（5）应根据各种原料的性质灵活掌握火候的大小，不可使制品焦煳僵硬。

3. 菜品实例

黄金蛋松

原料组配

主料：鸡蛋（蛋黄8个、全蛋2个）约300g。
辅料：色拉油1.4kg（实耗120g）。
调料：精盐2g、味精1g。

操作过程

1 将所需原料放入盛器中备用。
2 将鸡蛋放入盆中加入精盐、味精，用打蛋器抽打均匀。
3 将打散的鸡蛋液用密漏过滤。

4 锅中倒入色拉油烧至五成热，用塑料酱汁瓶向锅内挤入鸡蛋液，边漏边用手勺顺时针方向不停地搅动，直至挤完。

5 炸至蛋丝呈金黄色，用漏勺捞出控油。

6 使用厨房用纸吸干蛋松油脂。

7 装入盘中适当点缀即可。

注意事项

- 将鸡蛋放入盆中用打蛋器抽打时，注意搅打均匀至白糖完全溶化。
- 锅中烧油时需要注意油温，油温不要过高。
- 打散的蛋液需要过滤网，滤掉多余残渣使成品效果更加细腻松散。

六、腊风工艺

（一）腊制工艺

1. 腊的概念与特点

腊就是将动物性原料用花椒或硝等调味料腌制后，再进行烟熏、晾干（也有的不经熏制，采用腌—晾—腌）多次处理，食用时再蒸或煮至成熟的制作方法。腊制品是我国传统的风味制品，原指农历腊月（即阴历十二月）腊制的原料，现泛指一切经过腌制再进行晾晒的制品。腊的原料，其种类很多，同一品种因产地、加工方法、口味的不同而各具特色。

腊制法是一种特殊的腌制加工方法，其制作和技艺复杂，除腌制过程外，还需经过浸泡、配料、烟熏、烘烤、晾干，而且讲究调料。腊制品具有食之甘香、肌肉坚实、色泽悦目、耐久藏、易于保存的特点。

2. 腊的种类

腊的具体制作方法有两种：一种是将原料用盐、硝等调料腌制后，再经烟熏、晾干后，进行蒸或煮熟的制作方法；另一种是将原料用盐、硝等调料腌制后，经烘烤或风干，经蒸或煮熟，再进行烟熏或不用烟熏的制作方法。

3. 腊的操作要领

（1）腊制品的制作一般在立冬之后、立春之前进行，这期间腌制原料便于久存，且风味独特。

（2）严格控制硝的使用量，在腊制时宁少勿多。

（3）烟熏的燃料要符合卫生要求，不要熏焦、色重。

（4）腌制时掌握用盐量，可用重物压一段时间，这样可使原料质地紧密。

4. 菜品实例

广式腊肠

原料组配

主料：前腿肉2kg。

辅料：肠衣适量。

调料：红曲米粉6g、精盐40g、白糖120g、白酒50g、酱油20g。

操作过程

1　将所需原料清洗干净放入盛器中备用。

2　将瘦猪肉洗净切薄片后再切成粒。

3　将肥肉洗净切长条，改刀切粒。

4 将肥肉粒装入碗中，加入白糖拌匀。

5 瘦肉粒放入碗中，加入精盐、白糖、白酒、酱油、红曲米粉进行腌制。

6 将肥肉与精肉搅拌均匀，腌制4～5h。

7 将腌制的猪肉装入灌肠器中。

8 将腌制的猪肉灌入肠衣。

9 将灌好的肉肠，用麻绳分段打结。

10 将腊肠挂在阴凉通风处，表面喷洒些许白酒，晾制7～10d即可食用。

11 将腊肠切片，上锅蒸制约12min，装饰摆盘即可。

注意事项

- 将腊肠挂好后表面喷洒白酒，一是可起到抑制细菌繁殖作用；二是在腊制过程中酒精发酵使腊肠略带酒香。
- 制作腊肠时需选用肥瘦相间五花肉、猪前腿或猪后腿，制成的腊肠香气更加浓郁。

（二）风制工艺

1. 风制的概念与特点

风就是将原料用椒盐、香料等调味料腌制后，挂在阴凉通风处，经过一定时间的晾干，使其产生一种特殊的芳香气味，食用时再蒸或煮的一种制作方法。风制的原料一般是将带羽毛或其他材料包裹的原料进行腌制，其一不需浸卤，二不需晒制，三腌制时间较短。

风制法在我国民间流行，各地的制法也不尽相同，但一般都在农历腊月进行，此时气候干燥，温度较低，微生物不易滋生，同时也能产生一种特有的香味。其特点是肉质鲜香，味道醇厚。

2. 风制的种类

根据风制的原料和制作方法不同，可分为腌风（也称为“咸风”）、鲜风（也称为“淡风”）两种。腌风是将动物性原料，用盐、花椒等调味料腌制后再风干的制作方法。鲜风是将植物性原料不腌制，直接挂在阴凉通风处吹干，食用时洗净加热成熟，然后放调料拌制成菜的制作方法。

3. 风制的操作要领

（1）腌风的原料一定要新鲜，宰杀时不去毛或鳞，光去内脏，也不要水洗，用洁布擦干血迹即可。

（2）腌制时，用椒盐擦抹原料肚膛要均匀。

（3）风的时间根据原料性质和气候而定，风制品要挂在阴凉通风处，不要放在阳光下暴晒。

（4）食用时应根据原料的性质作初步处理，洗干净后方可烹调。

4. 菜品实例

风干鲫鱼

原料组配

主料：活鲫鱼1.8kg。

辅料：葱段60g、姜片30g。

调料：精盐40g、味精2g、干花椒20g、黄酒50g、香叶5g、香油40g、八角5g。

操作过程

1　将所需原料清洗干净放入盛器中备用。

2　鲫鱼改刀（背开）。

3　将鲫鱼去除内脏洗净，晾干水分备用。

4　将干花椒、香叶、八角打成粉末倒入碗中（留出一部分备用），加葱段、姜片、黄酒腌制鲫鱼，去除腥味。

5　将精盐、味精、香料粉均匀涂抹在鱼身上。

6　将鲫鱼放入盆中密封腌制2～3d（重物压制定型）。

7　将腌制入味的鲫鱼，挂在阴凉通风处进行风干，7～15d。

8　将风干的鲫鱼取下备用，食用前上锅蒸制即可。

注意事项

- 选料时，需选用鲜活的鲫鱼，肉质紧实鲜嫩。
- 鲫鱼提前进行腌制后放入冰箱冷藏，使香料浸入鱼肉风味更佳。

七、粘糖工艺

将糖液粘挂在经过加工整理的原料表面而成菜的工艺称粘糖工艺。这些方法实际上应用的是蔗糖的性质和熬糖过程中的物理化学变化。据测定，蔗糖在加热的条件下，随温度升高而开始溶化，颗粒由大变小，进行水解，生成转化糖（果糖+葡萄糖）。当温度上升到100℃时，与水融为一体，形成黏透明液，此时是制作蜜汁菜肴的最佳温度。当温度上升到110℃时，锅中泛起小泡，当糖的加热温度为120～125℃时，投入主料，这时就会在原料表面形成白细的结晶，这就是烹制挂霜菜肴的最佳温度。继续加热至130℃时，缓缓形成大泡，当加热到160℃时，蔗糖由结晶状态变为液态，黏度增加，当温度上升到186～187℃时，蔗糖骤然变为液体，黏度较小，这是拔丝菜的最佳投料温度。但此时不出丝，当温度下降到100℃时，糖液逐渐失去流变性，开始变得稠厚，有明显的可塑性，此时借助于外力作用，便可以出现缕缕细丝，这是制作拔丝菜的关键。如果温度继续下降，蔗糖由半固体变成浅黄棕色的、无定性的玻璃体，这就是人们常称的“琉璃菜”（图5-11）。

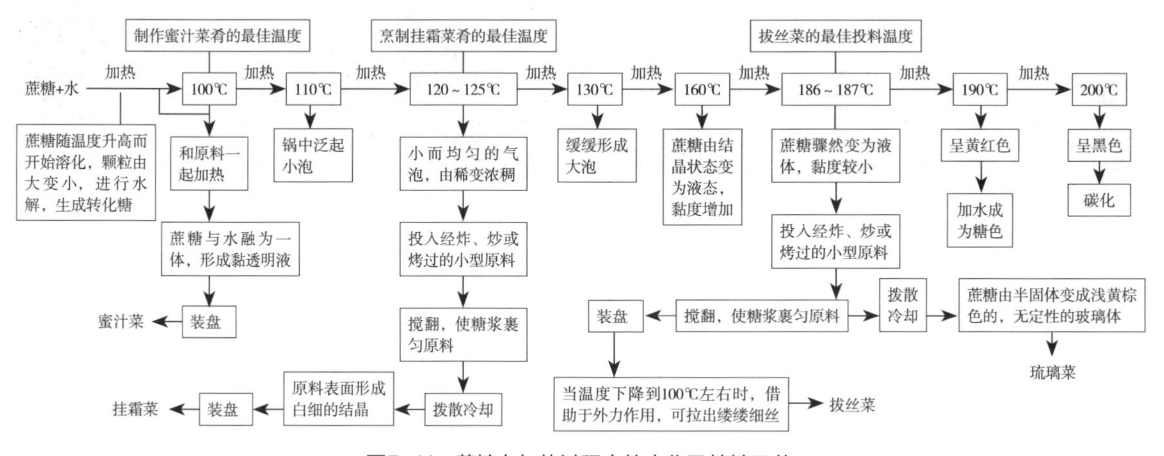

图5-11　蔗糖在加热过程中的变化及粘糖工艺

（一）糖粘工艺

1. 糖粘的概念及分类

糖粘又称挂霜，是制作不带汁冷甜菜的一种烹调方法。主料般需要加工成块、片或丸子，然后用油炸熟，再熬制糖浆蘸白糖即为挂霜。挂霜的通常采用三种技法：

（1）顶霜法　在炸好的原料上撒上一层白糖。例如，高丽澄沙、香蕉果炸。

（2）挂霜法　原料经油炸后，放到熬至约140℃的糖浆中，离火翻拌，使原料表面的糖浆冷却结晶，形成白霜，如挂霜丸子、挂霜排骨。

（3）翻砂法　先将原料按拔丝法制作，拔丝后，立即倒入白糖堆中，趁热翻滚，拔丝菜肴又均匀地粘上一层白糖。

在这三种技法中，挂霜法和翻砂法较为常用，制作难度也较大。因为这两种技法都需要熬制糖浆，而这是挂霜菜肴成败的关键。

挂霜菜制作的特点是表面洁白如霜，食之松脆香甜。代表菜有挂霜花生、挂霜莲子、挂霜豆腐、挂霜腰果、挂霜山药等。

2. 挂霜菜肴的制作要点

挂霜是制作甜菜的烹调方法之一，它是以蔗糖水溶液通过加热不断蒸发水分，达到饱和状态后蔗糖重新结晶的原理来实现烹调技法的。行业中把这一加热过程称为“熬糖”。对于初学者，看似神秘，很难把握。要掌握挂霜技术，首先应搞清挂霜工艺的原理，找到其科学依据。

蔗糖具有较强的结晶性，其饱和溶液经降低温度或使水分蒸发便会有蔗糖晶体析出。挂霜就是将蔗糖放入水中，先经加热、搅动使其溶解，成为蔗糖水溶液，然后在持续的加热过程中，水分被大量蒸发，蔗糖溶液由不饱和到饱和，然后离火，放入主料，经不停地炒拌，饱和的蔗糖溶液即粘裹在原料表面，因温度不断降低、冷却，蔗糖迅速结晶析出，形成洁白、细密的蔗糖晶粒，看起来好像挂上了一层霜一样。挂霜熬糖的原理就在于此。

掌握挂霜的工艺流程和操作要领是制作挂霜菜肴的关键。下面就这一问题进行简要的探讨。

（1）挂霜前对主料进行初步熟处理　初步熟处理主要是通过炒、炸、烤等方法，使原料口感达到酥香或酥脆或外酥里嫩或外酥里糯的程度，这样配合糖霜的质感，菜肴才有独特的风味。如通过油炸成熟，必须吸去原料表面的油脂，以免挂不住糖霜。炸制原料时，要清油低温，以保证炸后的原料颜色洁净，内外熟透。

（2）熬糖时，糖和水的比例要掌握好　糖、水比例一般为3：1，最多糖水对等，不要盲目地多加水，原则是蔗糖能溶于水即可。因为，蔗糖的溶解度较大，如在100℃时，100mL水能溶解483g蔗糖。水放得太多，无意义地增加熬糖时间没有必要。另外，要保证蔗糖溶液的纯度，不要添加蜂蜜、饴糖等其他物质，否则会降低蔗糖的结晶性，影响挂霜的效果。

（3）熬糖时应注意火候　火力要小且集中，这样既能控制好糖浆中的水分挥发不会过快，又能使火焰覆盖的范围小于糖液的液面，使糖液由锅中部向锅四周沸腾；否则，锅边的糖液易焦化变成黄褐色，从而影响糖霜的色泽。与制作拔丝菜肴相比，熬制挂霜菜肴的糖浆，锅下火力应低些。这样既能保证糖浆颜色的洁白，又能防止糖浆粘锅。

（4）适时将原料放入糖浆内　当糖浆的水分逐渐挥发，气泡由大变小，糖浆出现紧稠时，要立即放入炸过的原料，并将锅离火。

（5）翻砂　锅离火后，马上轻轻地翻动挂浆原料，当糖浆均匀地粘到原料以后，再用筷子轻轻拨动。这时，随着锅里温度下降和翻锅时热气散失，糖浆开始在原料表面结晶，糖浆的颜色也会在瞬间变得洁白。

（6）挂霜　糖浆颜色变白，说明翻砂现象已经出现，应立即停止拨动原料，将结晶充分体现在原料表面。如果这时再拨动原料，容易将原料上的白糖结晶拨掉，使本已挂上的霜又脱落，影响菜肴质量。

挂霜时可以同时增加五香粉、糖等调料赋予其如怪味、酱香、奶油等口味。在糖液中熬至快结晶时拌匀即可。

（二）琉璃

1. 琉璃的概念与特点

将加工预制的半成品原料放入能拔出糖丝的糖浆中，挂匀糖浆，盛入盘内，用筷子拨开，凉凉成菜的技法称为琉璃法。琉璃法主要用于制作甜菜，裹在原料上的一层糖浆经凉凉冷凝结成香甜的硬壳，呈现透明棕黄的色泽，类似“玛瑙”和琉璃，通常称为琉璃甜菜。此法多见于黄河流域一带，以山东为常用。如琉璃肉、琉璃苹果、琉璃桃仁等，河南有琉璃藕、琉璃馍等。

2. 琉璃的工艺流程

将原料加工成一定形状后，视其性质有的须挂糊（如琉璃肉），有的拍粉后抓浆（如琉璃苹果），有的先经焯水（如琉璃桃仁），有的则不需作任何处理，然后过油至熟；另锅熬糖汁，熬时火力要控制适度，动作要快，防止糖汁过火而出现苦味；糖汁熬成即把原料放入炒勺，使每块料都均匀裹上糖液，倒在案板上或大盘中，用筷子拨开，凉凉即成（图5-12）。

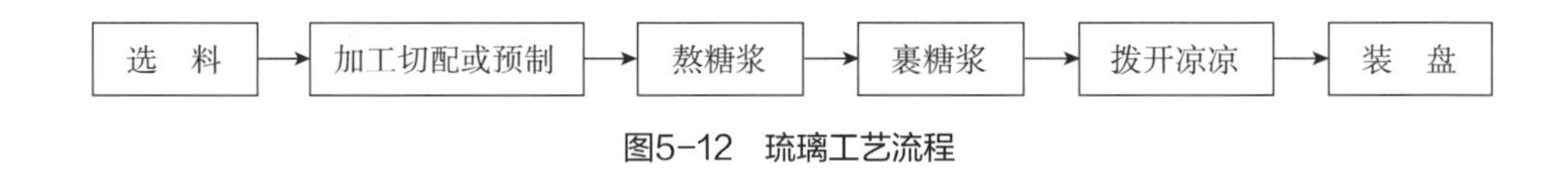

图5-12　琉璃工艺流程

3. 琉璃的技术关键

（1）熬制的糖浆要达到可以拔出糖丝的程度，欠火或过火，都会影响成品的琉璃色泽和透明度，口感也差。

（2）原料挂浆后应立即倒入洁净瓷盘内，迅速用筷子拨开，使其不互相粘连，然后放在通风处凉透，见原料表面均匀结成一层棕黄色泽、晶莹透亮的琉璃硬壳即可上桌。

4. 成菜特色

琉璃菜外壳明亮，口感酥脆香甜。其粘裹的糖浆与拔丝糖浆一样，因是凉凉供食，故没有拔丝热吃的那样满桌飞丝的情趣。

5. 菜品实例

蜜汁桂花藕

原料组配

主料：莲藕1kg、泰国糯米300g。

辅料：桂花酱100g。

调料：冰糖100g、桂花酱100g、红枣20g、红糖50g、红曲米20g。

操作过程

1　将所需原料清洗干净放入盛器中备用。

2　将莲藕去皮、洗净，取其中一端切开。

3　将浸泡好的生糯米灌进藕洞中，用糯米填满藕洞。

4　将切好的莲藕头装回，用竹牙签斜插进分切的藕身。

5　将填满糯米的莲藕浸入水中保持新鲜。

6　取一个料包，放入冰糖、桂花酱、红枣、红糖、红曲米。将料包放入锅中，煮至沸腾。将莲藕放入锅中，大火烧开后转小火煮制约2h，熟制备用。

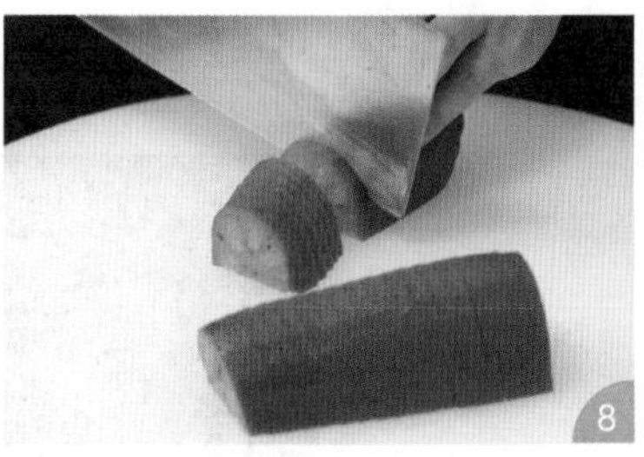

7 待到锅中熬至起胶，捞出去掉牙签。
8 将莲藕改刀切成5mm薄片，放凉备用。
9 将切成薄片的莲藕进行摆盘，淋上桂花酱装饰即可。

注意事项

- 选择原料时，需要选用藕身挺拔直长的进行制作。
- 糯米选用泰国糯米香气更加浓郁，煮熟更加黏，但需要提前泡制。
- 填入藕洞的糯米不宜过满，糯米煮制时会膨胀，过满影响成品效果。

挂霜三果

原料组配

主料：核桃仁200g、腰果200g、花生200g。
辅料：水300g。
调料：白糖600g。

操作过程（以挂霜腰果为例）：

1 将所需原料清洗干净放入盛器中备用。
2 取200g白糖放入锅中。
3 倒入100g水。

4 开小火，待白糖熬化产生气泡，等到大泡变小泡，糖浆达到翻砂状态。

5 将腰果倒入锅中，快速搅拌。让腰果表面挂满糖霜，盛出凉凉备用。

6 运用同样的方法制作挂霜花生与挂霜核桃，将成品摆盘装饰即可。

注意事项

- 进行挂霜操作时，熬糖浆的锅一定要干净整洁，否则熬出的糖霜颜色偏黄。
- 熬糖需要掌握糖与水的相对比例，可选用绵白糖，更易溶化。挂霜的关键是熬糖。

琉璃核桃

原料组配

主料：核桃仁200g。

辅料：水100g、熟芝麻10g。

调料：白糖200g。

操作过程

1 将所需原料清洗干净放入盛器中备用。

2 将核桃仁冷水下锅煮制，过冷水，沥干水分备用。

3 将核桃仁下入锅中，低温炸制。

4 待核桃仁浮起捞出控油。

5 锅中倒入水、白糖熬制。

6 等待白糖熬至琥珀色，倒入核桃仁搅拌均匀。

7 撒入白芝麻拌匀。

8 将成品摆盘装饰即可。

注意事项

- 熬糖需要掌握糖与水的相对比例，可加适当油。
- 熬糖时，注意观察糖体颜色变化，颜色至琥珀色即可。

八、熏烤工艺

（一）熏制工艺

1. 熏的概念与特点

熏就是将腌渍入味的生料或经过蒸煮炸等热处理的熟料，放入熏制的容器内，利用熏料封闭加热后不完全燃烧而炭化所产生的浓烟，使之吸附在原料表面，增加菜肴烟香味和色泽的一种烹调方法。

熏的方法可按不同风味特色，选用不同的熏料。常用的熏料有锅巴、锯末、樟叶、大米、茶叶、花生壳、稻草、香精、食糖等，一般以白糖、锅巴、茶叶为主。熏制菜选料广泛，禽、鱼、肉、蛋、豆制品均可。原料可整熏，也可切成条块状。其风味特点是色泽红黄、烟香浓郁。

2. 熏的种类

根据所熏的烹饪原料生熟不同，熏分为生熏和熟熏两种。生熏是将生的原料经过腌制入味后，直接熏制食用或熏制后再经熟处理成为冷菜的烹调方法。生熏适用于肉质鲜嫩，形状扁平的各种肉类原料；熟熏就是将熟的原料经腌制入味和初步熟处理后，再熏制成菜的烹调方法，多适用于整只禽类、大块肉类及蛋品等。

3. 熏制的操作要领

（1）将熏的原料晾干其表面水分，逐个摆开。

（2）严格控制火候并掌握熏制时间，烧至冒烟时要及时转入小火，否则上色过重，会使原料产生煳味。熏制的时间一般从冒烟开始熏12min左右即可。

（3）腌制原料时所加的酱油和盐不宜过多，否则会造成成菜口味过重。

（4）所使用熏料不能太干，应略用水润湿再下锅熏。

（5）烟熏原料底部应用葱叶、咸菜叶垫底，熏后需及时抹上香油。

4. 菜品实例

烟熏乳鸽

原料组配

主料：乳鸽2只（约700g）。

辅料：红茶茶叶15g、大米80g。

调料：生抽100g、姜片30g、葱段20g、桂皮6g、八角5g、香叶3片、干花椒1g、料酒10g、精盐2g、蜂蜜100g、冰糖50g、白砂糖100g。

操作过程

1 将所需原料洗净放入盘中备用。

2 乳鸽洗净冷水下锅，放入葱段、姜片、料酒汆煮乳鸽，捞出浸入冰水中冷却。

3 锅中放入精盐、生抽、冰糖、红茶茶叶（5g）、葱段、姜片、桂皮、八角、香叶、干花椒，大火煮制烧开，调制卤水。下入乳鸽，卤煮20min。

4 将卤制的乳鸽捞出备用。

5 烤箱提前预热，乳鸽表面刷蜂蜜入烤箱，220℃烤制10min。

6 锅中铺入锡纸，倒入白砂糖、大米和剩余茶叶。

7 开小火，盖上锅盖烧至青烟冒起，锅中摆上金属箅子，放上乳鸽进行熏制，约3min。

8 将熏制的乳鸽摆入盘中，适当点缀即可。

注意事项

- 为凸显乳鸽细嫩鲜香的特点，熏制时间不宜过长。
- 乳鸽卤煮后可放入卤汁中继续浸泡20min，使乳鸽更加入味。
- 加入大米进行熏制，可进一步吸收异味，使得熏肉带有些许米香。

（二）烤制工艺

1. 烤的概念与特点

烤，又称烧烤。炽烤古称为炙。烤就是将生料腌渍或加工成半成品后，放在烤炉内，以木炭、煤气、电能等为热源，利用辐射的高温，使原料成熟的一种烹调方法。

烤制通常是将生料腌渍或加工成半成品后再进行烤制，中途不加调味料。烤制成熟后用调味料蘸食，或现烤现吃。烤制品由于经过直接烧烤，表面可产生一种焦化物，因而使菜肴具有色泽红亮、表皮酥脆、肉嫩、干香不腻的特点。

2. 烤的种类

根据操作方法不同，烤又分为暗炉烤和明炉烤两种。暗炉烤又称挂炉烤，是将经加工原料挂入炉体内，封闭炉门，利用火的辐射热将原料烘烤成熟的一种制作方法。明炉烤又称明烤、叉烧烤，就是将原料放在敞口的火炉或火池上，不断翻动，反复烘烤至熟的一种制作方法。

3. 烤的操作要领

（1）烤制原料表面需涂抹饴糖或其他调味料，涂抹要均，饴糖浓度要适中，要挂置于通风处吹干表皮。

（2）腌渍的烤制原料，要掌握调味料的比例和腌制时间的长短。

（3）根据原料的体形肥瘦、老嫩及风味不同来定烤制时间的长短。通常明炉适用于体形较大、烤制时间长的原料，暗炉适用于体形较小、烤制时短的原料。

4. 菜品实例

秘制烤翅

制作视频

原料组配

主料：鸡翅1kg。

辅料：胡萝卜片30g、洋葱丝30g、芹菜段15g、姜片10g。

调料：蜂蜜40g、米酒40g、香辣烤翅粉80g。

操作过程

1

2

3

1 将所需原料清洗干净放入盛器中备用。

2 鸡翅漂去血水，洗净改刀（斜刀）。

3 盆中放入胡萝卜片、洋葱丝、芹菜段、姜片腌制鸡翅约10min，再加入蜂蜜、米酒、香辣烤翅粉腌制约8min。

4 烤盘铺上锡纸，将腌好的鸡翅整齐摆放。

5 烤箱提前预热，上下火180℃烤制15min即可。

6 将烤好的鸡翅摆入盘中，适当点缀即可。

注意事项

- 烤盘中铺上锡纸，使鸡翅在烤制过程中受热均匀。
- 鸡翅烤制前需改刀腌制，使其肉质更加软烂入味。

第二节　特殊冷菜的烹制

一、刺身的概念、特点

（一）刺身的概念

刺身是来自日本的一种传统食品，是最出名的日本料理之一，它是将新鲜的鱼（多数是海鱼）、乌贼、虾、章鱼、海胆、蟹、贝类等依照适当的刀法加工成片、条、块等形状，享用时佐以用酱油与山葵泥调出来的酱料的一种生食料理。若要追溯历史，刺身最早还是唐代从中国传入日本的。以前，日本北海道渔民在供应生鱼片时，由于去皮后的鱼片不易辨清种类，故经常会取一些鱼皮，再用竹签刺在鱼片上，以方便大家识别。这刺在鱼片上的竹签和鱼皮，当初被称作“刺身”，后来虽然不用这种方法了，但“刺身”这个叫法仍被保留下来。

中国人一般将“刺身”叫作“生鱼片”或“鱼生”，因为刺身原料主要是鱼类而且食用的方法又是生食。中国鱼生最讲究的是配料，它的配料和酱料不下20种，配料如藠头、姜丝、葱段、柠檬片、洋葱丝、榨菜丝、酸蒜瓣、香芋丝、西芹丝、花生、蒜米、炸粉丝、指天椒、芝麻等，酱料则是油、酱油、盐、糖等。

（二）刺身的特点

在中餐里，刺身一般被视为冷菜的一部分，上菜时与冷菜一起上桌。因为原料是生的，外形很好看，故饭店一般都会在冷菜间且接近顾客用餐的地方单独划出一间玻璃房，以让厨师在里面现场制作，这也成了许多中餐馆的一道吸引顾客的靓丽风景线。

1. 刺身造型美观、口感鲜美

刺身以漂亮的造型、新鲜的原料，柔嫩鲜美的口感以及带有刺激性的调味料，强烈地吸引着人们的注意力。如今刺身已经走进了数量众多的中高档中餐馆，跻身于冷菜间，鲜艳夺目。

2. 刺身原料选择比较广泛，新鲜的即可

刺身最常用的材料是最新鲜的鱼类，其次是甲壳类、贝类。常见的有金枪鱼、鲷鱼、比目鱼、鲈鱼、鲻鱼等海鱼，也有鲤鱼、罗非鱼、黑鱼等淡水鱼。在中国古代，鲤鱼曾经是做刺身的上品原料，而现在刺身已经不限于鱼类原料了，像鲍鱼、贻贝、扇贝、牡蛎等贝类，像龙虾、对虾、虾蛄、梭子蟹、青蟹等甲壳类，以及海胆、章鱼、鱿鱼、墨鱼等都可以成为制作刺身的原料。

3. 盛刺身的器皿多种多样

用浅盘、漆器、瓷器、竹编或陶器均可，形状有方形、圆形、船形、五角形、仿古形等。刺身造型多以山、船、岛为图案，根据器皿质地形状的不同，以及片切、摆放的不同形式，可以有不同的命名。讲究的，要求一菜一器，甚至按季节和菜式的变化去选用盛器。

4. 刺身并不一定都是完全的生食

有些刺身料理也需要稍作加热处理，如大型的海螃蟹就要采用蒸煮法进行处理；炭火烘烤，将鲔鱼腹肉经炭火略微烘烤（鱼腹油脂经过烘烤会散发出香味），再浸入冰水中，取出切片而成；热水浸烫，生鲜贝类以热水略烫以后，浸入冰水中急速冷却，取出切片，即会表面熟、内部生，这样的口感与味道自然是另一种感觉。

二、刺身的基本操作

（一）常用刺身原料介绍

1. 三文鱼

三文鱼是一种生长在加拿大、挪威、日本和俄罗斯、中国黑龙江省佳木斯市等高纬度地区的冷水鱼类。鱼体长、侧扁、口大、眼小、肥壮，背部灰黑色，分布斑点，肚白色，两侧线平行。肉色粉红且均匀间隔白肉，特别适合做刺身，烧熟后难有佳味，三文鱼食用价值极高，对预防心脏病和中风有较好的作用。

2. 金枪鱼

金枪鱼是一种重要的大型远洋性商品食用鱼，华人世界又称其为“吞拿鱼”（音译），主要生长在海洋中上层水域里，分布在太平洋、大西洋和印度洋的热带、亚热带和温带的广阔水域。鱼体长，粗壮而圆，呈流线型，向后渐细尖而尾基细长，尾鳍呈叉状或新月形。尾柄两侧有明显的棱脊，背、臀鳍后方各有一行小鳍。枪鱼类一般背侧呈暗色，腹侧银白，通常有彩虹色闪光。金枪鱼是高蛋白、低脂肪、低热量的健康、美容、减肥食品。新鲜的金枪鱼肉质鲜红，口感肥嫩，是制作刺身的上好原料之一。

3. 鲷鱼

鲷鱼又称加吉鱼、铜盆鱼，在我国各海区均有出产，黄海、渤海产量较大，是我国名贵的经济鱼类。鱼体椭圆、头大、口小、呈淡红色，背部有许多淡蓝色斑点。鲷鱼栖息于海底，以贝类和甲壳类为食，是一种高档食用鱼，肉质细嫩紧密、肉多刺少、滋味鲜美，经常被整条用于刺身，头尾作装饰，鱼肉片下后整齐地摆放于盘中。

4. 比目鱼

比目鱼包括鲆科、鳎科、鲽科等。各地叫法也不同，北方叫偏口鱼、江浙叫比目鱼、广东叫左口鱼或大地鱼，也有人称鞋底鱼，一般统称比目鱼（图5-13）。鱼体侧扁，呈长圆形。成年后的比目鱼两眼均在身体的左侧，有眼的一侧为褐色，有暗色或黑色斑点，无眼的一侧为白色。肉质细嫩而洁白，味鲜美而丰腴，刺少。做刺身食用较多的为多宝鱼（即大鲮平）、左口鱼。

图5-13　比目鱼

5. 鲈鱼

鲈鱼又称为花鲈、鲈板、鲈子，鱼体长而侧扁，一般体长为30～40cm，体重400～1200g，眼间隔微凹，口大，下颌长于上颌，吻尖，牙细小，在两颌、犁骨及腭骨上排列成绒毛状牙带，皮层粗糙，鳞片不易脱落，体背侧为青灰色，腹侧为灰白色，体侧及背鳍棘部散布着黑色斑点。鲈鱼具有治水气、风痹、安胎的功效，肉细嫩而鲜美，刺少，也是制作刺身的上好原料。

6. 鳜鱼

鳜鱼又称为桂鱼、季花鱼、花鲫鱼、淡水老鼠斑等，鱼体侧扁，背部隆起，呈青黄色，有不规则黑色斑点块。鳜鱼营养丰富，含脂量较高，能补中益气、补虚劳。肉质紧实细嫩，刺少，滋味鲜美，肉色洁白。古诗有“桃花落尽鳜鱼肥”，李时珍把鳜鱼比作“水豚”，有河豚的美味。

7. 乌鳢

乌鳢又称为黑鱼、乌鱼、生鱼、财鱼、班鱼等，我国除西北高原外均有分布，冬季肉质最佳。鱼体呈圆筒形，青褐色，有黑色斑块，无鳞，口大，牙尖，5～7月产卵。乌鳢营养丰富，是滋补食品，具有健脾利水、通气消胀的功效，肉多刺少，肉质细嫩，味道鲜美。

8. 龙虾

龙虾是虾类中最大的族，体长20～40cm，一般重约500g，大者可达3～5kg。龙虾品种很多，可分中国龙虾、澳洲龙虾、日本龙虾、波纹龙虾等。国产龙虾分布于东海、南海等海域，尤以广东、福建、浙江较多，夏秋为龙虾上市旺季。龙虾体粗壮，色鲜艳，常有美丽斑纹。头胸甲壳近圆筒形，腹部较短，背腹稍扁，腹部附肢退化。尾节呈方形，尾扇较大。龙虾栖息海底，行动缓慢，不善游泳。龙虾体大肉厚，味鲜美，是名贵的海产品，其外形威武雄壮，最能体现档次，做刺身时，头尾做装饰，虾肉片成薄片。

9. 象拔蚌

象拔蚌又名皇帝蚌、女神蛤，是远东包括华人及日本人崇尚食用的高级海鲜，原产地在美国和加拿大北太平洋沿海，生活在海底沙堆中，每只重1000～2000g，因其又大又多肉的红管，被人们称为“象拔蚌”（图5-14）。贝壳一般为卵圆形或椭圆形，左右两壳相等，表壳为黄褐色或黄白色。肉足大而肥美，伸出壳外。象拔蚌肉特别爽脆，鲜嫩回甜，是做刺身的绝佳材料。酒楼食肆大多以烹制风味独特的“象拔蚌刺身”菜式吸引顾客，售价虽昂贵，但仍颇受消费者欢迎。

图5-14　象拔蚌

10. 北极贝

北极贝（图5-15）在北大西洋50～60m深海底缓慢生长，幼体长至成年耗时12年，因而形成天然独特的鲜甜味道，生长环境非常干净，很难受到污染。与其他贝类海产相比，北极贝中胆固醇含量低，对人体有良好的保健功效，有滋阴平阳、养胃健脾等作用，是上等的食品原料。北极贝在捕获后加工焯熟，鲜活的北极贝呈深紫色，焯熟后呈玫瑰红和白色，非常漂亮，令人食欲大增。北极贝味道非常鲜美、口感爽脆鲜甜，十分适合制作刺身。

图5-15　北极贝

11. 扇贝

扇贝有两个壳，大小几乎相等，壳面一般为紫褐色、浅褐色、黄褐色、红褐色、杏黄色、灰白色等。它的贝壳很像扇面，所以就很自然地获得了“扇贝”这个名称。扇贝具有降低血清胆固醇的作用。人们在食用贝类食物后，常有一种清爽宜人的感觉。贝壳内面为白色，壳内的肌肉为可食部位。扇贝只有一个闭壳肌，闭壳肌肉色洁白、细嫩、味道鲜美。

12. 贻贝

贻贝又称壳菜、海虹、淡菜、青口等。我国沿海均有分布，主产于渤海、黄海。贻贝两壳相等，略呈长三角形，壳表面为紫黑色，有细密生长纹，被有黑褐色壳皮，壳内面为白色略带青紫。前闭壳肌退化，后闭壳肌发达。壳顶尖，壳质脆薄。贻贝营养丰富，含钙、磷、铁、碘、烟酸等微量元素，具有滋阴、补肝肾、益精血、调经的功效。贻贝肉质细嫩、滋味鲜美，口感滑嫩，经常被用于刺身。

13. 鲍鱼

鲍鱼是一种原始的海洋贝类，单壳软体动物。鲍鱼是中国传统的名贵食材，四大海味之首。鲍鱼品种较多，有澳洲黑边鲍、青边鲍、棕边鲍和幼鲍；日本网鲍、窝麻鲍和吉品鲍，其中网鲍为鲍中极品；我国北部沿海常见的是皱纹盘鲍，南部沿海常见的为杂色鲍。鲍鱼的贝壳呈耳状，质坚厚，螺旋部很小，体螺层极大，几乎占壳的全部；壳表面有螺纹，侧边缘有8～9个孔；足部肥厚，是主要的食用部分，肉质细嫩、滋味鲜美，生吃口感柔滑，为贝中上品。

14. 海胆

海胆体形呈球形、半球形、心形等，壳生有很多能活动的棘，一般生活在印度洋、大西洋的岩石裂缝中，少数穴居泥沙中。常见的有马粪海胆、大连紫海胆等。《本草纲目》记载，海胆有“治心痛”的功效，近代中医药认为“海胆性味咸平，有软坚散结、化痰消肿的功用。”海胆的可食部分为“海胆黄”，即海胆的生殖腺。在生殖季节，几乎充满整个体腔。此时海胆的生殖腺为黄色至深黄色，质地饱满，颗粒分明，品质最好。做刺身时应取新鲜海胆洗净，把腹面口部撬裂，露出海胆黄，用小匙舀出，直接食用。

15. 梭子蟹

梭子蟹俗称蝤蛑、抢蟹、白蟹、盖子等，头胸甲两侧具有梭形长棘。雄性脐尖而光滑，壳面带青色：雌性脐圆有绒毛，壳面呈赭色，或有斑点。梭子蟹肉肥味美，有较高的营养价值和经济价值，且适宜于海水养殖。我国沿海均产，黄海北部产量较多。蟹含有丰富的蛋白质及微量元素，对身体有很好的滋补作用。蟹肉还有抗结核作用，食用蟹肉对结核病的康复大有裨益。梭子蟹肉质细嫩、洁白。

16. 青蟹

青蟹俗称锯缘青蟹、朝蟹、膏蟹、肉蟹等。蟹甲壳呈椭圆形，体扁平、无毛，头胸部发达，双螯强有力，后足形如棹，故有据掉子之称。头胸甲宽约为长的1.5倍，背面隆起，光滑；头胸甲表面有明显的“H”形凹痕；前额有4个突出的三角形齿，齿的大小及间距大致相等；前侧缘有9个大小相若、突出的三角形齿。青蟹主要分布在浙江以南海域，是我国南方主要食用海蟹之一。蟹不可与南瓜、蜂蜜、橙子、梨、石榴、西红柿、香瓜、蜗牛同食，吃螃蟹不可饮用冷饮，否则会导致腹泻。青蟹肉质细嫩、肉色洁白、肉比较多、滋味鲜。

17. 章鱼

章鱼又称八爪鱼或八带鱼。章鱼其实不是鱼，它是软体动物门头足纲动物。其形态特点是胴部短小，呈卵圆形，无肉鳍，头上生有发达的8条腕，故称八带鱼。各腕均较长，内壳退化。章鱼含有丰富的蛋白质、矿物质等营养元素，并还富含抗疲劳、抗衰老的重要保健因子牛磺酸。章鱼肉质柔软鲜嫩，是制作刺身的优质原材料，如韩国人最爱吃的“昏厥章鱼”。

18. 乌贼

乌贼又称墨鱼、墨斗鱼。乌贼遇到强敌时会以“喷墨”作为逃生的方法，伺机离开，因而有乌贼、墨鱼等名称。乌贼属软体动物门头足纲。胴部呈袋状，左右对称，背腹略扁平，侧缘绕以狭鳍，头发达，眼大，共有10条腕。内壳呈舟状，很大，后端有骨针，埋于外套膜中。体色苍白，皮下有色素细胞。体内墨囊发达。墨鱼不但味感鲜脆爽口，蛋白质含量高，具有较高的营养价值，而且富有药用价值。

19. 枪乌贼

枪乌贼俗称鱿鱼、柔鱼等，胴部为袋状，呈长圆锥形。两鳍分列于胴部两侧后端，并相合呈菱形，头部两侧眼较大，共有10条腕。内壳角质，细、薄而透明。我国沿海均有分布，南海产量较多，尤以广东、福建出产量较高。上市期为5～9月。鱿鱼肉质细嫩、色泽洁白、滋味鲜美，做刺身以大为佳，口感爽脆。

（二）刺身原料的选择

1. 春吃北极贝、象拔蚌、海胆（春至夏初）。
2. 夏吃鱿鱼、鲕鱼、池鱼、鲣鱼、池鱼王、剑鱼（夏末秋初）、三文鱼（夏至冬初）。
3. 秋吃花鲢（秋及冬季）、鲣鱼。
4. 冬吃八爪鱼、赤贝、带子、甜虾、鲕鱼、章红鱼、油甘鱼、金枪鱼、剑鱼。
5. 其他如鸡肉、鹿肉和马肉等，都可以成为制作刺身的原料。

（三）刺身刀工成形

1. 刀具

刺身类菜肴非常强调原料形态和色彩的赏心悦目。在做刺身时，如果用不合适的刀具或不锋利的刀具，那切割时就会破坏原料的形态和纤维组织，造成脂类溃破，破坏原料本身的特殊风味。处理刺身的刀具相当重要，一般都有 5～6把专用的刀，这些刀按外形可分为两类：一类刀背较厚，近半寸，尖头短身，多用来斩鱼头及起鱼肉，可以轻易斩断鱼骨，称为出刃庖刀；另一类则称为柳刀庖刀，刀锋薄，刀身较长，用以将大块鱼肉切成等份或切片状，按用途分则可分为去鳞、横剖、纵剖、切骨等用刀。另外，做刺身用得比较多的工具还有刺身筷。刺身筷细而长，一端尖细，专门用于将切好、排好的片状料摆放于盘中。

2. 常用刀法

（1）退拉切　右手执刀，从鱼的右边开始切。将刀的刀跟部轻压在鱼肉上面，以直线往自己方向退拉着切。切好的第一片使其横倒、靠右边，第二片倾斜靠在第一片上，第三片靠在第二片上，依次这样一边切，一边顺手摆整齐，直到切完。切时最好一刀切完一片，这样切出的鱼片光洁，动作潇洒利落，给人以美感。

（2）削切　把整理好的块状鱼肉放在砧板上，从鱼的左端开始下刀。刀斜切进鱼肉，再向自己的方向拉引，直至一片鱼肉切完。再用同样刀法将整块切完。每切好一片，用左手将鱼片叠放整齐，方便装盘。

（3）抖刀切　把鱼肉放砧板上，从鱼肉的左端开始切。刀斜切进鱼肉，立即开始均匀抖动刀，向自己的方向拉引，左手将切好的鱼肉叠放整齐即装盘。此刀法多用于切章鱼、象拔蚌、鲍鱼等。

3. 成形厚度

无论运用哪种刀法都要顶刀切，这样切出的鱼片筋纹短，利于咀嚼，口感好。刀忌顺着鱼肉的筋纹切，因为筋纹太长，口感不好。要特别注意的是，鱼肉一定要剔净鱼骨，装进盘里的生鱼片，绝对不能有鱼骨，以防卡住食客，发生危险。

日本刺身一般厚约0.5cm，如三文鱼、鲔鱼、鲥鱼、旗鱼等。这个厚度，吃时既不觉腻，也不会觉得没有料。不过像横县鱼生、顺德鱼生的鱼得切很薄，约0.5mm厚，要求薄如蝉翼，因为这些地方采用的江河鱼肉质紧密、硬实，所以要切得薄才好吃。至于章鱼之类只能根据各部位体形切成各不相同的块了，还有的刺身，如牡蛎、螺肉、海胆、鱼子等，可以完整的装盘无须刀工处理便可食用。

4. 刺身的装盘造型方法

装盘方法有锥形拼摆、平面拼摆、环围拼摆和象形拼摆法等。刺身的装盘方法，原则上强调正面视觉。例如，山的造型装盘方法，盘子前面的原材料应堆放得低一点，品种可以多些，强调山上有小的点缀物，下面犹如海水缓缓流过的境界。山可以用白萝卜丝、京葱丝等堆放而成，还可以加上些点缀物围边，这样整体均衡感就体现出来了。另外，黑色的原料能够配合盘子的整体视觉效果，因此用海藻、海带、干紫菜等衬托，往往会起到较好的效果。

提供刺身菜肴时，原料要求有冰凉的感觉，可以先用冰凉净水泡洗，还可以先以碎冰打底，面上再铺生鱼片。出于卫生考虑，应先在碎冰上铺保鲜膜，然后再放生鱼片。

（1）锥形拼摆法　锥形拼摆法是在盛器的底部用冰块、萝卜丝或其他原料做成锥形状，然后把刺身原料放在案板上切成片后铺在造型好的冰块或萝卜丝上，然后在盛器物中增加一些点缀物，以表现生动活泼。这种造型从不同的角度看都显得立体感强。

（2）平面拼摆法　前面低、后面高是平面拼摆法的典型装盘方法，对于平面拼摆法，原料的刀工处理效果是其成败关键。例如，青鱼肉就要切得薄一些，这样吃起来口感才爽脆、滑嫩；

金枪鱼肉质比较柔软，就应切厚一些，吃起来口感才会有弹性；做墨鱼刺身时，把墨鱼肉切大片沿盛器周边摆一圈，中间可放些点缀物，可以配上其他种类的原料拼摆。

（3）环围拼摆法　环围拼摆法一般使用圆盘，在中式鱼生（如横县鱼生、顺德鱼生）制作当中运用得很多。拼摆后一般还能看到盘底的底色，所以盘子的底色一般应与刺身肉的颜色搭配相适应，使盛器的颜色与刺身原料的颜色融为一体，以达到色彩的平衡。

（4）什锦拼摆法　什锦拼摆法就是以一种刺身原料为主料，辅以多种刺身原料一起拼摆在一起，间隔处可以用一些点缀物装饰，要求有高低起伏，呈现立体感。此造型的另一个突出的特点就是迎合下筷方便，即片厚、形大的放外层，细小的放里层。这种造型使用的装饰点缀物较多，体现出造型的气势。

（5）象形拼摆法　刺身象形拼盘，又称艺术拼盘、花色拼盘、冷拼和图案装饰冷碟等。它是在保持原料营养成分的基础上，将各种各样的刺身原料按照原料本来的形状特点，采用不同的刀法和拼贴技巧，制作成与加工前基本相似的造型刺身。象形拼盘不仅要求造型美观、逼真、艺术性强，而且还要求选料多样、注重食用、富有营养。

5．食用刺身的味汁

刺身佐料简单而富有特色。刺身的佐料主要有酱油、山葵泥或山葵膏（浅绿色，类似芥末），还有醋、姜末、萝卜泥和煎酒（经灭菌后的黄酒）。在食用动物性原料刺身时，酱油和山葵泥或山葵膏是必备的，其余则可视地区不同以及各人的爱好酌情增减。粉状的山葵泥要先用水调和以后才能使用，粉和水的比例为1：2。调和均匀以后，还应当静置2～3min，以便其刺激的辣呛味和独特的风味产生。不过调好后应当尽快使用，否则辣呛味会挥发。山葵泥提供“刺激味”，解除生料的腥异味；酱油则提供咸味、鲜味，调和整体的美味。酒和醋在古代几乎是必需的。新鲜、口感好、不同品种的刺身原料有其固有的香味，同时为进一步适合我国各地方消费者的饮食口味，这种单一的味料是远远不够的，因此刺身酱油完全可以在突破主味的基础上再混合其他材料进行变化，产生新的味型。下面介绍几种不同味型的味汁。

豉油皇刺身味汁

原料

卡夫奇妙酱30g、水果沙拉酱30g、膏状青芥辣20g、柠檬汁20g，豉油皇15g。

调制方法

卡夫奇妙酱、青芥辣、水果沙拉酱调匀，再慢慢放入豉油皇、柠檬汁，用打蛋器调匀即成。

适用范围

龙虾刺身、刺身拼盘等。

蛋黄酱刺身味汁

原料

蛋黄酱50g、葱油50g、膏状青芥辣15g、白糖15g、白醋80g、盐5g、鸡精5g、白胡椒粉3g，白脱油（人造黄油）45g。

调制方法

先将蛋黄酱、青芥辣、葱油混合均匀，再放入白醋、白糖、盐、鸡精、白胡椒粉调匀，最后倒入烧化的白脱油和纯净水250g用力慢慢搅匀，即成。

适用范围

小牛肉刺身、加吉鱼刺身等。

酸辣刺身味汁

原料

辣椒酱20g、鱼子酱20g、红腐乳20g、膏状青芥辣20g、大红浙醋30g、姜末30g。

调制方法

红腐乳制成泥，先加鱼子酱、青芥辣调匀，再加入其他的原料调匀即可。

适用范围

三文鱼、北极贝刺身等。

酸甜刺身味汁

原料

橙汁20g 、炼乳15g、果酱15g、蜂蜜5g、白醋10g、膏状青芥辣4g。

调制方法

将上述原料调匀即可。

适用范围

生螺片刺身、八爪鱼刺身、黄瓜刺身等。

鱼芥刺身味汁

原料
日本万字酱油60g、辣椒酱20g、大红浙醋30g、鱼子酱20g、红腐乳20g、生抽60g、姜末30g、芥末膏20g。

调制方法
红腐乳制成泥后，加入鱼子酱、芥末膏调匀，再调入其余调料搅匀即成，可供2份刺身用。

适用范围
鲍鱼刺身、三文鱼刺身、北极贝刺身等。

多味刺身味汁

原料
野山椒10g、青椒20g、鲜柠檬2个，米醋20g、精盐2g、味精15g、酱油20g、芥末膏10g、香油15g、白糖10g，紫苏叶、野芫荽、柠檬叶、姜、小米辣各少许。

调制方法
1. 柠檬榨汁；柠檬叶、姜、紫苏叶、野芫荽均切细丝；野山椒、青椒切成小段；小米辣剁成细末。
2. 取一盛器，放入柠檬汁、米醋、精盐、味精、酱油、白糖、芥末膏，再加入适量的冷开水调匀，最后放入各种切配好的原料，淋入香油调匀，即成。

适用范围
活海参刺身、金枪鱼刺身、生鱼片刺身、刺身拼盘等。

爽口刺身味汁

原料
蚝油600g、白糖200g、白醋100g、香油50g、蒜末10g、膏状青芥辣15g、鱼生酱油5g。

调制方法
将上述原料调匀即可。

适用范围

鲷鱼刺身、北极贝刺身等。

果味刺身味汁

原料

芥末膏10g、椰浆6g、橙汁20g、番茄汁15g、白醋10g、红油4g、芝麻5g、白糖4g、鸡汁3g、广东米酒5g。

调制方法

将上述原料调匀即可。

适用范围

三文鱼刺身、北极贝刺身、赤贝刺身等。

新派橙味刺身汁

原料

橙汁20g、炼乳15g、果酱15g、蜂蜜5g、白醋10g。

调制方法

将以上各种调料混合调匀即可。

适用范围

主要适用于各种贝类、软体动物以及用来搭配刺身的果蔬等。如牡蛎、日本生螺片、日本八爪鱼、黄瓜、莴苣、胡萝卜、西芹、番茄、火龙果等。

海胆酱

原料

蒸熟的海胆100g、芡汁汤100g、醋20g、酱油50g。

调制方法
把以上调料混合调匀即可。

适用范围
墨鱼、章鱼、鲷鱼、鲇鱼、针鱼等。

芡汁汤

500g水加40g大米大火烧开，改小火熬至汤汁剩余1/3时即可。

海苔酱油

原料
生海苔200mL、芡汁汤200mL、鱼生酱油200mL、料理酒100mL、味精3g。

调制方法
把以上调料混合调匀即可。

适用范围
海胆、鲷鱼、章鱼、带鱼、蛤蜊、小海鳗、象拔蚌、鲜贝等。

芝麻醋酱油

原料
炒熟的白芝麻20g、芡汁汤100g、鱼生酱油100mL、醋100mL。

调制方法
把以上调料混合调匀即可。

适用范围
老虎鱼、针鱼、鲣鱼。

生姜酱油

原料

生姜米50g、鲜汤100g、鱼生酱油100g、味精2g。

调制方法

把以上调料混合调匀即可。

适用范围

鲣鱼、鲜鱿、乌贼等。

蒜蓉酱油

原料

蒜蓉50g、芡汁汤200g、鱼生酱油100mL、醋100mL。

调制方法

把以上调料混合调匀即可。

适用范围

鱼类、肉类，除蔬菜类外基本都能用。

6. 刺身制作的注意事项

刺身的制作不仅仅要严格按照《中华人民共和国食品安全法》及“行业规范”“厨房冷菜间食品卫生管理制度”来控制食品安全。制作刺身还应注意所选的原料必须新鲜度高、无任何污染，由资深厨师操控，刀工处理、调理、佐料摆设都必须熟练，刀具、盛器、砧板等都必须和一般冷菜加工用具分开使用。具体来说，刺身制作必须掌握以下3个要点：

（1）原料必须新鲜度高、防寄生虫　做刺身的原料需要绝对的新鲜，自然死亡或人工宰杀后自然存放超过20min，不论是否变质均不能用于作刺身，因为它们的肠胃里带有大量的致病细菌和有毒物质，一旦死后便会迅速繁殖和扩散，食之极易中毒甚至有生命危险，所以不应作为刺身原料进行使用。

做刺身尽量不要用淡水鱼类，如果非要选择淡水鱼，也应选择无污染的野生江河鱼，不要选用人工养殖的鱼类，因为人工养殖的饲料及养殖环境都极可能引发寄生虫生长，寄存在鱼的肌肉组织中。这样的鱼片生吃后，寄生虫也随肉下肚，穿过肠道钻入血管，还可以达到皮肤。

颚口线虫还能在皮肤内自由移动，使皮肤表面形成一条条红线。当然海水鱼也并非全都安全，只有远洋鱼类且生活于深海处的鱼类相对安全。例如，三文鱼、鳕鱼虽然都属海水鱼，但日本、韩国的一些专家在其体内也检测出了“异尖线虫”，对人体危害性很大。

（2）以科学的方式保存刺身原料 对于鲜活的刺身原料在酒店活养储存过程中应有专人负责养殖看护，对投放的饲料和活养的水质都应进行科学化验检测，应确保其没有任何污染方可投放。当冷藏或冷冻的海鲜送到酒店时，应要求出示食品安全检测报告，符合刺身食品安全标准的应立即验收然后储存在冷冻柜或冷藏柜内，以保持所需的温度。冷冻食品需储存在-18℃或以下。冷藏储存是指把食物储存在0～4℃。对冷冻和冷藏库的温度必须定期检查，并保存适当记录。同时还应做到刺身原料同其他原料分空间存放，未经切配的原料应与已切配的原料分开存放，经切配、装盘成形后及在保鲜、传送给顾客的途中应用保鲜膜或保鲜盖盖好。对已做好当餐没销售完或客人剩余的刺身应立即处理，严禁再次销售。

（3）操作严格符合卫生要求 鱼类原料容易滋生可引起食源性疾病的微生物，称为食源性病原体。另一些微生物可引致食物腐败，使食物变色和变味。部分病原体可能附在生的食物中，并在食物制作过程中存留下来。例如，副溶血性弧菌通常可在海鲜中发现，而金黄葡萄球菌和沙门菌类则可能在食物加工时，因交叉污染或处理不当而引进食物中。

因此，刺身加工必须在一个通风良好、温度适宜、清洁卫生的独立工作范围内进行。刺身加工人员必须严格注意个人卫生，必须专人加工，不得带病、带伤上岗，同时制作人员的双手必须彻底消毒，制作过程中尽量减少直接触碰食物和说话，尽可能佩戴专用手套、口罩、帽子等。所有用具必须专用，使用前后都应彻底消毒。

三、菜品实例

（一）基础技巧

粽叶花1

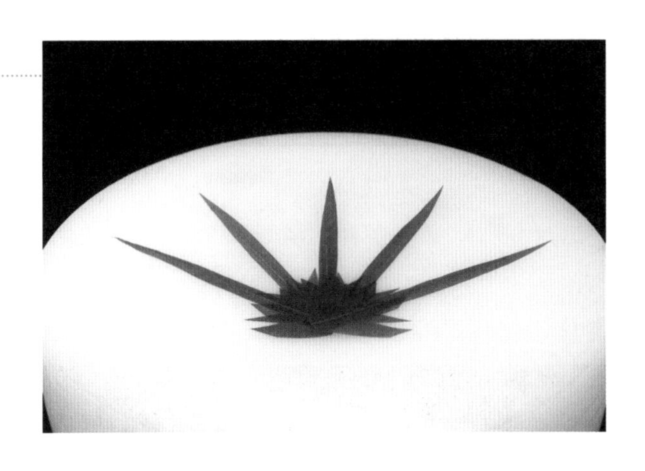

制作过程

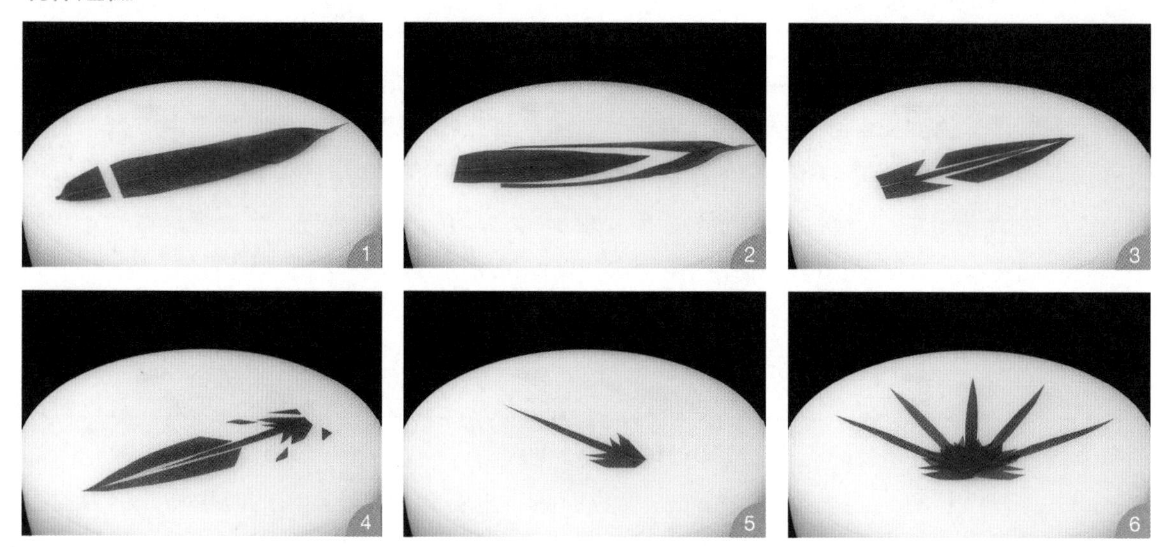

1 将粽叶洗净，底部先切一刀，使其更加平整。
2 用刀将粽叶切出V形雏形。
3 用刀尖将左右两侧尖角切出，拉出中间直线。
4 将两侧小尖角划出，左右两侧下方小角划掉。
5 呈现出完整粽花造型。
6 用同样的方法制作出四片叶花进行拼摆。

粽叶花2

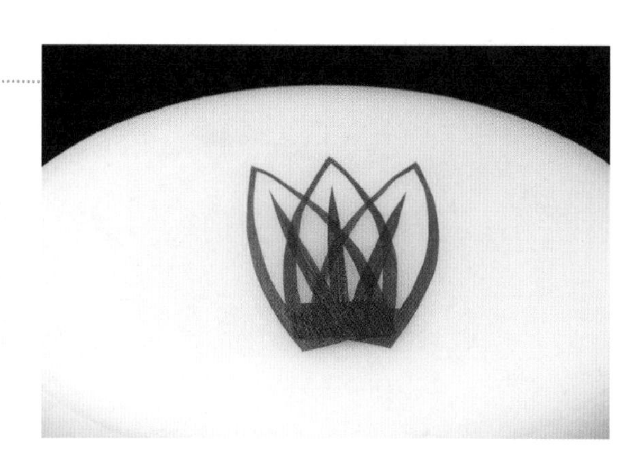

制作过程

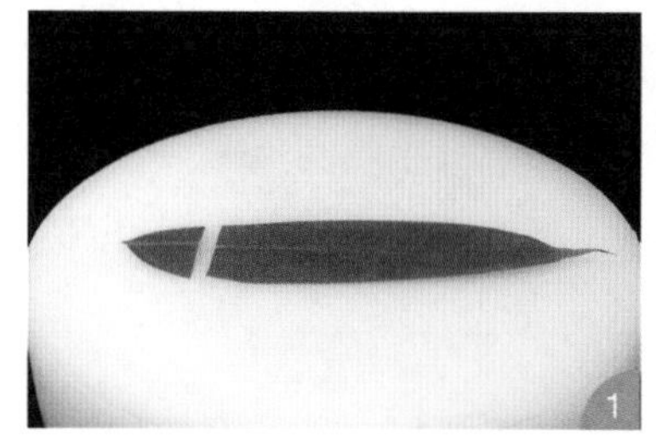

1 将粽叶洗净，底部先切一刀，使其更加平整。
2 用刀将粽叶切出V形雏形。

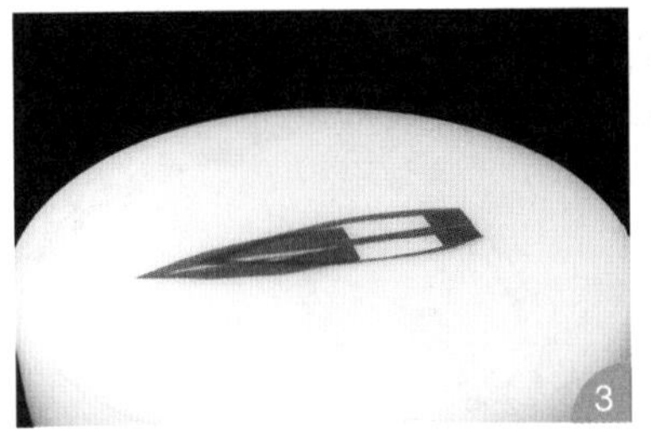
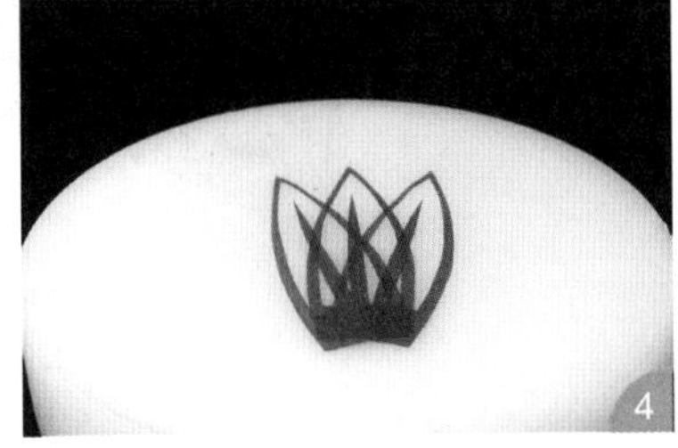

3　用刀尖划出中间直线，再划出两侧空格，呈现出完整粽花造型。

4　用同样的方法制作出四片叶花进行拼摆。

粽叶花3

制作过程

1　将粽叶洗净，沿中线对折备用。

2　沿中间弧形下刀，切除多余废料。

3　刀尖切除多余废料。

4　呈现出完整粽花造型。

5　用同样的方法制作出四片粽叶花进行拼摆。

粽叶花4

制作过程

1 将粽叶洗净，底部先切一刀，使其更加平整。
2 将粽叶沿中线折叠，切除尖角多余废料。
3 切出细条废料。
4 呈现出完整粽花。
5 将四片粽花进行拼摆，呈现出莲花造型。

粽叶花5

制作过程

1　将粽叶洗净，沿中线重叠备用。
2　刀尖划出弧度，切除多余废料。
3　沿弧度外下刀。
4　顶部划掉部分原料，呈现嫩芽状。
5　展开粽叶，呈现出完整粽叶花造型。
6　将三片粽花进行组合拼摆。

粽叶花6

制作过程

1　将粽叶洗净，沿中线对折备用。
2　斜刀切去底部。
3　外沿切去废料。

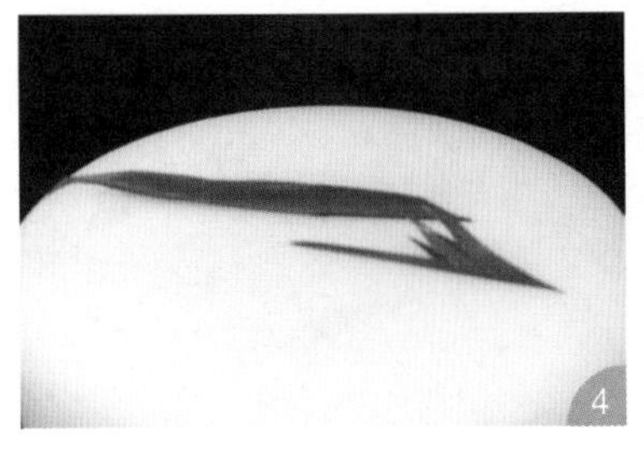

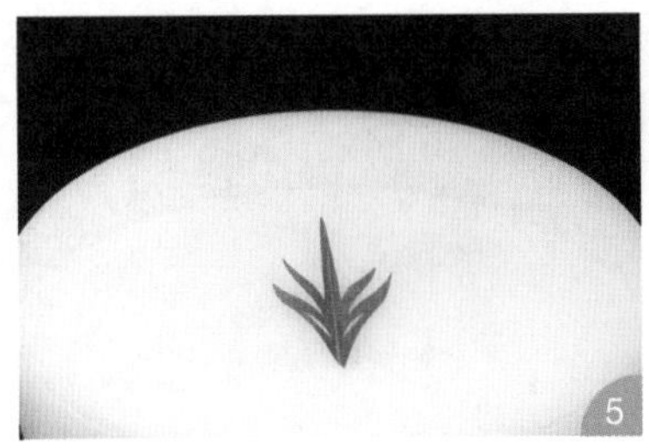

4　使用刀尖沿“W”形切除废料。

5　展开粽叶，呈现出完整粽花造型。

6　将三片粽花进行组合拼摆。

（二）粽叶花作品赏析

（三）实践操作

刺身1

原料

加拿大象拔蚌。

装饰物

鲜花、粽叶花、柠檬、草帽。

操作过程

1　盘中铺入碎冰。
2　在盘中部塑出冰柱。
3　绕冰柱围附一圈碎冰，呈现出冰圈。
4　将象拔蚌切片处理后覆在冰圈表面。
5　摆上鲜花、粽叶花等进行点缀。
6　用同样方法塑出小冰柱，将剩余蚌肉摆入盘中即可。

刺身2

原料

金枪鱼、三文鱼、北极贝、黄希鲮鱼。

装饰物

粽叶花、紫苏叶。

操作过程

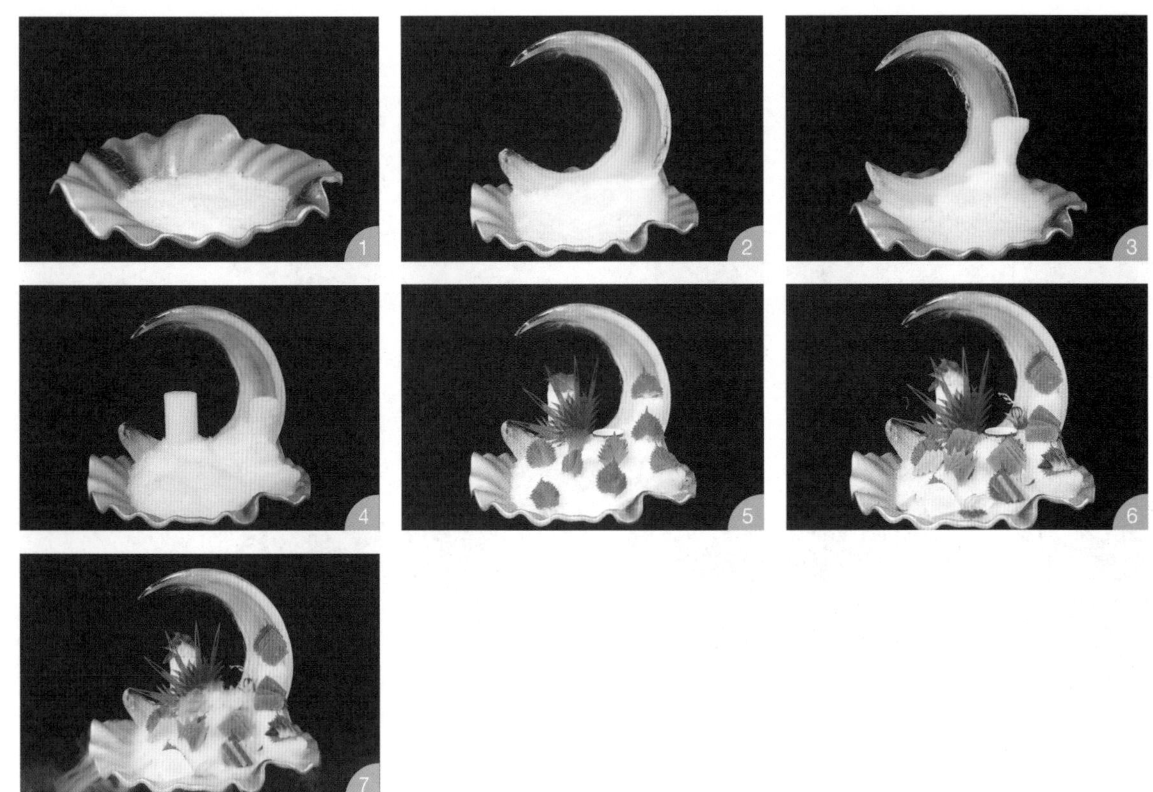

1 盘中铺入碎冰。
2 使用模具提前制出“月形”冰块，摆入盘中。
3 用碎冰塑出冰柱摆在“月形”冰块侧边。
4 盘中继续添加碎冰，塑出冰柱。
5 摆入粽叶花与紫苏叶进行垫底装饰。
6 将金枪鱼、三文鱼、黄希鲮鱼等进行改刀处理，摆入盘中。
7 放入干冰，营造菜肴整体氛围即可。

刺身3

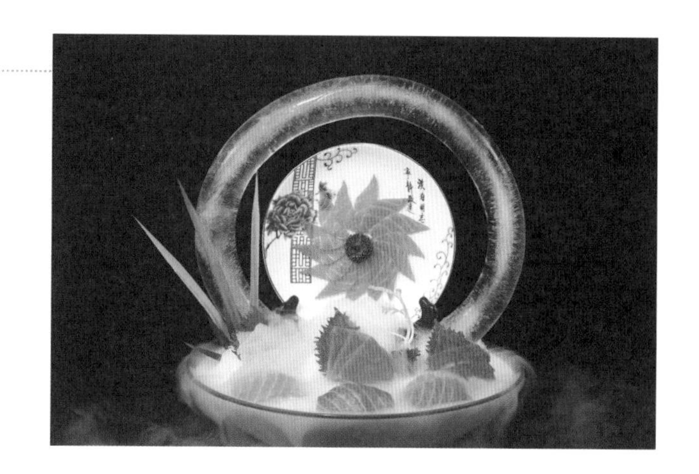

原料

金枪鱼、三文鱼、黄希鲮鱼。

装饰物

粽叶花、紫苏叶、瓷盘。

操作过程

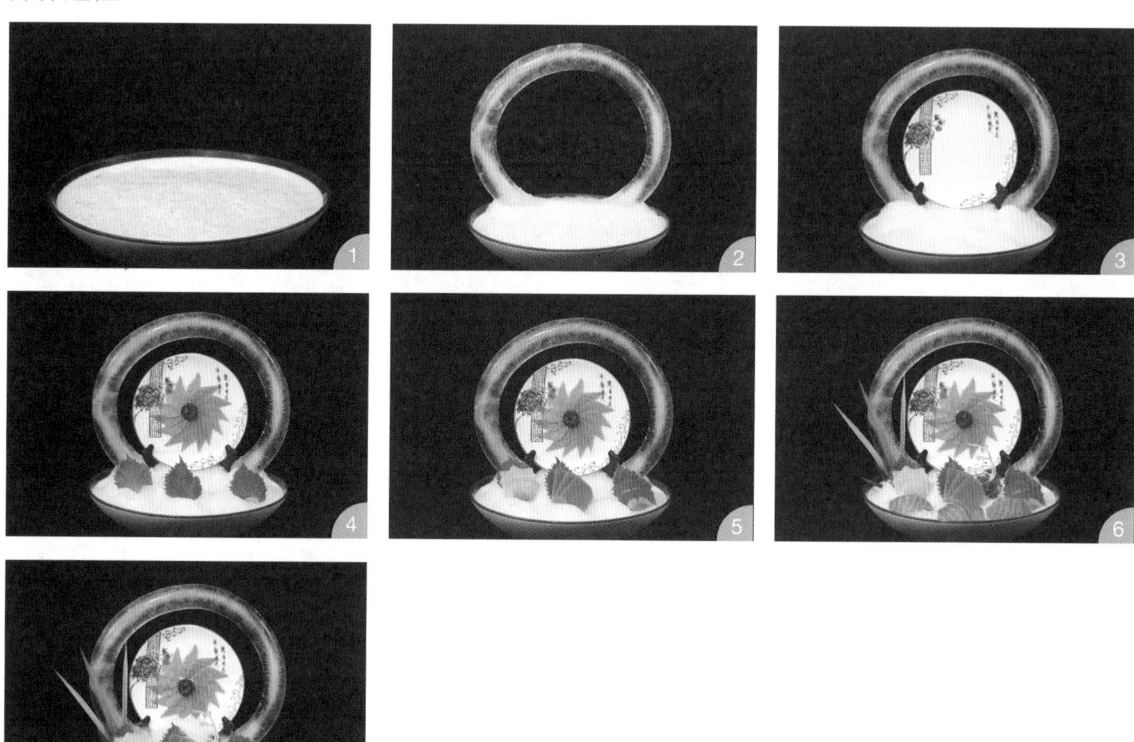

1 盘中铺入碎冰。

2 使用模具提前做出“圆环”冰块，插入盘中，中部摆入瓷盘。

3 三文鱼改刀摆入瓷盘中，呈现出“花朵”大形。

4 在碎冰上摆放紫苏叶。

5 将金枪鱼、三文鱼、黄希鲮鱼改刀，摆在紫苏叶表面。

6 插入粽叶花进行装饰点缀。

7 放入干冰，营造菜肴整体氛围即可。

刺身4

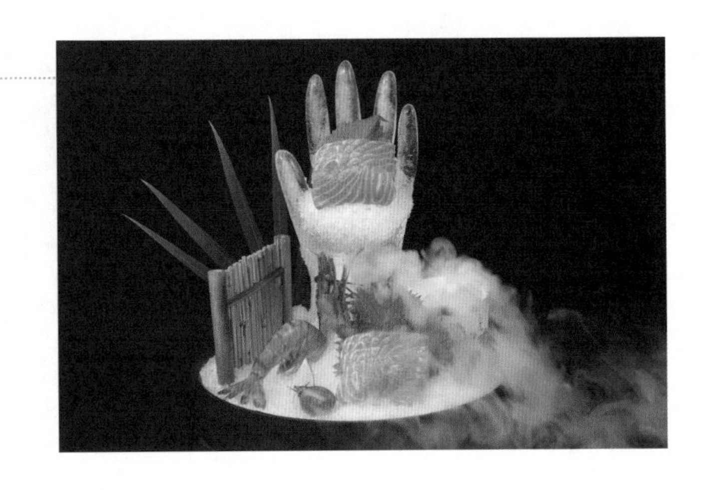

原料

三文鱼、虎虾。

装饰物

粽叶花、紫苏叶、柠檬、小番茄、瓷杯、竹篱笆。

操作过程

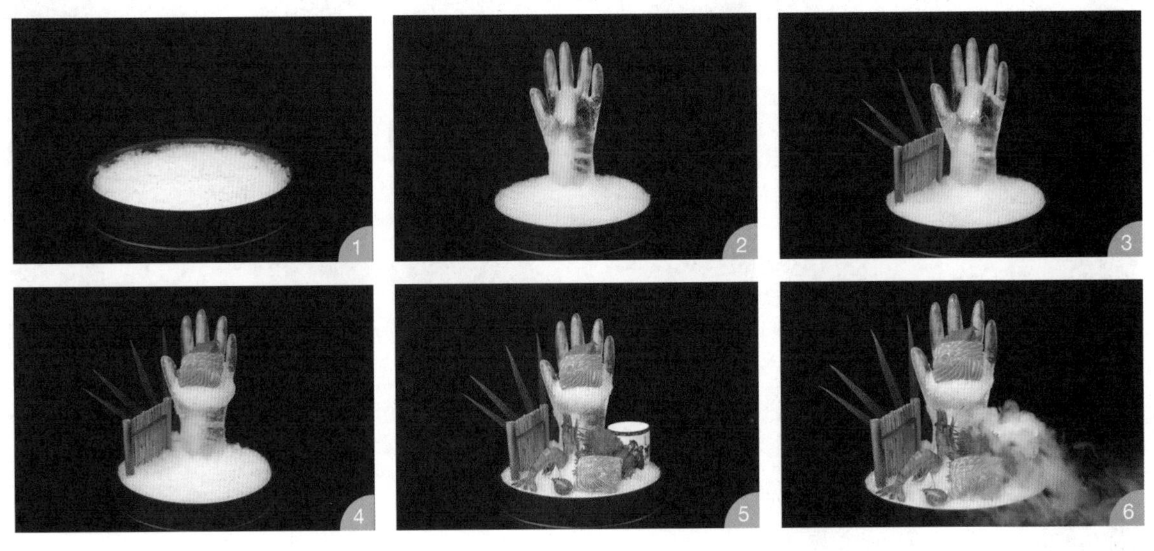

1 盘中铺入碎冰。
2 使用模具提前做出“手掌”冰块，插入盘中。
3 侧边插入粽叶花、竹篱笆进行装饰。
4 三文鱼鱼腩改刀切片，手掌中铺垫紫苏叶，摆上三文鱼片。
5 将虎虾煮熟摆入盘中，使用柠檬、小番茄等进行装饰点缀。
6 放入干冰，营造菜肴整体氛围。

刺身5

原料

三文鱼、黄希鲮鱼、红希鲮鱼。

装饰物

粽叶花、鲜花、寿司帘、紫苏叶。

操作过程

1 碗中铺入碎冰。
2 中部插入寿司帘、粽叶花呈现主体背景。
3 插入鲜花进一步丰富作品内容。
4 碎冰表面铺上紫苏叶，将三文鱼、黄希鲮鱼、红希鲮鱼改刀切片摆入盘中，加柠檬片适当点缀。
5 放入干冰，营造菜肴整体氛围。

刺身6

原料

墨鱼仔。

装饰物

粽叶花、鲜花、胡萝卜、青柠檬、紫苏叶、小簸箕、刺身扇子。

操作过程

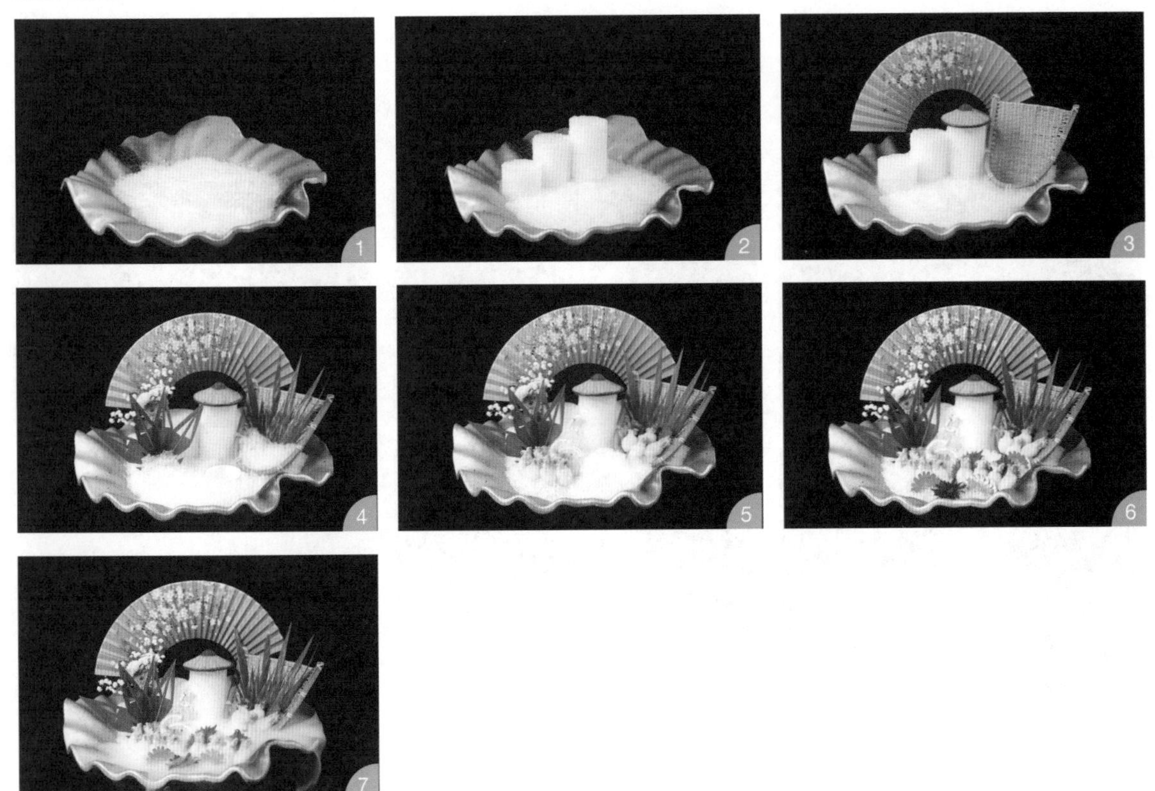

1 盘中铺入碎冰；胡萝卜、青柠檬提前改刀切片备用。

2 使用碎冰塑出三根不同长短的冰柱，插入盘中。

3 摆入小簸箕、小竹帽，插入刺身扇子进行装饰。

4 插入粽叶花、鲜花进行装饰点缀。

5 将墨鱼仔整齐摆入盘中。

6 加入剩余装饰物进行点缀。

7 放入干冰，营造菜肴整体氛围。

刺身7

原料

虎虾、金枪鱼。

装饰物

青柠檬、紫苏叶、鲜花、叶子。

操作过程

1 盘中铺入碎冰；青柠檬提前改刀切片备用。

2 使用模具提前制出“水滴形”冰块，摆入盘中。

3 侧边摆入鲜花、叶子、柠檬片，呈现作品主体。

4 碎冰表面铺上紫苏叶，将三文鱼改刀切片，虎虾煮熟过冰水冷却后摆入盘中。

5 加入剩余装饰物进行点缀，放入干冰，营造菜肴整体氛围。

刺身8

原料

多宝鱼、三文鱼。

装饰物

青柠檬、水果黄瓜、紫苏叶、鲜花、粽叶花、板车。

操作过程

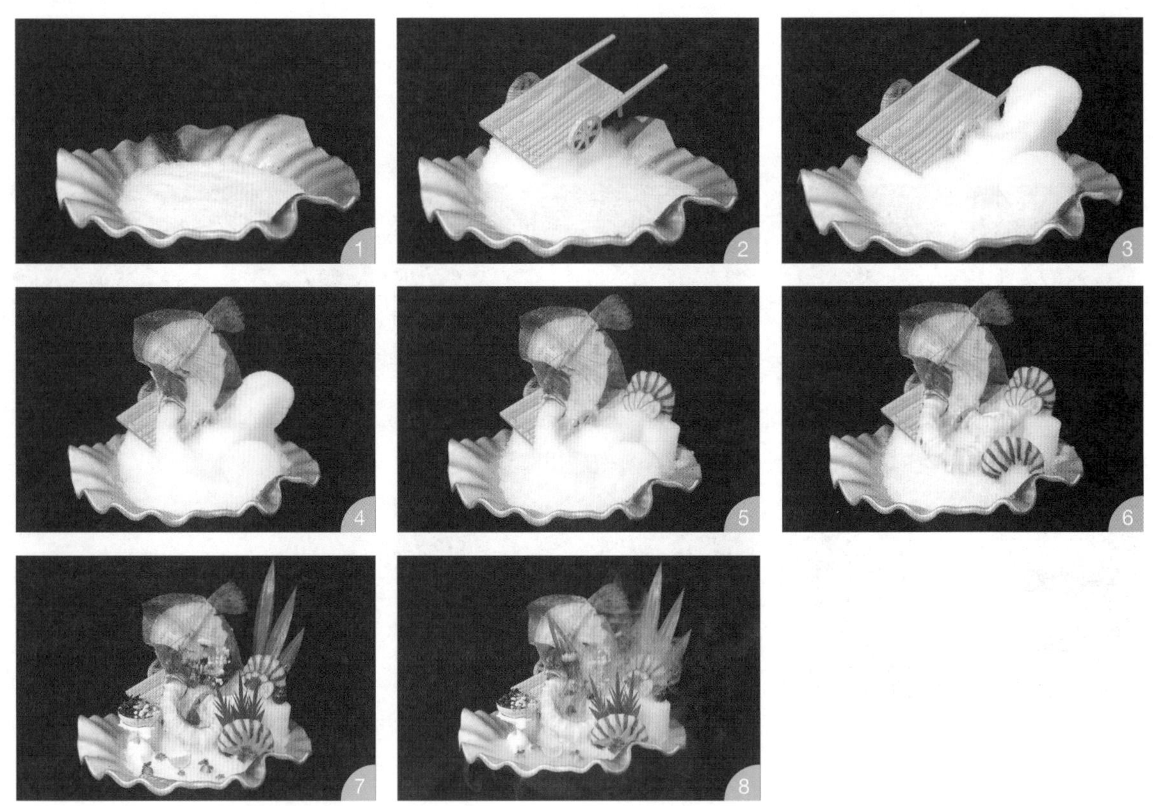

1 将碎冰铺满冰盘；青柠檬、水果黄瓜提前改刀切片备用。用碎冰塑出斜坡大形。

2 将板车摆放在斜坡上进行固定。

3 使用碎冰塑出侧边凸起。

4 将多宝鱼进行改刀，将鱼身固定到板车上。

5 侧边摆上处理好的多宝鱼片。

6 用同样方法将多宝鱼片整齐地摆在冰柱上。

7 摆上柠檬片、黄瓜片、紫苏叶、鲜花、粽叶花等进行装饰点缀。

8 放入干冰，营造菜肴整体氛围。

刺身9

原料

青石斑鱼。

装饰物

柠檬、粽叶花、小番茄、胡萝卜片、竹梯、竹篱笆、花瓶。

操作过程

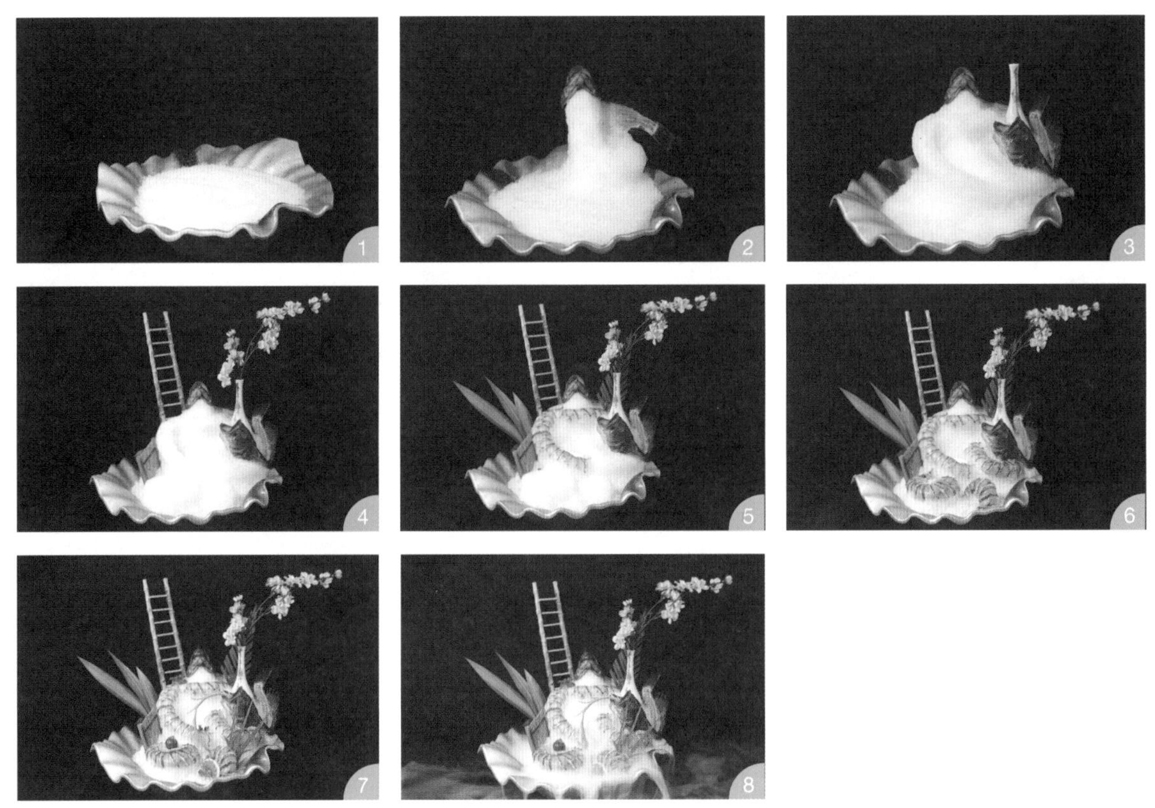

1　盘中铺入碎冰。
2　使用碎冰塑出冰柱。
3　青石斑鱼改刀剔除鱼肉，将石斑鱼身体摆在冰柱上，进行固定。
4　使用碎冰塑出环状阶梯，用同样方法摆放另一条石斑鱼。
5　摆入竹梯、竹篱笆进行装饰。
6　将鱼片整齐摆入盘中，摆入粽叶花进行装饰点缀。
7　摆入柠檬、胡萝卜片等进行装饰点缀。
8　放入干冰，营造菜肴整体氛围。

刺身10

原料

东星斑。

装饰物

竹梯、柠檬片、鲜花、小番茄。

操作过程

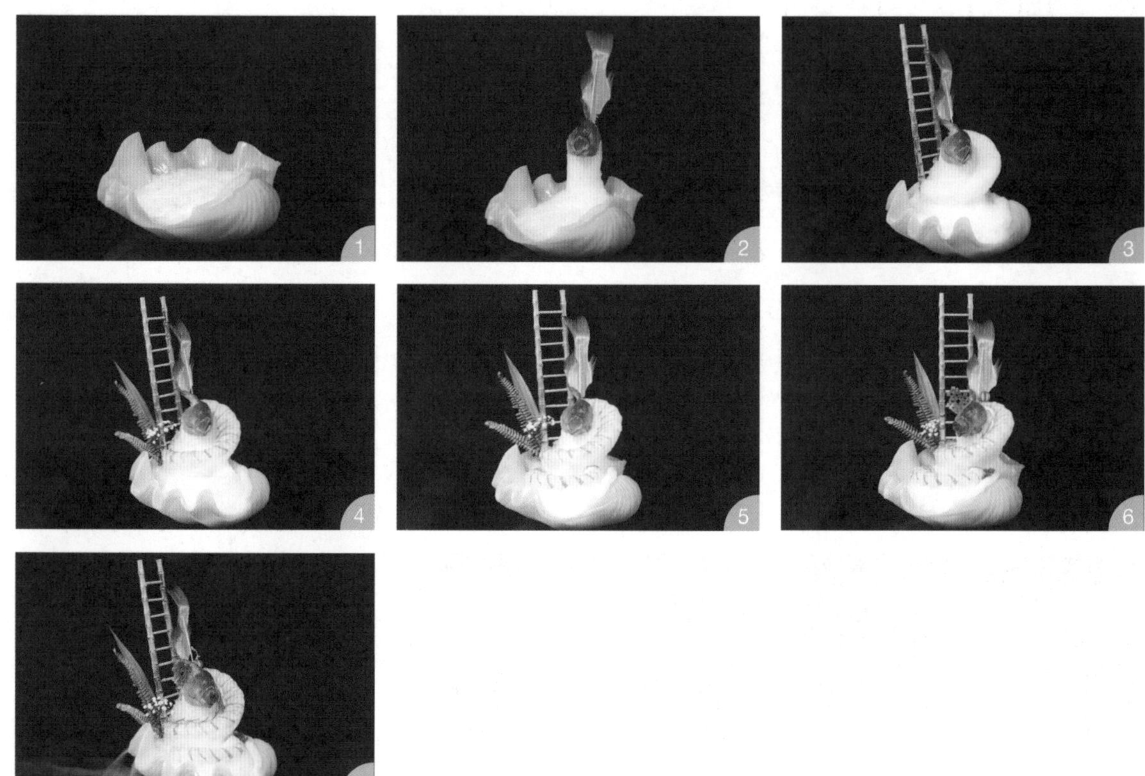

1 将碎冰铺满冰盘。
2 使用碎冰塑出冰柱，东星斑改刀剔除鱼肉，将东星斑鱼身体固定在冰柱上。
3 使用碎冰塑出螺旋阶梯，侧边插入竹梯。
4 将鱼片整齐摆在阶梯表面，摆上花草进行装饰。
5 用同样方法摆入剩余鱼片。
6 放入柠檬片、小番茄等进行装饰。
7 放入干冰，营造菜肴整体氛围。

刺身11

原料

北极贝、鲍鱼、三文鱼、红希鲮鱼、黄希鲮鱼。

装饰物

紫苏叶、心里美萝卜、橙子、茶漏。

操作过程

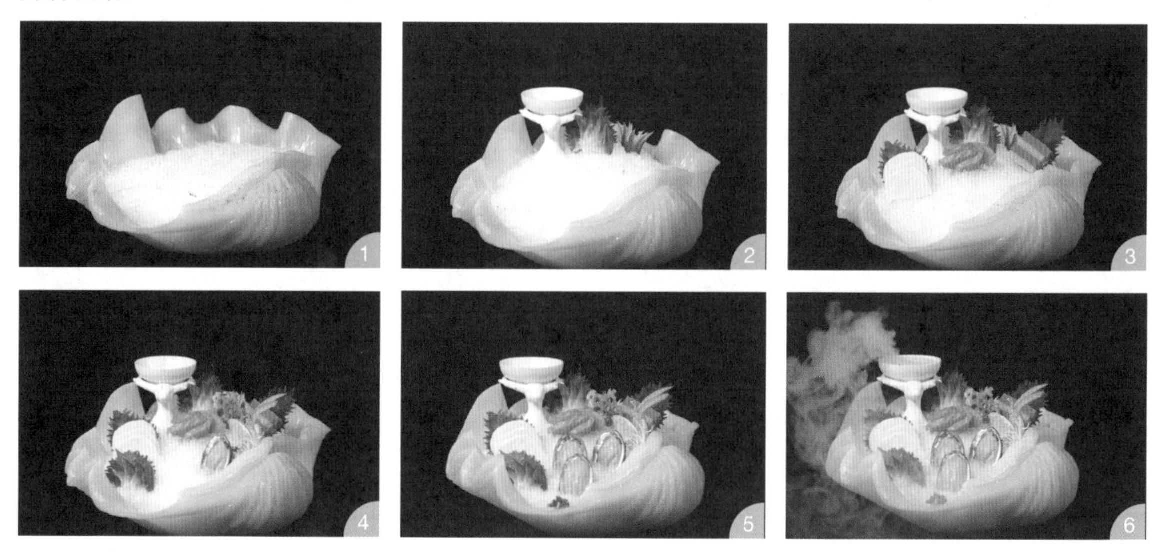

1　将碎冰铺满冰盘。
2　碎冰表面铺上紫苏叶，摆上北极贝，侧边摆上茶漏进行装饰。
3　将三文鱼、红希鲮鱼、黄希鲮鱼改刀切片摆在碎冰表面。
4　鲍鱼处理干净进行改刀处理，摆入盘中，将心里美萝卜、橙子等改刀处理，摆入盘中进行装饰点缀。
5　用同样方法将剩余鲍鱼改刀摆入盘中。
6　放入干冰，营造菜肴整体氛围。

刺身12

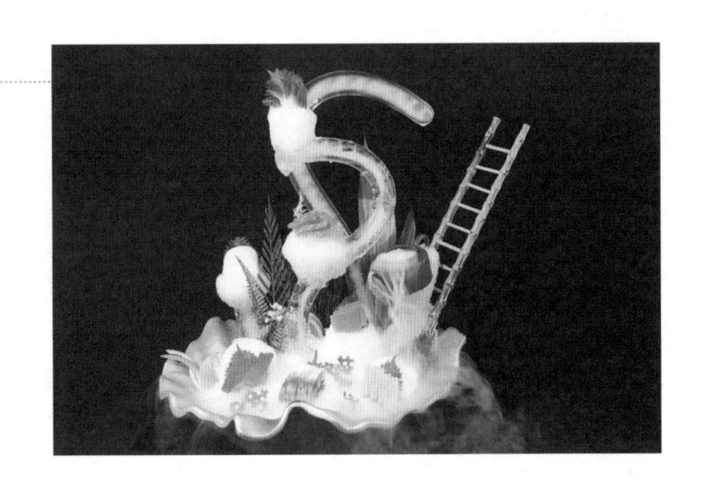

原料

北极贝、三文鱼、金枪鱼、红希鲮鱼、黄希鲮鱼。

装饰物

紫苏叶、橙子、茶壶、竹梯。

操作过程

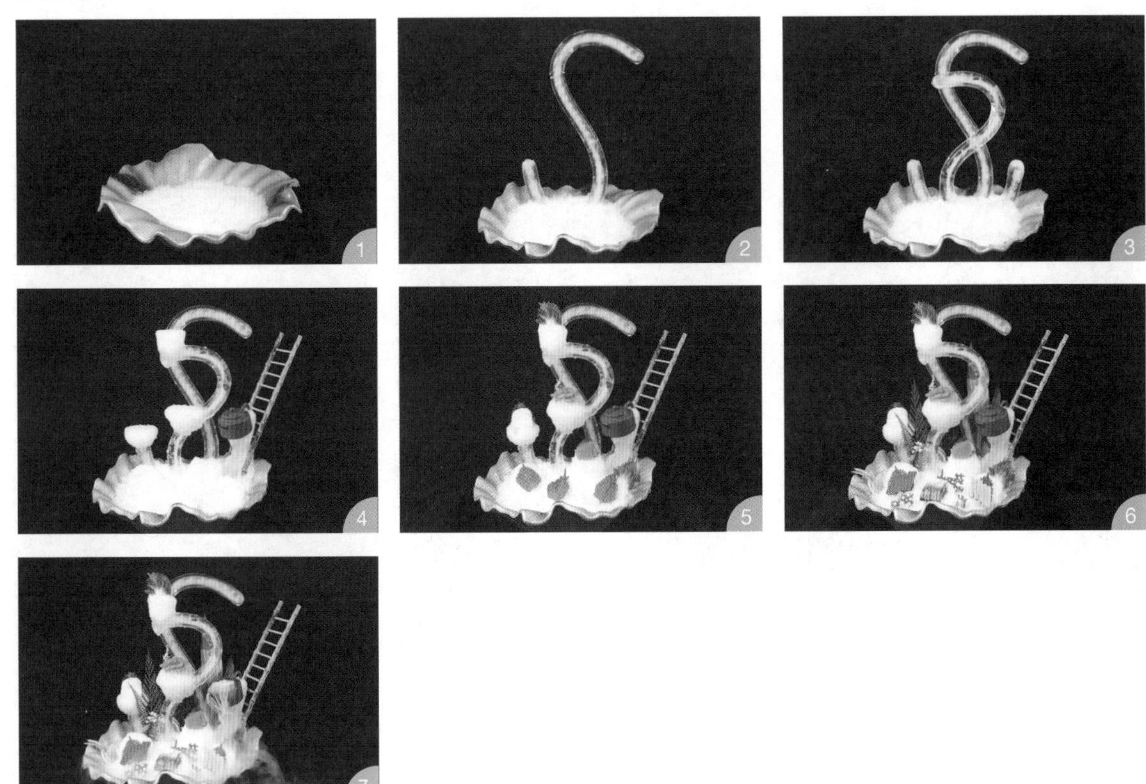

1 盘中铺入碎冰。

2 使用模具提前做出“S”形冰块，摆入盘中。

3 用同样方法交叉摆入另一“S”形冰块。

4 用碎冰塑出冰柱，将茶壶、竹梯固定。

5 “S”形冰块表面塑出小冰柱，碎冰表面铺上紫苏叶，将三文鱼片等摆在紫苏叶表面。

6 红希鲮鱼、黄希鲮鱼改刀切片整齐拼摆。

7 放入干冰，营造菜肴整体氛围。

（四）刺身赏析

第三节　冷菜的调味技艺

民以食为天，食以味为先。人们对食物的选择和接受，关键在于味。味是中国菜肴的灵魂，也是评价菜肴质量的一个重要因素。调味工艺是指运用各种调味原料和有效的调制手段，使调味料与调味料之间及调味料与主配料之间相互作用，协调配合，从而赋予菜肴一种新的滋味的过程。

一、冷菜调味的意义与作用

（一）味和味觉

1. 味的含义

“味”字顾名思义，不熟悉的食品经过口即有了“味”。这就告诉人们，味的主体是人，只有人才赋予食品各种各样的感受，即产生了“五味调和百味香（鲜）”“以味媚人”“食无定味，适口者珍”“民以食为天，食以味为先，味以香为范”“心以味为乐”“目以色为食，耳以声为食，舌以味为食”“味乃食品之星形”“千人千味”“百人百味”“不同的人有不同的味”等各种各样的说法。

“味”的含义广泛而深远，这里所指的“味”主要是指菜肴在人口腔内的感觉。据统计，味的种类多达5000余种。但概括起来，不外乎两大类，即单一味和复合味。单一味又称单纯味或母味，是最基本的滋味。从味觉生理的角度看，公认的单一味只有咸、甜、酸、苦4种。现在有人证实，鲜味也是一种生理基本味。我国习惯上把食物在口腔内引起的与味觉相关联的辣与涩也作为单一味；从烹调的角度看，一般有咸、甜、酸、鲜、辣、麻等6种。涩和苦，人们通常不太喜欢，在调味中应用不多或根本不用，所以排除在外。麻，在菜肴滋味中时有出现，故将之列入。

复合味，也称多样味，是指两种或两种以上的单一味组合而成的滋味。复合味是菜肴的根本味道，每一款菜肴都是复合味的充分体现。

2. 味觉及其特性

味觉又称味感，是某些溶解于水或唾液的化学物质作用于舌面和口腔黏膜上的味蕾所引起的感觉。近代生理科学研究指出：菜肴的各种味感都是呈味物质溶液对口腔内的味感受体的刺激，通过收集和传递信息的神经感觉系统传导到大脑的味觉中枢，经大脑的综合神经中枢系统的分析处理而产生的。

味觉具有灵敏性、适应性、可融性、变异性、关联性等基本性质。它们是控制调味标准的依据，也是形成调味规律的基础。

（1）味觉的灵敏性指味觉的敏感程度，由感味速度、呈味阈值和味分辨力3个方面综合反映。

（2）味觉的适应性是指由于持续某一种味的作用而产生的对该味的适应，如常吃辣而不觉辣，常吃酸而不觉酸等。味觉的适应有短暂和永久两种形式。

（3）味觉的可融性是指数种不同的味可以相互融合而形成一种新的味觉。

（4）味觉的变异性是指在某种因素的影响下，味觉感度发生变化的性质。所谓味觉感度，指的是人们对味的敏感程度。味觉感度的变异有多种形式，分别由生理条件、温度、浓度、季节等因素所引起。此外，味觉感度还随心情、环境等因素的变化而改变。

（5）味觉的关联性是指味觉与其他感觉相互作用的特性。在所有的其他感觉中，嗅觉与味觉的关系最密切。

（二）冷菜调味的作用

调味就是把菜肴的主、辅料与多种调味品适当配合，使其相互影响，经过一系列复杂的理化变化，去其异味，增加美味，形成各种不同风味菜肴的过程。调味是菜肴制作的关键技术之一，只有不断地操练和摸索，才能慢慢地掌握其规律与方法，并与火候巧妙地结合，烹制出色、香、形、味俱好的佳肴。调味工艺的作用主要表现在以下方面。

1. 确定和丰富菜肴的口味

菜肴的口味主要是通过调味工艺实现的，虽然其他工艺流程对口味有一定的影响，但调味工艺起着决定性作用。各种调味原料在运用调味工艺进行合理组合和搭配之后，可以形成多种多样的风味特色。

2. 去除异味

有些原料带有腥味、膻味或其他异味，有些原料较为肥腻，都必须通过调味才能除去或减少菜肴的腥与腻等。如一般用姜、葱、芹菜及红辣椒等除去鱼的腥味，用葱、姜、甘草、桂皮、绍酒等去除羊肉的膻味。

3. 提鲜佐味

有的菜肴原料营养价值高，但本身并没有什么滋味，除用一些配料之外，主要靠调味料调味，使之成为美味佳肴。

4. 杀菌消毒

有的调味料具有杀灭或抑制微生物繁殖的作用。如盐、姜、葱等调味料，就能杀死微生物中的某些病菌，提高食品的卫生质量。食醋既能杀灭某些病菌，又能保护维生素不受损失。蒜头具有灭杀多种病菌的功能和增强维生素B_1功效的作用。

二、冷菜调味的基本原理

（一）溶解扩散原理

溶解是调味过程中最常见的物理现象，呈味物质或溶于水（包括汤汁），或溶于油，是一切味觉产生的基础，即使完全干燥的膨化食品，它们的滋味也必须等人们咀嚼以后溶于唾液才能被感知。溶解过程的快慢和温度相关，所以加热对呈味物质的溶解是极为有利的。

有了溶解过程就必然有扩散过程，所谓扩散就是溶解了的物质在溶液体系中均匀分布的过程。扩散的方向总是从浓度高的区域朝着浓度低的区域进行，而且扩散可以进行到整个体系的浓度相同为止。在调味工艺中，码味、浸泡、腌渍及长时间的烹饪加热中都涉及扩散作用。调味原料扩散量的大小与其所处环境的浓度差、扩散面积、扩散时间和扩散系数密切相关。

（二）渗透原理

渗透作用的实质与扩散作用颇为相似，只不过扩散现象里，扩散的物质是溶质的分子或微粒，而渗透现象进行渗透的物质是溶剂分子，即渗透是溶剂分子从低浓度经半透膜向高浓度溶液扩散的过程。在调味过程中，调味物质通过渗透作用进入原料内部，同时食物原料细胞内部的水分透过细胞膜流出组织表面，这两种作用同时发生，直到平衡为止。加热可以提高调味物质的扩散作用，机械搅拌或翻动可以增加调味物质的扩散面积，从而使渗透作用均匀进行，达到口味一致的目的。

（三）吸附原理

吸附即某些物质的分子、原子或离子在适当的距离以内附着在另一种固体或液体表面的现象。在调味工艺中，调味料与原料之间的结合，有很多情况就是基于吸附作用，诸如勾芡、浇汁、调拌、粘裹，甚至撒粉、蘸汤、粘屑等，几乎都和吸附作用有一定的关系。当然，在调味工艺中，对于吸附、扩散、渗透及火候的掌握是密不可分的。

（四）分解原理

烹饪原料的某些成分，在加热或生物酶的作用下，能发生分解反应生成具有味感（或味觉质量不同）的新物质。例如，动物性原料中的蛋白质，在加热条件下有一部分可发生水解，生成氨基酸，能增加菜肴的鲜美滋味；含淀粉丰富的原料，在加热条件下，有一部分会水解，生成麦芽糖等，可产生甜味；某些瓜果蔬菜在腌渍过程中产生有机酸，使它们产生酸味。另外在加热和酶的作用下，食物原料中的腥、膻等不良气味或口味成分，有时也会分解，这样在客观上也起了调味的作用，改善了菜肴的风味。

（五）合成原理

在加热的条件下，食物原料中的小分子量的醇、醛、酮、酸和胺类化合物之间起合成反应，生成新的呈味物质。这种作用有时也会在原料和调料之间进行，合成时涉及的常见反应有酯化、酰胺化、羰基加成及缩合等，合成产物有的会产生味觉效应，更多的是嗅觉效应。

三、冷菜调味的基本程序与方法

在冷菜的制作调味过程中，一般以冷菜加热制熟中调味为中心构成三阶段程式：即前期调味、中程调味和补充调味。

（一）前期调味

前期调味就是在冷菜原料调味制作的前期，运用添加调味品，来达到改善原料的味、嗅、色泽、硬度以及持水性品质的过程，这在餐饮行业中称之为“基础调味”“基本调味”或“调内口”“调底口”等。

前期调味主要运用于拌、腌等手法对冷菜原料进行腌渍，通常由几分钟到数十个小时或更长时间。一般来说，在1h以内的为短时腌渍，在1h以上的为长时腌渍。

长时腌渍指腌渍时间超过1h者，其作用是让盐、糖等调味料渗透进入冷菜原料的内部，降低其水分活度，提高渗透压，借助微生物的活动与发酵，抑制腐败菌的生长与繁殖，从而防止冷菜原料的腐败变质，保持冷菜的食用品质，同时，形成具有腌腊特性的特有风味。腌腊品的用盐量一般在10%以上，许多卤制品也可以长时腌渍，但考虑到后面还需要加热调味，其用盐量般小于3%，通常为1.5%～2%。

短时腌渍指腌渍时间在1h以内者，主要是对加热前的冷菜原料进行风味改善与肌理改善，如冷菜中的卷类菜肴用作粘合作用的蓉（鸡蓉、鱼蓉、虾蓉等）、糕类菜肴（三色鸡糕、白玉鱼糕、双色虾糕等）以及需要上浆、挂糊的软熘、脆焗类等原料都需要前期调味，以达到去腥味、提高原料的水化性等目的。对采用炸、烤、蒸、煎等冷菜制作方法在加热过程中不能调味的菜品，短时腌渍的前期调味尤为重要，是形成这些冷菜风味特色的主要因素之一。不仅如此，对一些冷菜原料的前期调味，还可以有效地改善其组织性能，如在制作酥烤鲫鱼、五香熏鱼等冷菜时，对鱼进行适当的前期调味（用盐或酱油短时腌渍），可以加强鱼皮的弹性，也可以使鱼肉更加紧密，从而使之在炸、煎、烤、烧等加热之时，不会因为遇热收缩过快而破损和散碎；对虾仁、鱼丝、鱼片等原料采用前期调味则还可以增加其嫩度。

在餐饮行业中，通常将主要用盐的调味方式称为腌（包括以咸为主的其他腌剂，如酱油、酱品等），将随后经过长时间风干或熏干的通称腌熏制品，如咸鱼、腊肉、风鸡、香肠、板鸭等；经过长时间腌渍后加热调味的称为卤制品，如五香牛肉、水晶肴肉等；以糖为主的叫糖渍（包括蜂蜜），常见的冷菜品种有蜜渍番茄、糖渍雪梨等；以醋为主的叫醋渍，如醋渍萝卜条、醋渍黄瓜、醋渍生仁等。

前期调味以长时腌渍最具有独立的调味意义，用盐量依据食用方法而不同，直接食用的为3% ~5%，风、晒保藏则需要在12.5%以上。一般来说，用于腌腊加工的溶液浓度应高于细胞内可溶性物质的浓度，这样水分就不再向细胞内渗透，而周围介质的吸水力却大于细胞，原生质内的水分将向细胞间隙转移，于是原生质紧缩部分脱水，这种现象叫"质壁分离"，质壁分离的结果就是微生物停止生长、繁殖活动，其溶液称之为"高渗溶液"。可见，腌腊制品在温度与剂量方面需要严格控制，这与腌渍速度与渗透压有密切的关系，剂量大、温度高，渗透压就大，速度也就快，在相等盐剂量条件下，温度每增加1℃，渗透压就会增加0.3%~0.35%。一般来说，腌渍以低于10℃为宜，如果温度高于30℃，则原料在未腌透之前，常常会出现腐败现象。将腌渍品上下翻缸就是为了调节温度，使腌渍过程达到均匀渗透的目的。

当盐溶液的浓度在1%以下时，微生物的生长不受任何影响，在1%~3%时大多数微生物的生长受暂时的抑制，当浓度达到10% ~ 15%时，大多数微生物完全停止生长。各种微生物对盐溶液浓度的反应并不相同，如酵母菌、变形菌是10%，乳酸菌为13%，黑曲菌是17%，腐败菌为15%，青霉菌是20%。在一些腌腊制品中加糖能改善风味，糖的种类和浓度能决定加速或者停止微生物的生长作用，如果单纯用糖溶液，浓度在50%以上会阻止大多数酵母的生长，当达到65% ~ 85%时才能抑制霉菌的生长。

对腌腊制品的加工，一般要将盐、糖、酒、香料、辛辣料、助鲜剂、发色剂和致嫩剂等配置成混合剂使用，依据腌渍时的干、湿程度，有干腌渍、湿腌溃与混合腌渍三种方法。

1. 干腌渍法

干腌渍法是将腌渍剂直接干抹或揉擦在原料上，使原料中的苦涩异味或血腥之水析出，然后风干形成腌腊风味。在采用干腌渍法制作过程中，应特别注意将腌渍混合剂干抹（或揉擦）在原料上时要均匀擦透和擦遍原料的每一个部位，否则会导致原料腐败臭变。干腌渍的原料一般不需要洗涤，若洗涤，一定要将水分晾干，表面生水过多容易使原料变质，明显影响腌渍制品的质量。如特色冷菜中的干风黄鱼、风鸡、板鸭、五香萝卜干、糖醋白菜等，就是采用干腌渍法制作的。

2. 湿腌渍法

湿腌渍法就是将原料直接浸入腌渍溶液中进行腌渍的一种方法。它能有效地防止原料因过分脱水而产生的干、老、硬、韧等不良口感，湿腌渍法之所以能有效地保持原料的鲜、脆、嫩等质感，是由于在腌渍过程中，原料在脱水的同时又吸入新的水分，从而保持了原料内含水量的动态平衡。如酸辣渍藕片、醉蟹、咸鸭蛋等就是采用这一方法制作而成的。

3. 混合腌渍法

混合腌渍法就是将原料先干腌然后再湿腌的二次腌渍法。混合腌渍法是比较精细腌渍的一种方法，能较好地实现干、湿两种方法分别达到的效果，并能很好地实现原料内外口味的一致性。一般来说，用于第二次腌渍（湿腌渍）的混合腌渍剂是具有“陈卤”性的风味物质或是浆状混合酱制剂，这使冷菜的风味更为纯正和醇厚。因此，高品位卤水冷菜都需要二次“陈卤”的腌渍过程，如盐水鸭、盐水鹅、酱莴笋、卤水牛肚等即是。

（二）中程调味

中程调味即在冷菜加热过程中的调味，是很多冷菜调味的主要阶段。该阶段的调味最具变化，更趋复杂。

1. 中程调味的作用

在冷菜加热过程中调味，有利于各味之间的分解、渗透、复合的反应，从而确定冷菜口味的主要特征。据实验反映，一块4cm×4cm的方块肉在常温酱油中浸泡，很难使其内部具有咸味，如果将酱油加热至80℃，半小时左右便可使咸味渗透到肉块内部，这说明通过加热不仅能使呈味物质渗透速度加快，还能促使更多的化合物生成，从而决定了融合口味的复杂性和协调性，不仅如此，热量能增加味感震动频率，使味觉感受强烈，达到呈味的最佳效果。

2. 中程调味的方法

在冷菜加热过程中调味，并不是草率的、随便的或是盲目的，而是应该具有目的性、程序性、规律性和可控制性。一般来说，质地需要软、细、嫩、脆、滑等的冷菜加热快，其调味速度也快，需要调味简洁明了，一次性完成；而对酥、烂、软、糯、浓、厚等特质的冷菜，加热慢，其调味速度也慢，有的需要分层次进行。

（1）一次性速成调味与兑汁　将所有使用的调味料预制成混合调味剂，在加热时一次性投入达到定味成形的方法，是一次性调味。这一方法在冷菜的制作中虽然并不普遍，但还是有的，如预制卤水的调味就是按这种方法进行的。

卤水的调味是将预熟的冷菜原料再经过卤制达到预期的目的，一般来说，卤水中含有十余种甚至几十种调味料，鲜香馥郁，越陈越好，将原本无味的预熟的冷菜原料浸置其中，小火慢煮，使之吸附渗透达到入味。因此，卤水实际具有调味合剂的意义。由于预熟的冷菜原料已没有血水等杂物污染卤水，使卤水能较好地保持清醇浓厚的味感，以致卤制调味一次成功，无须再做过多的添加，因此，在冷菜原料加热过程中，卤水具有一次性调味的实质。

从卤水制品制作的本质来看，卤水是一种特殊的“兑汁”，预制时需要长时间加热以使香料浸出，对冷菜原料预熟加热的时间也稍长，这是因为要完成卤水中的呈味物质对原料内部的浸透过程，因此，加热时需要用小火或微火，这是味逐渐渗透所必要的，也是卤水的风味能得到最大程度保存的原因所在。如果用旺火，欲速则不达，其风味会被破坏殆尽。

（2）多次性程序化调味　在冷菜加热过程中具有两次以上投放调味料的调味方式就是多次性程序化调味。一般来说，在一个具有复杂调味程序的冷菜制作过程中，投放调味品的次数达3次或更多，但这种投放的行为并不是盲目的、无意识的，而是由客观条件限制的，具有阶段性意义。正常情况下，在一个完整加热调味程序中，具有明显不同作用与目的的三个过程。

首先是去臭生香，就是在加热初期的煎、煸、炸、焯、烤、氽等的预熟加工中，加入一定数量的料酒、葱、姜等香辛料以及一些非主流性的调味料，其目的就是去除异味、提炼香味，为冷菜具有纯正完美的风味奠定基础，犹如建筑中的基础工程。

其次是确定主味，当前期调味工作完成以后，在恰当的时机分别投入主流调味料，旨在基本上确定冷菜口味的主题特色，决定其味型，犹如建筑中的主体框架结构。

最后是装饰增香，就是在冷菜的加热即将完成时进行对冷菜风味的进一步完善加工，再次强化主体味型、美化前味的过程。这一阶段主要运用些容易挥发或不耐光和热，但具有明显增强、辅助或补充美化主体味型作用的调味品，如鲜味剂、酸味剂、香味油等，其目的是使冷菜的味道更为完善，具有完美的味觉、嗅觉质构，具有装饰性调味的意义，犹如建筑工程中的粉饰效果。当然，这种分层次分批的调味料的投放是由各种调味料自身的理化性能所决定的。

（三）补充调味

补充调味就是当冷菜被加热成熟后再一次进行调味的一种形式。这种调味的性质是对冷菜主味不足的补充，也可以叫追加调味，如“干切牛肉”上桌之前浇些香油、醋、辣椒酱调制的复合调味汁，“变蛋”改刀装盘后淋浇香醋、香油等即是。依据不同冷菜的性质特征，在炝、拌、烤、蒸、氽等制作方法中，对冷菜不能或不能完全调味者需要加热后补充调味，以实现冷菜调味的完美。在冷菜的制作过程中，补充调味常以和汁淋浇法、调酱涂抹法、干粉撒拌法、跟碟蘸食法等方法进行。

1. 和汁淋浇法

淋浇法就是将已经“成熟”的冷菜经过切配装盘后，补充调入所需要的调味品制成味汁，再重新淋浇在冷菜之上。这一方法的运用，主要是保持冷菜清鲜爽利的风味特色，多运用于炝、拌、烫类冷菜，如炝腰片、烫干丝、拌双笋、葱油海蜇等。

2. 调酱涂抹法

将经过煎、炸、烤等方法制熟的冷菜，再涂抹上预先调制的类似糊酱的调味品，如南乳酱、甜面酱、沙拉酱、苹果酱、芝麻酱等。这种方法在冷菜调味制作中的运用也非常广泛，如特色冷菜葱烤鳗鱼、果味鱼条、西式鸡翅等。

3. 干粉撒拌法

干粉撒拌法是将所需干性粉粒状调味品撒在已经加热制熟的冷菜上，经拌匀入味的一种方法，如花椒盐、糖粉、芝士粉、椒味盐、胡椒粉等，主要是突出冷菜的干、香、酥脆或外脆里嫩的爽朗风格。

4. 跟碟蘸食法

跟碟蘸食法是将所用的调味料装在调味碟中。随冷菜一起上桌，由客人自己蘸食的一种方法。在现在的就餐形式中，冷菜采用跟碟蘸食法进行调味制作的形式极为普遍，所能使用的调味品多种多样，其形式也是丰富多彩，有一味一碟的，也有多味一碟的，还有多味多碟的，形式最为灵活多变，完全可以满足客人不同的口味需求，有时还可以随客人的特殊需求自行调制。所用的调味料几乎包括液体、固体、半固体和单一味、复合味等全部范畴。

四、调味过程中味碟的选用

味碟，也称蘸水、跟碟，通常是指跟随菜肴上桌，用以调和口味、增加风味的单一调味品或复合调味品。味碟的制作方法很简单，关键在于选料和菜肴搭配。有的菜肴为了让装盘美观，故没有底味，也不淋味汁，如眼下流行于各地的跳水系列菜、刺身菜等，味碟就不可少；有的菜肴甚至要跟几个不同味型的味碟，以便顾客各取所需；此外，有的味碟还能与菜肴主料性味互补。

（一）生吃味碟

近年来，海鲜生吃之风甚是流行，厨师们也用不同的调辅料调制出了不同味型的味碟，沙律酱、腐乳酱、辣椒酱，连野山椒、青红辣、洋葱、菜汁、果汁、茄汁等都被用来调制生吃味碟。

（二）自助式味碟

虽然厨师在味碟的调配上煞费心机，但顾客仍然感觉有些被动。于是有机灵的厨师给某些菜肴跟上两个或两个以上的味碟，这样，顾客便可根据自己的口味嗜好去选择蘸食了，还有的干脆就将各种调辅料分别装碟上桌，让客人自己去随意调配喜好的味碟。比如当下，就有的火锅店把精盐、味精、香油、蚝油、腐乳、辣椒酱、辣椒面、花椒面、红油、葱花、香芹米、香菜末、蒜蓉等调辅料全部端上桌去，由客人自行调配。

这种自助式味碟，打破了传统味碟的沉闷格式，给客人更多的自主性选择，食用起来当然更有情趣。

（三）火锅味碟

如今火锅市场异常火热，各种各样的火锅竞相登场，它们不仅在形式和品种上花样百出，对应所配之味碟也算是别出心裁，如今的火锅味碟已由单调的香油味碟变得个性化起来。如鲍鱼火锅的小米辣味碟，跳跳鱼火锅的辣椒酱味碟……甚至有的火锅味碟更是用（几种香料和中药材秘制而成）选择好相配的味碟，确实更能突出火锅的特色。

火锅味碟的调制方法很多，有的用香油和蒜蓉调和即成；有的直接取火锅汤料上面的油脂，再配上蒜蓉、香菜末、葱花等，有的则用的是秘制味碟。

（四）煎炸菜味碟

酥炸、软炸、烤焗、香煎类菜肴，因为其表面一般都较酥脆焦香，故选配味碟时就要注意，不能破坏它们的质感，最好是选用干粉类味碟（俗称干碟子）或用较浓稠的膏状调味料调制的味碟，如吃烤乳猪跟淮盐和白糖粉，吃炸馒头跟炼乳，吃香煎银鳕鱼跟沙律酱，吃烤鸭跟甜面酱，吃煎萝卜糕跟麻香酱。

用于制作淮盐、椒盐、五香盐等干粉类味碟的精盐，要炒香研细后才能使用，因为这样才不会出现咸淡不均的现象，也才能够与菜肴的味感和质地相匹配。炒盐时，锅要洗净烧热后才下盐去翻炒；另外，炒至香黄且有响声时，才可用。现在，可用于制作干碟的原料很多，除传统的炒盐、花椒面、辣椒面、五香粉等以外，熟芝麻、酥黄豆粉、酥花生仁碎、酥桃仁粉、孜然粉、甘草粉等，都在应用。如现在制作的椒盐味碟，就不再是花椒面和炒盐的简单调和，而是加入了更多的香料进去。

五、冷菜常用复合调味品的调制

冷菜的味别众多，运用极为广泛，须根据菜肴原料的特点，季节的变换，食客的爱好，调味品的性质等正确运用，才能达到满意的效果。冷菜的调味基本上是由许多调味品组成的复合味，常见的有红油味、麻辣味、怪味、陈皮味、鱼香味、椒麻味、姜汁味、五香味、蒜泥味、芝麻酱味、糖醋味、茄汁味、咖喱味、芥末味等。下面介绍十七种，并列举部分操作过程，供试作运用。

红油味

用料

辣椒油45g、白糖10g、红酱油15g、白酱油15g、味精1g、香油5g、精盐0.5g。

具体操作

白酱油提鲜味定咸味，红酱油提色增香，辅助白糖和味提鲜，几种合之为咸甜味。红油要突出辣香味，重在用油，不宜太辣；味精提鲜，香油增香压异。先将白酱油、红酱油、白糖、味精、精盐溶化，再加入红油、香油调匀即成。

特点

色泽红亮、咸而略甜，兼具香辣鲜，四季均宜。

运用

红油味浓淡适中、咸甜鲜辣香兼具。一般用于拌冷菜，佐酒下饭均宜。所用菜肴原料都应是本味较鲜的，如鸡、肚、舌、肉类和新鲜蔬菜等。常见的菜肴有红油鸡片、红油三丝、红油豆干、红油肺片等。

椒盐味

用料

花椒20g、精盐10g、熟芝麻少许。

具体操作

先将精盐炒熟，捣成细末，花椒炒熟捣成细末，然后按照1∶2的比例（精盐1成，花椒末2成）配合，再撒些熟芝麻和匀即可。

特点

咸而香麻，四季均宜。

运用

椒盐味组合单纯。风格独特，佐以菜肴应是有咸味基础和本身鲜美的。一般用于冷菜中的软炸或酥炸类的菜肴。常见的菜肴有椒盐鲫鱼、椒盐酥虾、椒盐鸡翅、椒盐鱿鱼等。

注意事项

↘ 两者要磨细，现做现加工。

蒜泥味

用料

蒜泥25g、白酱油25g、红酱油25g、红油25g、味精1g、香油少许。

具体操作

应在咸鲜微甜的基础上，重用蒜泥并以红油辅助；突出大蒜味，再以味精调和之，香油增香。将白酱油、红酱油溶化调匀，加入味精、蒜泥、红油、香油调匀即成。

特点

蒜味浓郁，咸味鲜香，辣中带点微甜。

运用

蒜泥味最宜作下饭的菜肴调味，用于冷菜，在春夏季适用。常见的菜肴有蒜泥黄瓜、蒜泥肉片、蒜泥肚头等。

注意事项

↘ 红油和香油用量要适当，不要喧宾夺主。

椒麻味

用料

白酱油20g、葱15g、花椒1g、味精1g、香油15g。

具体操作

在白酱油、味精所组合的咸鲜味基础上，重用葱与花椒，突出椒麻味。先将葱与花椒铡为细末，与白酱油、味精、香油充分调匀即成。

特点

咸麻俱有，味带清香。

运用

椒麻味清淡鲜香，味性不烈。尤以调制下酒菜肴为上。用于冷菜，四季均可，风味别致。常见的菜肴有椒麻肚丝、椒麻鸡片、椒麻桃仁等。

注意事项

- 香油用量适当，以不压椒麻味为限。

怪味

用料

红酱油25g、白酱油10g、味精1g、芝麻酱15g、白糖20g、醋20g、香油10g、红油40g、花椒末1.5g、熟芝麻4g。

具体操作

怪味在各种调味品混合的基础上，表现出咸、甜、麻、辣、鲜、香、酸等味。先将白糖在红、白酱油内溶化后，再与醋、味精、香油、花椒末、芝麻酱、红油、熟芝麻充分调匀即成。

特点

各味兼具，风味别致。

运用

怪味，一般适宜调制本味较鲜的原料，用于下酒菜的制作，四季均可。常见的菜肴有怪味花生、怪味鱼、怪味鸡等。

白油味

用料

香油40g、味精2g、白酱油50g。

具体操作

此味中，白酱油定味提鲜，在此基础上，加味精除异提味增鲜，并重用香油，突出香味。将香油、味精、白酱油充分调匀拌入或淋入菜肴均可。

特点

本味浓郁，清淡香鲜。

运用

白油味清淡可口，香味浓厚。适宜拌鲜味较好的原料，如火鸡、肉等，四季均宜。常见的菜肴有白油豌豆、白油藕片、白油肉丝等。

注意事项

↘ 此味不宜同红油、麻辣、酸辣味相配合，否则相互抵消，令人口感不适。

芥末味

用料

精盐5g、白酱油15g、芥末粉15g、香油25g、味精1g、白醋3g、鲜汤20g、葱适量。

具体操作

芥末粉盛入碗内，冲入鲜汤调散，加盖捂起促使发酵之后，再加入精盐、味精、白醋、葱和香油调匀。此时，倒入容器中，加入调好的芥末汁拌和均匀，即可装盘供食。

特点

咸酸鲜香冲，清爽解腻。

运用

此味较清淡，咸酸鲜香并冲味兼有，清爽解腻，颇有风味；宜春夏两季运用，尤以下酒菜肴为好。

注意事项

↘ 白糖可加可不加，加时量要少，不可多。

麻酱味

用料

白酱油25g、芝麻酱50g、味精3g、香油15g。

具体操作

重用芝麻酱，突出其香味，香油、味精各司其职。将白酱油、味精、香油、芝麻酱调匀即成。

特点

咸鲜可口、香味自然。

运用

麻酱味香味自然，食用中有直接感觉，可配以本味鲜美原料。尤以制作下酒冷菜为上。常见的菜肴有麻酱青笋、麻酱蹄筋、麻酱凉粉、麻酱海参等。

注意事项

↘ 白酱油少用，味精可适当多用，以突出麻酱自然香味为宜。

麻辣味

用料

白酱油15g、红油50g、花椒末4g、味精3g、香油15g。

具体操作

白酱油咸中味鲜。在此基础上重用红油、花椒末，使麻辣味突出。香油用于增香。将白酱油、红油、香油搅匀，加入花椒末、味精搅匀淋入菜上即可。

特点

麻辣咸香，味厚不腻。四季皆宜，运用广泛。

运用

此味性烈而浓厚，用以拌制冷菜，四季均宜，与其他味型均可配合。常见的菜肴有麻辣鳝鱼、麻辣牛肉、麻辣牛尾、麻辣豆干等。

注意事项

↘ 香油用量不宜过大，否则压麻辣味。

姜汁味

用料

老姜25g、精盐5g、醋20g、香油10g、味精0.5g、冷鲜汤15g。

具体操作

在咸味的基础上，重用姜、醋、味精增鲜，香油提香，使姜醋味浓烈，酸而不辣，淡而不水。老姜洗净去皮切成细末，捶成蓉状，与精盐、醋、味精、香油调和而成。

特点

姜味浓郁，咸中带酸，清爽不腻，清鲜味香。

运用

姜汁味清淡，和诸味，与其他味均相宜，用于冷菜，尤适宜于春末、夏季、初秋应用，调制下酒菜最佳。常见的菜肴有姜汁芸豆、姜汁肚丝、姜汁凤爪等。

注意事项

↘ 味精使用量不宜过大；姜汁味颜色不能过浓。以不掩原料本色为佳。

糖醋味

用料

精盐3g、味精1g、白酱油10g、红糖50g、香油20g、醋40g，姜米、蒜米适量。

具体操作

净锅置火上。下入香油（10g），烧至三成热，放入姜米、蒜米炝出香气时，冲入沸水，加进红糖熬溶。即盛入一碗中，并加入精盐、味精、醋、酱油和剩余香油拌匀待用。

特点

味重酸甜，清爽可口。

运用

此味一般适用于各种冷菜。四季均可，但以夏季为佳。常见的菜肴有糖醋青豆、糖醋青椒、糖醋排骨。

注意事项

↘ 糖醋味过量易发生和味、解味作用。影响人的口味，菜品之间要安排恰当。

酸辣味

用料

精盐1g、白酱油20g、红油40g、醋20g、香油3g。

具体操作

精盐定味，酱油提鲜，辣味用量宜浓烈。醋也可多加，香油增香。先将白酱油、醋、精盐充分调匀，加入香油、红油即成。

特点

香辣咸酸，鲜美可口。

运用

此味香辣咸酸，但较清淡味鲜；与其他味配合均可，四季均宜；尤以夏末秋季为上。常见的菜肴有酸辣粉丝、酸辣萝卜丝、酸辣蒜薹等。

注意事项

↘ 咸味比一般菜肴高，不用胡椒。

糟味

用料

精盐2g、香糟汁100g、冰糖10g、味精2g、姜5g、葱5g。

具体操作

在配料中，精盐用于提糟味。用料以突出醪糟酒为主，去腥解腻，增添酒香。姜、葱除异增香，冰糖辅助甜味，将所有用料混合均匀即可。

特点

咸鲜清香，酒味浓郁。

运用

此味咸鲜清香，酒味醇郁，尤以夏秋季食用为宜。常见的菜肴有糟鱼、糟雀舌等。

注意事项

↘ 醪糟酒用量宜大。

五香味

用料

精盐8g、五香料（粉）15g、味精1g。

具体操作

精盐定味，味精提鲜，重用五香料（粉）。将原料放入制成的卤水中卤制或将调料加入烹调，熟后冷却。

特点

本味咸鲜，气味香浓。

注意事项

对一些味型如糖醋荔枝味等有压抑作用，运用时注意调节。

运用

五香味气味浓厚，最适用于秋冬之季，尤以佐酒凉菜为上。常见的菜肴有五香酱干、五香牛肉、五香熏鱼、五香花生仁等。

陈皮味

用料

精盐10g、干陈皮30g、干红辣椒5g、干花椒2g、白糖2g、味精1g。

具体操作

精盐定味，辣椒、花椒提高香辣味，白糖除异味。此味多用于动物原料冷菜，在烹制过程中如炸、卤、煎中加入用料成味。常见的菜肴有陈皮鸡、陈皮兔丁、陈皮牛肉等。

特点

陈皮芳香，麻辣味厚，略有回甜。

运用

本味香气浓郁而纯，常用于油炸后的原料佐味。四季均宜，做下酒冷菜最佳。

注意事项

↘ 花椒、干辣椒不宜多用，以免压陈皮自然味。

葱油味

用料

精盐4g、葱20g、香油5g、味精1.5g、菜籽油60g。

具体操作

精盐定咸味，在此基础上，重用葱油，突出葱的清香味。先将葱经过刀工处理，用七成热的菜籽油烫出清香味之后，与精盐、味精调匀，加入香油，拌或淋入菜肴即成。

特点

葱香浓郁，咸鲜清爽。

运用

葱油味清淡香鲜，可缓解一些浓烈之味，适用于夏秋季冷菜。常见的菜肴有葱油肚条、葱油黄瓜、葱油鸡丝、葱油甜椒等。

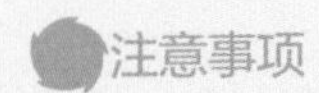

注意事项

↘ 盐的用量不宜过大。

酱味

用料

精盐2g、甜面酱20g、白糖6g、味精2g、香油20g。

具体操作

精盐定咸味，酱用量突出香味，味精、香油适量，糖少量，混合均匀即可。

特点

酱香浓郁，咸鲜带甜，四季均宜。

运用

四季皆宜，在冷菜中较为特殊。常见的菜肴有酱肉、酱鸡、酱豆干。

注意事项

↘ 甜面酱用量要大，糖少用。

六、卤水的配制、使用与保存

制作“卤水”的工艺称为制卤工艺。“卤水”是卤制菜肴必备的传热物料和复合调料。大部分卤水都是厨师自己熬制而成的。卤制成品风味质量好不好，卤汁起着很重要的作用。

（一）制卤的种类

卤水主要包括有“白卤水”“一般卤水”“精卤水”“潮州卤水”“脆皮乳鸽卤水”等。

（二）制卤的用料

各地卤水用料不一，主要包括花椒、八角、陈皮、桂皮、甘草、草果、沙姜、姜、葱、生抽、老抽及冰糖等。对卤汁质量影响最大的是香料、糖、盐和酱油的用量。香料过多，药味大，卤菜成品色黑；香料过少，而成品香味不足。食糖过多，成品“反味”；糖少时品味欠佳。食盐过多，除影响口味外，还会使成品紧缩干瘪；用盐过少，则成品的鲜香味不突出。酱油过多，成品色黑难看；酱油过少，则口味达不到要求。

（三）制作工艺

卤水最常见的分类是按颜色来划分的，分为红卤水和白卤水。

红卤水加入了酱油或糖色，成品带酱色，白卤水，成品保持了原料的本色，主料是香料、清水，不加一点酱油。在卤水的配比中，盐分的含量一般为卤水的4%，香料与水的比例一般为1∶20，占卤水的5%。

白卤水中的盐可直接套用以上比例，红卤水中由于加了生抽、酱油等，放盐要酌量减。有些酒店的精卤水中液体以生抽、酒为主，因为水的比例少，所以不用放盐，有些酒店卤水配比中水与生抽比例为（5∶5）~（7∶3）。

按地域划分，代表性的卤水有川味卤水和潮州卤水。

川味卤水是将几十种香料、药材以特殊配比下料，按照一定的操作手法、程序，将肉、鸡等原材料放入卤汁中，经由较长时间的小火焖煮，将食物煮至熟透且入味的料理方法。卤汁中多了中药材的芳香和肉鲜。特点是香气扑鼻，回味悠甜。

潮州卤水根据制作的精细程度可分为：一般卤水和精卤水。生抽占比一般在25%，另用老抽或炒糖色调色，还加入南姜（良姜），使卤水带有一股鲜美香气。不同的酒店有不同的潮州卤水配方，每种配方均包括鲜汤、香料、调味料、调色料、陈油。

1. 专业卤水配方

潮州卤水的配方有多种，这里选一例配方来说明。

原料

A料：清水25kg，生抽1kg，汤骨（鸡骨架，猪大骨均可），南姜1kg，香茅40g，香菜100g，八角50g，沙姜50g，草果50g，甘草100g，小茴香75g，桂皮10g，香叶25g，丁香25g。

B料：冰糖2500g，片糖2500g，精盐1500g，味精750g，绍酒500g，玫瑰露酒200g，蚝油500g，鱼露200g。

C料：生姜片150g，生葱150g，香菜100g，香芹100g，蒜100g。

D料：色拉油200g。

制作过程

将C料放入烧至七成热的D料色拉油中爆香出锅放入汤桶中，加入A料大火烧沸后转小火熬5h，待药材和汤骨出味后将骨头捞出不用，药材用纱布包起放回汤桶中，将B料加入汤桶中用小火煲20min，待冰糖和盐充分溶化后即可。

潮州卤水拼的原料一般有鲜鲍鱼（卤240min）、牛肉（卤180min）、牛肚（卤150min）、鹅翼（卤80min）、鹅掌（卤80min）、鸡蛋和卤水豆腐等。

2. 卤水的制作

（1）配制卤水时用料要齐备，否则将难以形成卤水特有的风味。

（2）为了使香料充分出味，可将香料先用小火焙香，再制成香料包。

（3）制卤水时要掌握好火候，一般采用中小火，以便各种用料充分熬出味。

（4）在卤水中要加入肥膘肉及蒜薹或蒜苗，这是为了使卤水更加油润和具有清香味，不过只在卤制原料时才加入，且需在原料卤制完后捞出。

（5）卤水制好后可以连续使用，但要妥善保存，以防变质。另外，卤水中的香料需每隔5～7d换一次，调料也需每5～7d添加一次。

（6）熬卤水、煮卤水、浸卤时不要盖盖子，否则卤水色泽会变暗，还会不易察觉卤水已滚而溢出浇熄炉火。

（7）卤水要专卤专用，不可混为一盆，如卤鸡、鸭、鹅、兔、猪肉、猪心、猪舌、蹄花为一类卤汁；鸭颈、鸭翅、鸭爪、鸭肠为一类（辛辣味较重）；豆制品、藕则为一次性卤水（含淀粉较多易变质）；肠、肚为一类卤水（腥味较重）。

（8）专人专管，口味标准化。卤水必须由专人负责，并制定相应的规章制度，每天添加的汤汁及卤汁原料的数量必须进行登记，以保持卤水的香味、香气的持久性，定期检查，防止变质。

3. 卤水的保存

卤制过动物性烹饪原料后，卤汁味道会更加鲜美。这是因为动物性原料中的可溶性风味物质在汤卤中不断增多，用这种卤汁卤制菜肴，菜肴味道会更鲜美。所以，饮食行业中流传有“百年老店，不如百年老卤锅”的说法。因此，卤锅汁液要科学保管。

凡是要放入卤锅中卤制的原料，都应先焯一道水，尤其是肠肚类异味重的可煮至八成熟时，捞起放入卤水锅中卤制。

卤完菜肴的卤水锅要煮沸放好，盖上盖子，离开高温环境，煮沸一次一般在24h内不会变质，用时再煮沸。也可在用完后，待冷却了，将卤水放入冰箱，下次取出再用。两种保管方法，都可保证卤水长久的使用。

4. 技术关键

（1）异味较重的原料，如牛肉、羊肉、动物内脏等，不要生卤，否则易串味坏卤。原料入锅前应先进行过油、焯水等初步熟处理，以尽量除去原料本身的血污及异味。

（2）调味香料的比例要恰当，不可投放颜色太黑或产出香味太浓的超量原料制卤。水和料的比例适宜。

（3）熬卤的盛器以不锈钢为佳，卤时要掌握好不同原料品种的成熟度和质量要求。

（4）卤汤以使用时间较长的老汤为好，新制的卤汤以熬制时间长一些为佳，最好加入一些老卤，以增强成品的醇厚感。随着卤汤使用时间的延长及次数的增多，应即时添加调料和更换料包，以保证卤的味道醇厚。

（5）卤水熬好后不立刻使用时应冷却后盖严，以防异物或生水混入引起卤水变质，并且要定时加热老卤。

第四节 冷菜的装盘技艺

一、冷菜装盘的基本要求

冷菜的装盘，除要求形态美观、色调鲜明外，还要十分重视保持食品的清洁卫生，同时在装好、配好的前提下，应注意节约原料，防止为了追求形式而造成原物料的浪费。

（一）清洁卫生

冷菜在食用之前一般不会再次加热，且易受细菌的污染，所以从冷菜制作到食用过程中，保证食物的安全卫生是首要前提。故在装盘过程中盛器需洗净、消毒。装盘时应使用专用食品夹、勺、筷，手最好不要直接接触食物。

（二）色彩和谐

冷菜的装盘在色彩调配上要求较高，不仅要求冷菜的外表优美，而且还要求其内容的丰富多彩。厨师在制作冷菜时，要根据要求从色彩的角度选择原料，并在拼摆时要合理巧妙地安排。这就要求制作者既要熟悉各类烹饪原料的本色，又要知道烹饪原料烹制后的变化，既能运用调味品改变原料的色彩，还应懂得各种冷菜的用色对比、明暗对比、冷暖对比、补色对比等，从而使制作出的整个冷拼色彩鲜艳、浓淡适宜、和谐悦目，给人以舒适愉快的感觉。

（三）刀工整齐

冷菜的刀工技术是决定冷菜装盘是否美观的主要因素，因此应根据冷菜的不同性质，巧妙地运用各种刀法，不论是丝、片、条、块都要求长短、厚薄、粗细整齐划一、干净利落，切忌有连刀现象。至于艺术拼盘，则需根据拼摆要求、所用原料、构思的图案、器皿的大小来决定所用的刀法。此外还要注意经过刀工处理的形状，以便于食用。

（四）拼摆合理

在制作各种类型的冷菜拼盘过程中，不仅要讲究刀技，注意色、香、味、型的搭配，更重要的是要注意菜肴的食用价值，切忌单纯追求拼摆形式，用些无味的食雕或生料来装饰，给人一种中看不中吃的感觉。拼摆的冷菜应形态优美、生动逼真、富有变化、色彩和谐、口味搭配恰当、符合营养卫生要求。

（五）盛器美观

在冷菜装盘时，一定要注意合理使用盛器，使盛器雅致美观，做到原料和盛器的色彩协调。盛器对于整个筵席冷菜的装盘外观都有较大的影响，拼摆时应掌握冷菜的数量与盛器的大小，切忌将原料装于盘边外。

（六）用料讲究

冷菜在装盘时要做到合理选料，使拼摆与用料形态相配。哪些用料可以作刀面料之用，哪些用料可以用来垫底、盖边等，一定要心中有数。对一些禽类的翅膀、爪、颈、内脏等也要做到物尽其用。

（七）制法多样

一桌筵席的冷菜拼盘形状要富有变化，给客人一种艺术享受，不可千篇一律、单调呆板。要运用多种刀法对原料进行加工，使原料形状各异，有块、段、片、条、丝、丁等，并运用不同类型的多变手法使每种拼摆主次分明、线条流畅，图案造型各异、赏心悦目，并且整组拼盘应比例得当，协调美观。

二、冷菜拼摆常用的手法和步骤

（一）冷拼拼摆的常用手法

冷菜的装盘是比较复杂的，拼摆的手法也多种多样，常用的拼摆手法有堆、排、叠、围、贴、覆等。

1. 堆

堆，就是将刀工处理过的或保持原形的小型原料堆放在盘中。可散堆，也可码堆。散堆的形态较自然，码堆具有一定的形状，一般呈多种立体的几何形。如塔形、三角形等。可用于普通单碟冷拼造型之中，如拌牛肉、拌莴苣丝、拌干丝、挂霜花生仁、卤汁面筋、拌双冬等。也可用于艺术性较高的冷拼造型之中，如春色满园、曲径通幽等，这些冷拼造型中形态逼真、惟妙惟肖的假山，就是用脆鳝或糖稀桃仁堆砌而成的。

堆的手法给人们以内容充实、饱满丰厚的视觉感受。堆的要求一般是底层大（但不要超过盘的内圆边线）、上层小，如宝塔形等。

2. 排

排，就是将加工处理的冷拼材料并列成行地装入盘中。排的手法大多针对较厚的方块或椭圆块状的冷拼材料，如蒜香酥腰、酱牛肉、腐乳叉烧等。根据冷拼材料的品种、色泽、形状、质地以及盛器的不同，又有多种不同的排法，有的适宜排成锯齿形，如火腿；有的适宜排成椭圆形，如“油爆虾”；有的适宜排成整齐的方形，也有的适宜逐层排，还有的适宜配色间隔排或排成其他式样。用排的手法拼摆的冷拼材料需要有整齐美观的外形。排具有易于变化、整齐美观、朴实大方的特点。

3. 叠

叠，就是将原料切成薄片后，一片压一片整齐有序地叠放在盘子里，也可在砧板上叠好后用刀铲放在已经垫底及围边的冷拼材料上，是一种比较精细的拼摆手法，以叠阶梯形为多，也可以叠出树叶形、梯形、桥形、马鞍形等多种形式。叠时要与刀工密切配合，随切随叠。

采用叠的手法进行拼摆的冷拼材料一般是不带骨的原料，如火腿、肴肉、香肚、猪舌、如意蛋卷、盐水鸭脯等。叠要求材料厚薄、长短、大小一致，且间隙相等、整齐划一，这样，装盘造型方可美观悦目。

4. 围

围，就是将切好的冷拼材料在盘中排列成环形。围能起到烘云托月、强烈对比的作用。具体方法有围边和排围两种。所谓围边，是指在中间主要冷拼材料的四周围上一层不同色彩的材料，这种手法可以使冷拼造型产生富有变化和对比的效果，如姜汁菠菜松的四周围一圈紫菜蛋卷即是。所谓排围，是指将冷拼材料层层间隔排围成花朵形，中间再缀以其他色彩的材料为花心。采用围的手法拼摆冷拼时，一定要注重冷拼材料之间色彩的搭配。

5. 贴

贴又称摆，就是运用精巧的刀工和多样的刀法，将多种不同质地、色彩的冷拼材料切配加工成一定的形状，在盘内按照构图设计的要求摆成冷拼造型的图案，如凤凰、孔雀、雄鸡等。

这种手法难度相对较大，对拼摆的技术要求比较高，需要有熟练的拼摆技巧和一定的艺术素养，才能将冷拼造型拼摆得生动活泼、形象逼真。

6. 覆

覆就是将冷菜原料整齐地排放在扣碗中，再翻扣在盘内或盘内垫底的菜上面。采用这一手法拼摆冷拼时，一定要把相对整齐、质佳的材料排放在碗底，这样倒扣入盘内的冷拼外形丰满圆润、造型整齐美观。

7. 扣

扣是将加工成形的原料整齐地排放在扣碗内，再反扣入碟，或将加胶质的原料入模具冻结后，再反扣入碟的手法，其选用的原料范围较广，以片、块、丝、丁、粒为多，如鸡丝、猪舌、虾仁、水果等。

（二）冷拼拼摆的常用步骤

一般冷拼拼摆步骤通常分为四个步骤，即垫底、围边、盖面、点缀。

1. 垫底

垫底，就是把刀工处理过程中修切下来的边角余料或质地稍次的原料垫在下面，作为装盘的基础。有些冷菜拼摆过程中表面图案变化较为简洁、明快，无须垫底。

元宝碟或花色拼摆需要垫底，垫底要按照拟定图案形状的雏形，要做到平整、服帖，为盖面成形打好基础。对艺术性较高的花式冷拼，由于这类冷拼对构图的完整性、造型的逼真性以及色彩搭配的协调性等方面的要求都比较高，因而，这种形式的垫底多选用比较细腻、柔软或可塑性较强的材料，如土豆泥、鸡丝、肉松、白萝卜丝、蛋松等。因此这些材料在堆码过程中相对比较容易塑造形象，同时也容易使造型轮廓清晰、平整而服帖，这样就为我们能顺利地进行冷拼拼摆的下一个步骤打下良好的基础。

2. 围边

围边也称码边，就是用切得比较整齐的原料，将垫底碎料的边沿盖上。围边的原料要切得厚薄均匀，围边时片与片、条与条之间的距离要匀称，并根据拼盘的式样规格等将边角修切整齐，否则会直接影响下一步的盖面和拼盘的线条。围边在拼装中起着承上启下的作用。

3. 盖面

盖面又称装面、封顶、装刀面，是将原料最优质部位切成最整齐、均匀的片、条、块等形状相叠后，一般用刀铲起托着盖在垫底的随料上面，并压住围边的原料一端，使整个拼盘显得格外整齐美观。一般来说，盖面是冷拼造型主体拼摆的最后一个步骤，它对冷拼造型质量的好坏起着决定性的作用，因此，要把冷拼材料中最精华的部分用于盖面，这样才能使技术性和艺术性得到充分地发挥。

4. 点缀

点缀，就是在拼装结束后，根据冷菜的特点要求，在冷拼适当部位放置一些可食的装饰菜品，如车厘子、香菜、黄瓜片、萝卜雕花等，做适当的美化，对整个拼盘起烘托和渲染作用。

三、冷菜装盘的类型及样式

（一）冷菜装盘的类型

冷菜的装盘有繁有简，种类可分为单盘、拼盘和花色拼盘三种类型。

1. 单盘

用一种菜肴装盘的称为单盘，它是最普通的装盘方法。装单盘的形式有的是两头低、中间高的桥形，也有的是馒头形、方印形等。

2. 拼盘

用两种以上菜肴装盘的称为拼盘。拼盘有双拼冷拼、三色冷拼、四色冷拼和什锦冷拼。

双拼，就是把两种不同的凉菜拼摆在一个盘子里。它要求刀工整齐美观，色泽对比分明或调和。其拼法多种多样，可将两种凉菜一样一半，摆在盘子的两边，也可以将一种凉菜摆在下面，另一种盖在上面；还可将一种凉菜摆在中间，另一种围在四周。

四拼的装盘方法和三拼基本相同，只不过增加了一种凉菜而已。四拼一般选用直径33cm的圆盘。四拼最常用的装盘形式是从圆盘的中心点将圆盘划分成4等份，每份摆上一种凉菜；也可在周围摆上三种凉菜，中间再摆上一种凉菜。四拼中每种凉菜的色泽和味道都要间隔开来。

五种或以上的凉菜拼摆在一个盘子里称什锦拼盘，一般选用直径38～42cm的大圆盘，是将四种凉菜呈放射状摆在圆盘四周，中间再摆上一种凉菜；也可将五种凉菜均呈放射状摆在圆盘四周，中间再摆上一座食雕作装饰。什锦拼盘要求外形整齐美观，刀工精巧细腻，拼摆角度准确，色泽搭配协调。什锦拼盘的装盘形式有圆、五角星、九宫格等几何图形，以及葵花、大丽花、牡丹花、梅花等花形。什锦拼盘不仅要装盘整齐，而且还要注意形式和色泽方面的搭配调和。在刀工方面的要求也比较细致。

3. 花色拼盘

花色拼盘也称象形拼盘、工艺拼盘，是经过精心构思后，运用精湛的刀工及艺术手法，将多种凉菜菜肴在盘中拼摆成飞禽走兽、花鸟虫鱼、山水园林等各种平面的、立体的或半立体的图案。花色拼盘是一种技术要求高、艺术性强的拼盘形式，其操作程序比较复杂，故一般只用于高档席桌。花色拼盘要求主题突出、图案新颖、形态生动、造型逼真、食用性强。

（二）冷菜装盘的式样

冷菜装盘的式样很多，由于冷拼中单盘的拼摆最为常见，单盘的拼摆也是拼盘及花色拼盘的基础，因此下面以单盘为主做介绍。

1. 半球形

半球形又称馒头形、元宝碟，就是将冷菜经刀工处理后，装入盛器内，形成中间高、周围低，呈半圆饱满的馒头形状。这是最为常见的一种方法，多用于单拼盘，也可用于双拼盘、三拼盘，如酱牛肉、五香酱鸡等。

2. 三叠水

三叠水是菜肴的一种传统装盘形式，就是先取菜肴的片（或条），按顺序摆成两行，然后再在两行中部覆盖一行即成。要求刀工处理时注意厚薄均匀、长短一致，并按刀口等距排列，整齐入盘。

3. 宝塔形

宝塔形又称高桩形，就是将冷菜经刀工处理后，在盛器内从底向上逐层叠拼起来，摆出底大、逐层缩小、形似高桩的方法。一般用于单拼盘，雕品什锦拼盘也可以使用，如西瓜冻、水晶肘子、水晶冰冻等。

4. 马鞍形

马鞍形又称过桥形，就是将冷菜切成片、丝、条等形状后，在盛器中拼摆成中间高、两头低，形似我国古代的石拱桥或马鞍子的方法。一般用于单拼盘或其他拼盘，如麻汁豆角、麻辣肚丝、腌瓜条等。

5. 长方形

长方形，就是将冷菜经刀工处理后，在盛器内拼摆成线条清晰的长方形的方法。一般将冷菜切配成大小厚薄一致的片或块状。拼摆时可直接拼装成一个大长方形，也可几个长方形重叠拼装。一般用于单拼盘或双拼盘、四拼盘等，如冻羊羔、水晶肴肉等。

6. 螺旋形

螺旋形，又称螺蛳形，就是将冷菜切成单片或连刀片状，呈螺旋形拼装在盛器中的方法。常用于单拼盘，如蓑衣黄瓜、素鸡、盐水大虾等。

7. 花朵形

花朵形，就是将冷菜经刀工切成菱形块、象牙块、片等形状，在盛器中拼装成各种花朵状的方法。这种方法应用较广，单拼盘、什锦拼盘都可适用，如糖醋白菜卷、盐水猪舌等。

近年来，由于国际交流频繁，中餐厨师的视野也随之扩大，凉菜的拼摆造型逐渐多样，立体的西餐造型、日本菜的拼摆流线型也逐渐出现在中式凉菜上。过于奢华复杂的造型逐渐退出，简单而不失细腻则是目前装盘的主流趋势，例如，摆成山、川、船形状的，有高有低，层次分明，精致中不失饱满。加工多采用带棱角、直线条的刀法，尽量保持食品原有的形状和色泽，同时还要根据不同的季节使用不同的原料，如用不同季节的树叶、松枝或鲜花点缀，既丰富了色彩，又加强了季节感（秋季就可使用柿子叶、小菊花、芦苇穗等，以突出秋季的特点）。拼摆的数量一般用单数，多采用三种、五种、七种。各种菜点要摆成三角形。如果三种小菜即采用一大二小，五种则采用二大三小，使之看起来呈三角形。拼摆得法的冷菜拼盘，应该犹如一件艺术佳作，色泽自然、色调柔和、情趣高雅、悦目清心，给人以艺术享受，使人心情舒畅，增加食欲。

第六章
冷拼工艺及其造型实例

任务目标：

- 掌握几何图案造型拼摆的基本方法。
- 掌握蔬果类造型拼摆的基本方法与技巧，并且使学生掌握一定的蔬果类构图造型方法。
- 掌握花卉类造型拼摆的基本方法与技巧，并且使学生掌握基本的花卉类冷拼的构图造型与创新方法。
- 掌握山水类造型拼摆的基本方法与技巧，并且使学生掌握山水类的冷拼构图造型与变化组合技巧。
- 掌握季节类造型拼摆的基本方法与技巧，并且使学生掌握基本的季节类冷拼的构图造型与创新方法。
- 掌握动物类造型拼摆的基本方法与技巧，并且使学生掌握基本的动物类冷拼的构图造型与创新方法。

第一节　冷拼工艺基础实训

一、一般冷拼的制作特点

一般冷拼制作是冷菜拼盘中最基本、最常见，但又是最为基础的，是将冷菜经过排、叠、围、摆、覆等方法装入盘内的过程。它有以下特点。

（一）操作方法特定

一般冷拼制作常见的有单拼、双拼、三拼、四拼、什锦拼等几种类型。这些不同的类型，在操作上都有特定的要求，如单拼白斩鸡就必须有合理的垫底原料，有整齐的围边原料，有平整的刀面原料。垫底原料往往选择带骨、较碎的原料，围边原料一般选择边角料，刀面原料往往是整只鸡中最为平整、光滑、明亮的原料。平面什锦拼盘也必须有合理的垫底原料，然后对大块原料进行选择改刀，切成片后整齐地叠放成扇面，盖在垫底原料上方，中间用排的方法覆盖垫底原料，从而使什锦拼盘平整美观、自然统一、丰富多彩。

（二）选材要求较高

一般冷拼制作的选材要求很高，因为像这类冷拼，最上面一层往往由平整的刀面组成，刀面又要求大小一致、厚薄均匀、改刀光滑，所以选材就必须精细、完整。如平面什锦拼盘，每种原料的选择必须大小一致，这样才能使每一扇面达到一致，从而使整个面对称、整洁。

二、一般冷拼的制作形式

一般冷拼的制作形式有：单拼有桥形、方形 、圆形、围形、盘旋形等；双拼有对称桥形、非对称桥形、长方形、围形等；三拼有对称桥形、非对称桥形、三角形、围形等；四拼有方形、围形等；什锦拼有平面形、双菱形等。

三、实训操作

单拼

原料

午餐肉罐头。

餐具

10寸白色圆盘。

工具

主菜刀、砧板。

制作过程

1　将所需原料装入盘中备用。

2　将所需原料修成长梯形初坯（大块规格：长5cm、大头宽度约0.8cm、小头宽约0.5厘米；小块规格：长3cm、大头宽约0.4cm、小头宽约0.3cm），切出薄片。

3　将下脚料切成薄片垫底，堆成圆锥体。初坯薄片排成扇形，拼摆在锥体表面，拼摆完成第一层。

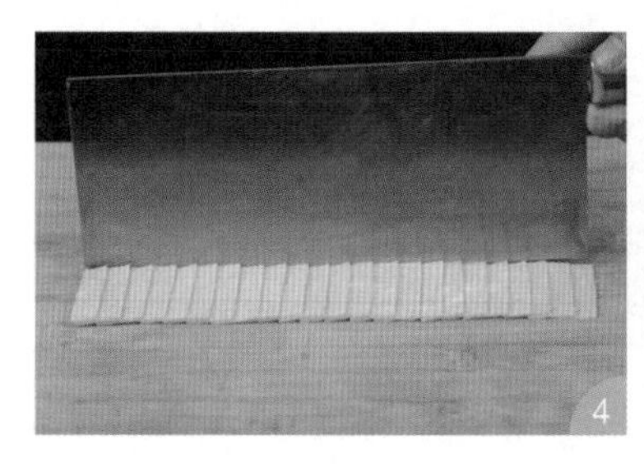

4 午餐肉修成长方体，切成1.5mm薄片；将午餐肉薄片平整排列，使用菜刀修边。

5 摆在椎体顶部，横向拼摆，呈现出马鞍状。

6 拼摆完成。

注意事项

- 切扇面原料的时候厚薄要均匀，厚度约2mm。
- 将初坯薄片拼摆在圆锥体周围时需修整扇面间距，使扇面更加整齐。
- 修出的原料初坯要大小均匀一致。
- 排列初坯薄片时，扇面间距与弧度要均匀。
- 午餐肉质地较软，下刀需干净利落，坯面平整光滑。

双拼

原料

午餐肉罐头（猪肉）、水果黄瓜。

餐具

10寸白色圆盘。

工具

菜刀、砧板。

制作过程

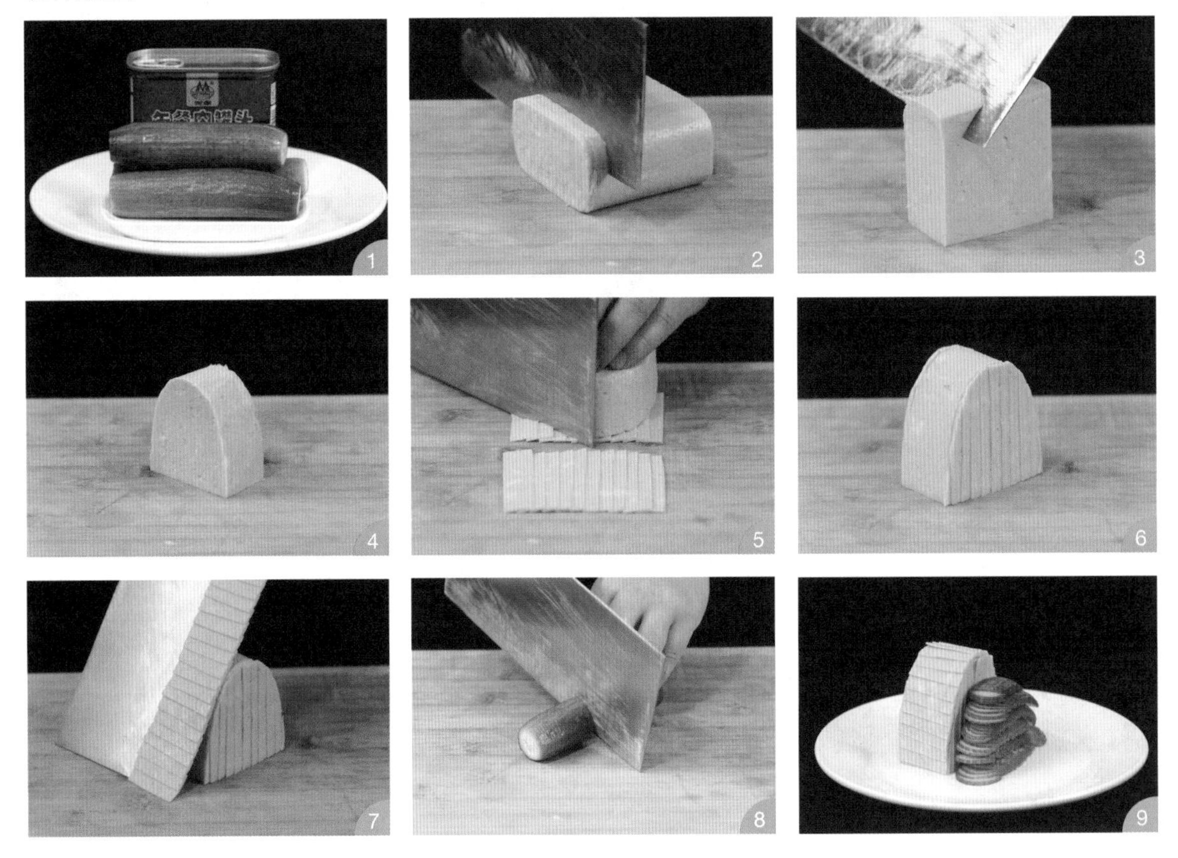

1 将所需原料洗净装入盘中备用。

2 取出午餐肉罐头，用菜刀除去多余原料，修成长方体。

3 去除长方体午餐肉顶部原料。

4 呈现拱形初坯。

5 将修出的多余原料切薄片（1.5mm）。

6 将所切薄片摆在拱形初坯侧边，沿拱形轮廓去除废料。

7 将午餐肉薄片均匀排列，平整摆放在拱形顶部。

8 黄瓜改刀切2mm薄片。

9 将拱形初坯摆入盘中，另一侧摆入黄瓜薄片，拼摆完成。

注意事项

- 午餐肉质地较软，下刀需干净利落，坯面平整光滑。
- 选料时，需选用水嫩新鲜的水果黄瓜，成品效果更佳。
- 在拼摆过程中，注意原料的合理运用，严禁浪费。

三拼

原料

白萝卜、胡萝卜、午餐肉罐头（猪肉）。

餐具

10寸白色平盘。

工具

菜刀、砧板。

制作过程

1 将白萝卜、胡萝卜和午餐肉修成长梯形备用（规格与单拼相同）。

2 白萝卜、胡萝卜和午餐肉修成2cm厚度弧形片，放在盘子上，将盘子均分成3份。

3 用刀将白萝卜、胡萝卜和午餐肉切片，摆成弧形备用。

4 将胡萝卜、白萝卜、午餐肉废料切片盖面，做成圆弧形。

5 将胡萝卜、白萝卜、午餐肉使用拉刀法拉切，将切好的原料排成扇面进行拼摆。

注意事项

- 修出的初坯大小要均匀一致，缝隙断面要平整，间距要相同。
- 扇面薄片要均匀一致。
- 扇面间距及弧度要均匀，呈半球形状。

五拼

原料

白萝卜、胡萝卜、青萝卜、心里美萝卜、午餐肉罐头（猪肉）。

餐具

10寸白色平盘。

工具

菜刀、砧板。

制作过程

1　将所需五种原料洗净，修成长梯形（规格同单拼）。

2　将下脚料切碎均匀铺在平盘中，堆成圆弧面。

3　将白萝卜、胡萝卜、青萝卜、心里美萝卜、午餐肉罐头用拉刀法拉切，用手排出扇面形，拼出第一层弧面。

4 用同样的方法拼摆出第二层弧面，白萝卜切片包裹胡萝卜丝，卷成圆筒状，切出马蹄花刀，放在收口处拼摆出花形，即可出品。

注意事项

- 修出的初坯大小长短要均匀一致。
- 扇面的间距及弧度要均匀，呈凸面弧度。

什锦拼盘

原料

虾仁、南瓜、青萝卜、胡萝卜、白萝卜、心里美萝卜、水果黄瓜、午餐肉罐头（猪肉）、卤牛肉、薄荷尖。

餐具

30寸白色圆盘。

工具

菜刀、砧板。

制作过程

1 将所需原料洗净装入盘中备用。

2 将洗净原料修成长梯形初坯（规格与单拼相同）。

3　将下脚料切丝铺一层薄薄的底料，平均分成八份。

4　将水果黄瓜初坯切薄片进行拼摆。

5　用同样的方法拼摆出其他薄片。

6　整齐拼摆出一圈。

7　用同样的方法拼摆出第二层弧面。

8　在封口处依次摆放虾仁、心里美萝卜丝、薄荷尖进行点缀即可。

注意事项

- 修出的原料初坯要大小均匀一致。
- 扇面原料厚薄均匀，间距要相同，确保拼盘整体协调。

蓑衣黄瓜

制作视频

原料

水果黄瓜。

餐具

10寸白色平盘。

工具

菜刀、砧板。

制作过程

1 将水果黄瓜洗净备用。

2 切去头尾备用。

3 刀片垂直于黄瓜表面下刀（至原料1/2处）。

4 将黄瓜反转，刀片与黄瓜倾斜45°下刀（至原料1/2处）。

5 将切出的黄瓜拉开。

6 将蓑衣黄瓜进行摆盘即可。

注意事项

- 注意下刀时，刀片与黄瓜的角度及深度要连而不断。
- 选料时，需选用新鲜黄瓜，质地脆嫩利于下刀。

鱼蓉

原料

草鱼1kg、鸡蛋（蛋清）、精盐15g、葱段、姜片。

餐具

10寸白瓷碗。

工具

榨汁机、菜刀、砧板。

制作过程

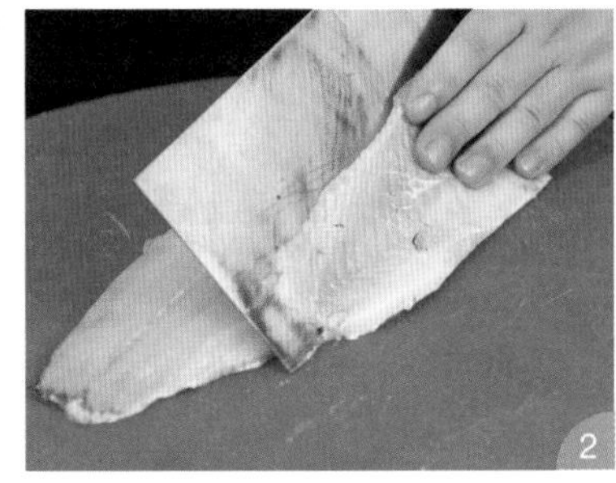

1　将草鱼洗净去除内脏，剔骨取下鱼肉。

2　斜刀片去鱼腹肋。

3　去除鱼皮。

4　将鱼条片成2mm薄片，放入碗中以流水漂洗去除鱼肉中的血水；捞起滤干水分。

5　葱姜拍打制成葱姜水。

6　将鱼片放入榨汁机中加入少许葱姜水搅打，打成蓉后用滤网过滤一遍。

7　将打好的鱼蓉加蛋清和盐，用手搅打上劲即可。

注意事项

- 搅打鱼蓉前，鱼肉以流水漂洗去除鱼肉血水。
- 搅打鱼蓉时，葱姜水进行少加多次。
- 选料时一定选用新鲜草鱼，肉质紧实无异味。

蛋卷

原料

全蛋（5个）、生粉30g、精盐5g、鱼蓉。

餐具

10寸白色平盘。

工具

裱花袋、保鲜膜、白瓷盘、平底锅。

制作过程

1

2

3

1 把鸡蛋打入碗中，放入淀粉和盐搅拌均匀。

2 平底锅烧热，倒入适量的蛋液，小火加热制成蛋皮。

3 把打好的鱼蓉装入裱花袋中待用。

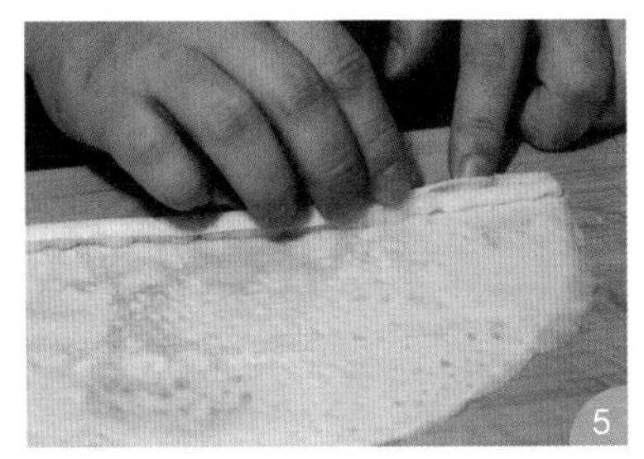

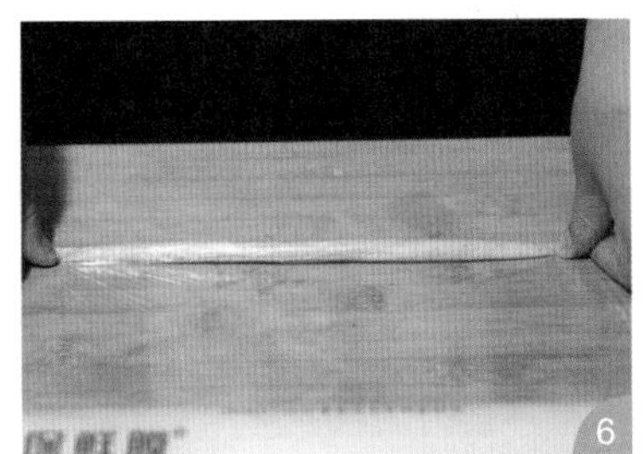

4　将蛋皮平铺在保鲜膜上，鱼蓉以条状挤在蛋卷表面。
5　蛋皮卷起一层，去除多余的蛋皮。
6　利用平铺的保鲜膜把蛋卷包裹紧致。
7　放在瓷盘上蒸制10min。

注意事项

- 煎制蛋皮时，注意火候的大小。
- 进行卷制时，为防止蛋卷散开可使用保鲜膜进行固定。

第二节　果蔬类冷拼实训

嘉果

原料

红肠、卤牛肉、猪耳卷、西蓝花、蒜薹、虾仁、核桃仁、北极贝、胡萝卜、白萝卜、心里美萝卜、午餐肉罐头、水果黄瓜、南瓜、琼脂块、澄面（熟）。

餐具

30cm × 60cm长方形波浪纹白瓷盘。

工具

菜刀、U形戳刀、雕刻主刀。

制作过程

1 将所需原料清洗干净摆入盘中备用。

2 使用雕刻主刀，将白色琼脂与午餐肉雕刻出枝干。

3 将青萝卜、心里美萝卜修成水滴形初坯，用拉刀法拉成薄片。

4 将青萝卜、心里美萝卜薄片搓成U形，进行拼摆。

5 将红肠切成薄片，摆入盘中。

6 用同样的方法拼摆北极贝、虾仁、猪耳卷、牛肉卷，呈现出假山大形。

7 白萝卜切薄片，包裹住胡萝卜丝，卷成圆筒状，切成马蹄花刀备用。

8 将切好的萝卜卷摆入盘中。

9 将白萝卜修出“芭蕉叶”底坯，用拉刀法将黄瓜初坯切片，拼摆在底座上。

10 拼摆出芭蕉叶，摆入盘中。

11 用澄面（熟）塑出火龙果外形，将胡萝卜、心里美萝卜、南瓜、水果黄瓜初坯切薄片，拼摆出部分火龙果。

12 拼摆出完整火龙果摆入盘中。

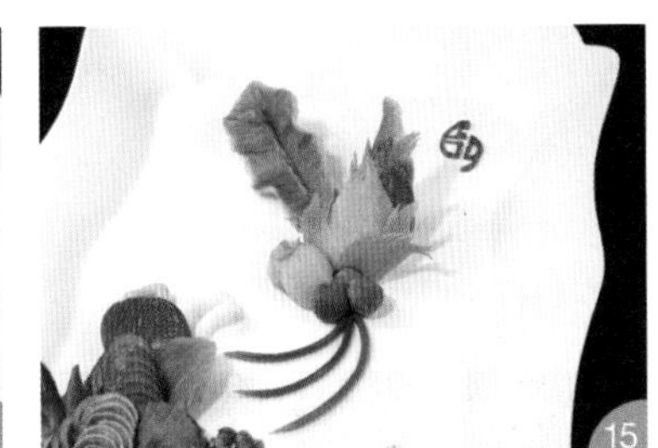
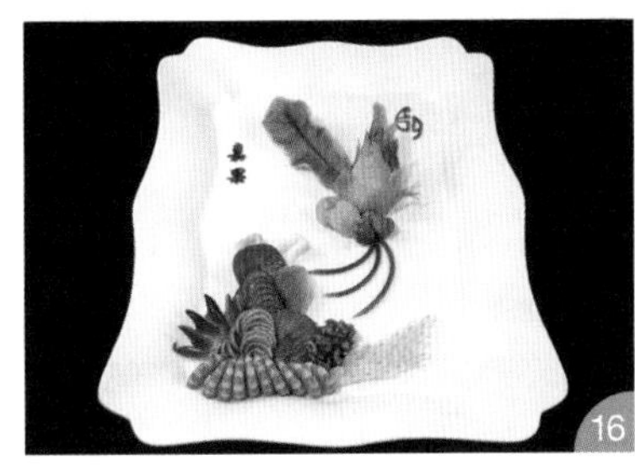

13 用澄面塑出柿子、葡萄等水果初坯，心里美萝卜、南瓜切薄片备用。

14 用同样的方法拼摆出剩余水果，摆入盘中。

15 使用心里美萝卜雕刻出印章，将印章摆入盘中进行装饰。

16 使用西瓜皮雕刻出“嘉果”，摆入盘中即可。

注意事项

- 拼摆火龙果时，需要注意各种颜色协调搭配，色泽美观。
- 蒜薹、西蓝花在使用前可提前焯水，使其颜色更加鲜亮。
- 注意各种水果的比例搭配，使作品整体造型协调、内容丰富。

青翠欲滴

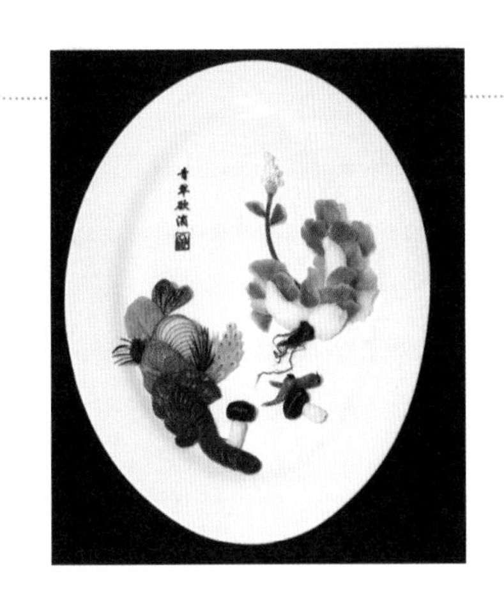

原料

西蓝花、琼脂块、蛋卷、香肠、蒜薹、澄面（熟）、萨拉米肠、染色琼脂块（黑色）、熟鸡蛋、心里美萝卜、白萝卜、红皮萝卜、青萝卜、水果黄瓜、胡萝卜。

餐具

35cm×70cm椭圆形白瓷盘。

工具

菜刀、雕刻主刀、拉线刀、U形戳刀。

制作过程

1 将所需原料洗净装入盘中备用。

2 使用菜刀将黄瓜、香肠、蛋卷、红皮萝卜、萨拉米肠切出薄片。

3 将心里美萝卜雕刻出假山初坯，拉线刀拉出细节纹路，置于顶端；将初坯薄片拼摆在下方，呈现出完整假山。

4 补充小草（西瓜皮雕刻）、西蓝花、萝卜卷修饰细节。

5 青萝卜修出水滴形的初坯，用拉刀法拉出薄片备用。

6 澄面（熟）塑出“白菜”底坯，进行拼摆。

7 青萝卜初坯拉出薄片，拼摆出绿叶。

8 使用黑色琼脂雕刻出“白菜”根茎；使用U形戳刀将鸡蛋戳出小花瓣，拼摆出上层花卉。

9 将心里美萝卜、琼脂块（黑白两种）用拉刀法拉出薄片。

10 澄面塑出底坯，拼摆出蘑菇与辣椒。

11 西瓜皮雕刻出“青翠欲滴”与红色印章（心里美萝卜雕刻）适当点缀即可。

注意事项

- 进行冷拼制作时，所需原料合理利用，杜绝浪费。
- 拼摆“蘑菇”与“辣椒”时，注意薄片厚薄均匀、拼摆紧致。

第三节　花卉类冷拼实训

国色天香

原料

芹菜、红肠、皮蛋肠、鸡蛋干、核桃仁、虾仁、南瓜、心里美萝卜、青萝卜、胡萝卜、白萝卜、琼脂块（黑白两种）。

餐具

30cm × 60cm长方形波浪纹白瓷盘。

工具

菜刀、雕刻主刀、拉线刀。

制作过程

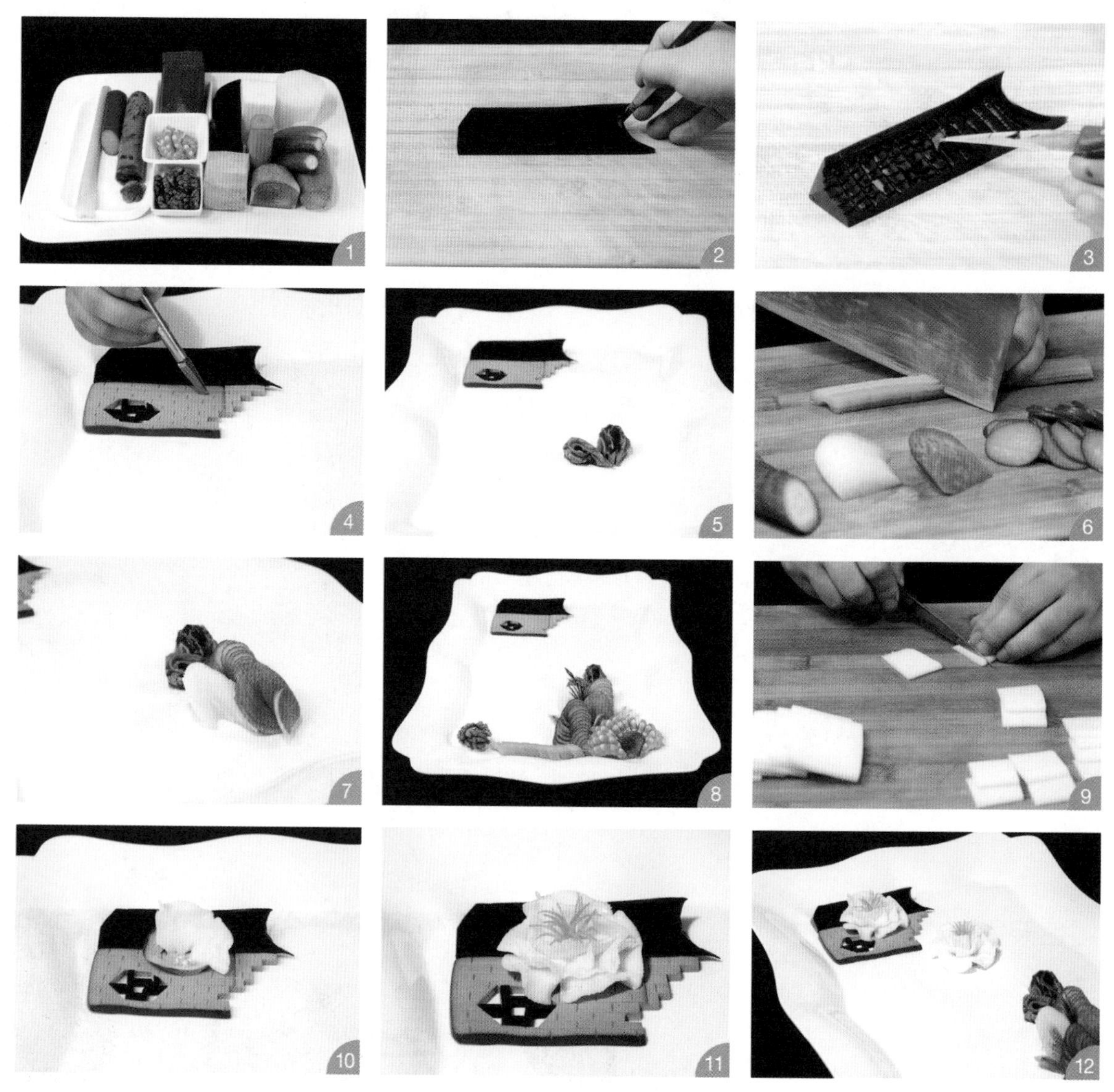

1 将所需原料洗净装入盘中备用。

2 用雕刻主刀修出屋顶初坯（黑色琼脂）。

3 雕刻出屋顶细节。

4 使用拉线刀在鸡蛋干表面拉出墙体纹路，摆入盘中。

5 用皮蛋肠雕刻出岩石，摆入盘中。

6 芹菜梗洗净均匀切1cm段，用拉刀法将心里美萝卜、白萝卜、黄瓜、红肠拉成薄片。

7 将黄瓜片、白萝卜片、心里美萝卜片搓成U形，倚靠在岩石前面。

8 摆上核桃仁、虾仁、西蓝花、芹菜段丰富假山内容，添加小草点缀。

9 琼脂块修出水滴形的坯料，并用拉刀法拉成薄片。

10 将琼脂薄片搓出花瓣状，摆入盘中。

11 拼摆出牡丹花。

12 用同样的方法拼摆出另一朵牡丹花。

13 用黑色琼脂块雕刻出枝干，并用拉线刀拉出南瓜丝作为花蕊。

14 水果黄瓜带皮，修出水滴形坯料；白萝卜雕刻出叶坯，将黄瓜坯料用雕刻刀拉出薄片，拼摆在叶托上，拼摆出叶片。

15 使用西瓜皮雕刻出“国色天香”，摆入盘中，装饰上印章拼摆完成。

注意事项

- 修出的原料初坯要大小均匀，拉出的薄片要厚薄一致。
- 作品整体造型合理，色泽搭配要自然、美观。

竹幽林静

原料

琼脂块（黑白两种）、红肠、牛肉卷、皮蛋肠、虾仁、核桃仁、南瓜、胡萝卜、心里美萝卜、青萝卜、水果黄瓜、西蓝花。

餐具

35cm × 70cm椭圆形白瓷盘。

工具

菜刀、镊子、雕刻主刀。

制作过程

1 将所需原料洗净装入盘中备用。
2 红肠、卤牛肉切薄片，将南瓜、心里美萝卜修出水滴形初坯，拉出薄片备用。
3 皮蛋肠雕刻成岩石状摆入盘中，南瓜片、心里美萝卜片、红肠片、牛肉片拼摆出假山大形。
4 用西蓝花、虾仁、芹菜装饰假山主体。
5 用青萝卜雕刻出竹子基本轮廓。
6 将雕刻出的竹子初坯摆入盘中。
7 将青萝卜修出水滴形初坯，用雕刻刀拉出薄片。
8 将青萝卜薄片覆在竹子表面。
9 将青萝卜修出长条，用作竹节。
10 将胡萝卜、青萝卜、琼脂块（黑白两种）、心里美萝卜初坯拉出薄片。
11 用澄面塑出竹笋大形，将胡萝卜、青萝卜、琼脂块、心里美萝卜薄片拼摆在表面。
12 用同样方法拼摆出另一根竹笋。

13　用青萝卜修出竹条主干，初坯（青萝卜）切薄片拼摆出叶片。西瓜皮雕刻浮云等进行装饰点缀。

14　用西瓜皮雕刻出的“竹幽林静”与红色印章（心里美萝卜雕刻）适当点缀即可。

注意事项

- 进行冷拼制作时，所需原料合理利用，杜绝浪费。
- 拼摆“竹笋”时，注意颜色搭配，注意初坯厚薄均匀、拼摆紧致。

第四节　山水类冷拼实训

依山傍水

原料

蒜薹、蒜香肠、皮蛋肠、蛋卷、红肠、西蓝花、鸡蛋干、黑木耳、虾仁、午餐肉罐头、南瓜、白萝卜、心里美萝卜、胡萝卜、莴笋、水果黄瓜。

餐具

25cm×40cm椭圆形白瓷盘。

工具

菜刀、雕刻主刀、拉线刀。

制作过程

1 将所需原料洗净装入盘中备用。

2 将心里美萝卜、胡萝卜、南瓜修出水滴形初坯，用拉刀法拉出薄片，红肠、蒜香肠、水果黄瓜切薄片备用。

3 初坯薄片捻成倒U形，拼摆出假山大形，并用黑木耳、西蓝花、蛋卷装饰细节。

4 将午餐肉罐头雕刻出桥体轮廓，用拉线刀拉出纹路细节。

5 将鸡蛋干拉出薄片，并整齐排列。

6 将鸡蛋干薄片摆在桥体表面，作为阶梯。

7 将莴笋切4mm薄片并雕刻成围栏，摆在桥体表面。

8 用鸡蛋干雕刻出游船，黄瓜薄片拼摆出荷叶摆入盘中。

9 雕刻出水纹、小鱼进行点缀即可。

注意事项

- 进行冷拼制作时，所需原料合理利用，杜绝浪费。
- 进行拼摆前可提前在纸上描绘出基本轮廓，注意原料的整体搭配。

第五节　季节类冷拼实训

柔情芳野

原料

萨拉米肠、红肠、蒜香肠、皮蛋肠、蛋卷、西蓝花、蒜薹、虾仁、北极贝、午餐肉罐头（猪肉）、南瓜、琼脂、胡萝卜、白萝卜、青萝卜、心里美萝卜、澄面（熟）、水果黄瓜。

餐具

30cm×60cm长方形波浪纹白瓷盘。

工具

菜刀、砧板、雕刻主刀。

制作过程

1　将所需原料洗净放入盘中备用。

2　将琼脂装入盛器中上锅蒸制熔化。

3　将琼脂液倒入盘中。

4　提前调制橙黄琼脂液，待下层琼脂凝结，重新倒入橙黄色琼脂液作底色。

5　在盘中勾勒琼脂液（橙黄色），渲染晚霞意境，滴红色琼脂液作太阳，将西瓜皮刻成浮云摆入盘中，呈现出“落日余晖”意境。

6　运用拉刀法将心里美萝卜、黄瓜、午餐肉、皮蛋肠切薄片。

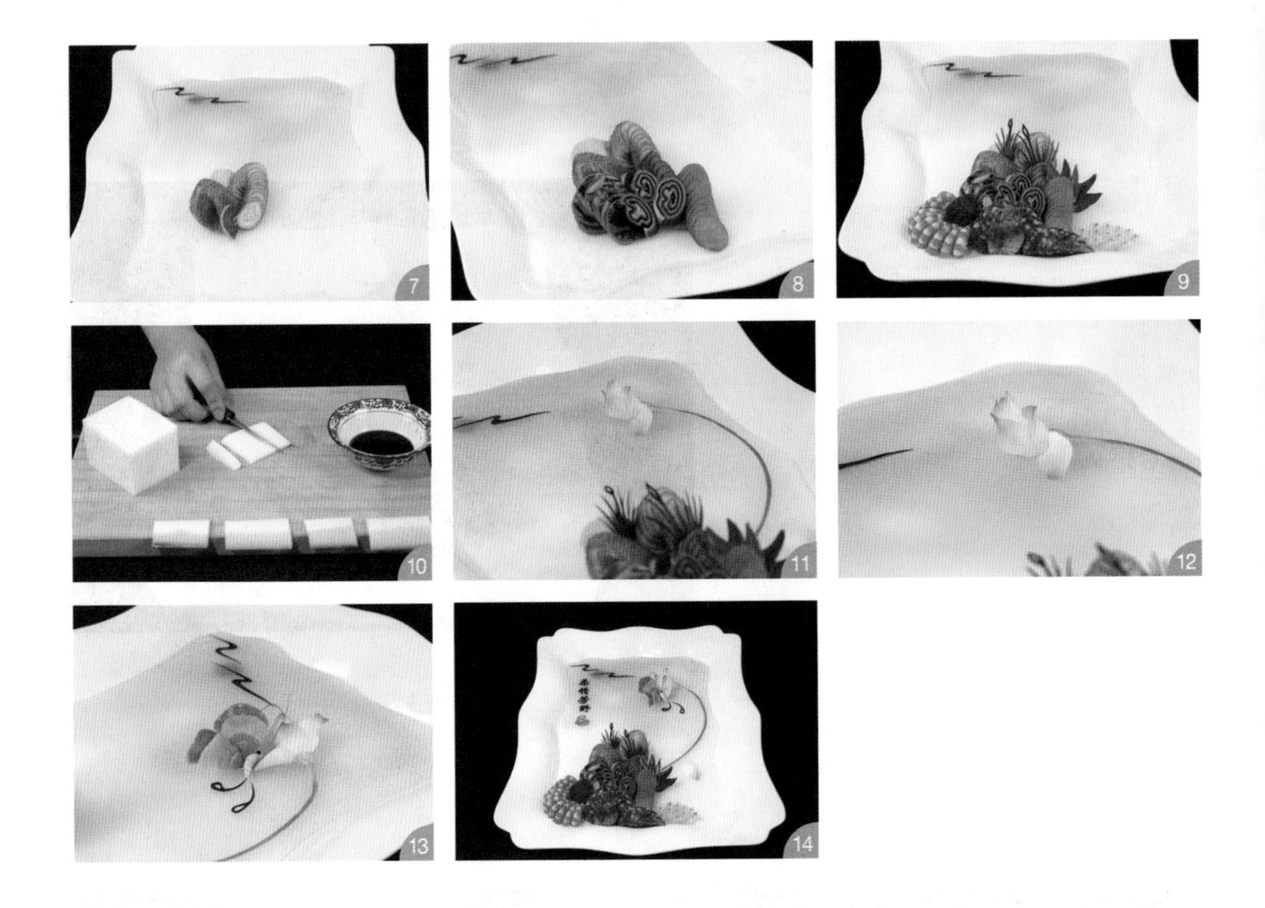

7 将黄瓜片、午餐肉片、心里美萝卜片用手搓成倒U形。

8 摆上皮蛋肠、蛋卷、红肠等，拼摆出假山大形。

9 拼摆上萨拉米肠、虾仁、北极贝、西蓝花、小草（西瓜皮雕刻）、萝卜卷进行点缀，修饰假山细节。

10 修出琼脂初坯，用雕刻刀拉出薄片（每片顶部刷染可食用色素）。

11 琼脂薄片搓出花瓣，拼摆出整朵花卉摆入盘中。

12 澄面塑出底坯，拼摆出完整花卉。

13 用黄瓜片、南瓜片、胡萝卜片、心里美萝卜片拼摆出蝴蝶。

14 西瓜皮雕刻出“柔情芳野”摆入盘中，进行适当点缀即可。

注意事项

- 进行冷拼制作时，所需原料充分利用，物尽其用。
- 初坯修整表面光滑，细腻美观。
- 拼摆“蝴蝶”时，坯料薄片各种颜色合理搭配，整体细腻均匀。

第六节　动物类冷拼实训

私语

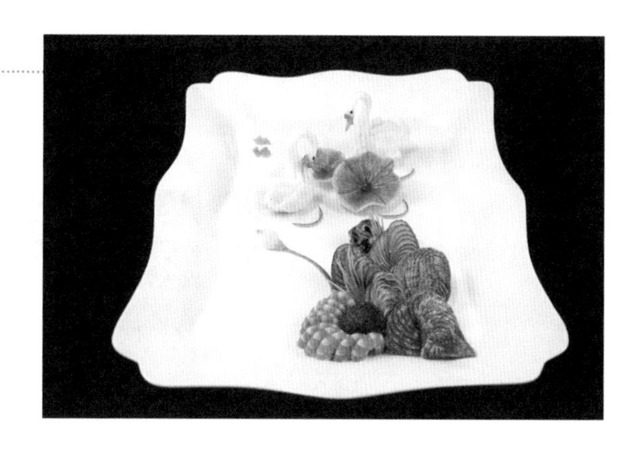

原料

皮蛋肠、红肠、猪耳卷、萨拉米肠、虾仁、白萝卜、青萝卜、胡萝卜、心里美萝卜、水果黄瓜、蒜薹、西蓝花、琼脂块、澄面（熟）。

餐具

30cm × 60cm长方形波浪纹白瓷盘。

工具

菜刀、雕刻主刀、拉线刀。

制作过程

1　将所需原料洗净装入盘中备用。

2　使用拉线刀将皮蛋肠雕刻出细节，呈现出岩石细节。

3　使用雕刻主刀运用拉刀法拉出黄瓜薄片，用同样的方法将心里美萝卜、红肠切片，保持原料整齐不散。

4　将黄瓜片搓成U形，倚靠在岩石前面。用同样的方法，将萝卜片、萨拉米肠片进行拼摆。

5　拼摆上虾仁、猪耳卷片、西蓝花、萨拉米肠丰富假山内容，使用雕刻刀刻出小草进行点缀。

6　使用主刀雕刻出荷叶底坯。

7 水果黄瓜带皮，修出水滴形的初坯备用。

8 将黄瓜坯料用雕刻主刀拉出薄片，拼摆在荷叶底坯上。

9 用同样方法拼摆出另一朵荷叶，将荷叶拼摆在盘中。

10 呈现出基本构图。

11 将琼脂块修出天鹅颈部大形。

12 用澄面（熟）捏出天鹅身体大形；将琼脂块修出水滴形初坯，用拉刀法拉出薄片。

13 将琼脂薄片塑形，拼摆在天鹅身体上呈现出天鹅羽毛。

14 提前使用胡萝卜雕刻出天鹅头部，粘接黑芝麻，呈现出完整天鹅。

15 用同样方法拼摆出另一只天鹅，将两只天鹅摆入盘中。

16 澄面塑出底坯，拼摆出荷花苞，摆入盘中。

17 使用雕刻刀在西瓜皮表面刻出“私语”，摆入盘中，将黄瓜拉出“水纹”装饰拼摆即可。

注意事项

- 坯料要修整形象，使其美观。
- 拼摆的羽毛和假山要细致。
- 色彩搭配要合理美观。

鸟啭莺啼

原料

琼脂块（黑、白）、皮蛋肠、红肠、蛋卷、蒜香肠、芹菜、虾仁、午餐肉罐头（猪肉）、心里美萝卜、胡萝卜、青萝卜、水果黄瓜。

餐具

40寸圆形白瓷盘。

工具

菜刀、砧板、雕刻主刀。

制作过程

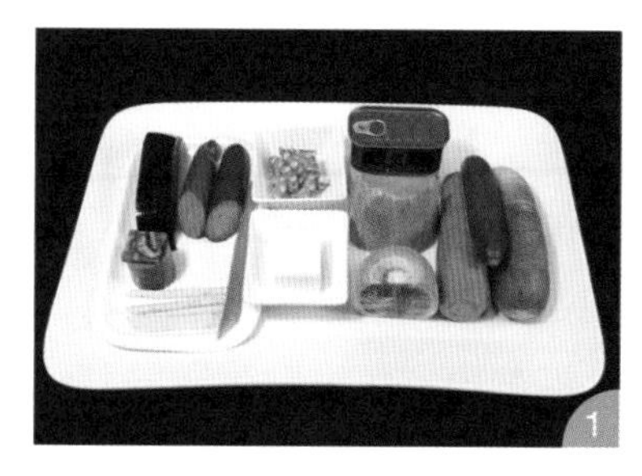
1

2

3

1　将所需原料洗净装入盘中备用。
2　将皮蛋肠、心里美萝卜雕刻成岩石状，摆入盘中。
3　将心里美萝卜、水果黄瓜拉成薄片，用手搓成倒U形摆入盘中。

4 红肠、火腿肠片摆入盘中，虾仁整齐摆在盘下方，拼出假山大形。

5 西瓜皮雕刻成小草，摆入盘中，修饰假山细节。

6 将琼脂块（黑色）与午餐肉雕刻出房檐和窗格，摆入盘中。

7 使用澄面（熟）塑出小鸟身体，胡萝卜雕刻小鸟头部，进行拼接，摆入盘中。

8 修出水果黄瓜、心里美萝卜初坯，用拉刀法拉出薄片，拼摆在小鸟身体表面。

9 将青萝卜皮雕刻出小鸟尾羽，蛋卷拼摆出颈羽，花椒粒点缀眼睛，白色琼脂拉出细丝，紧贴小鸟腹部，呈现出完整的小鸟形状。

10 用同样方法拼摆出另一只小鸟。

11 用心里美萝卜丝做出鸟巢，放入鸟卵（琼脂）。用午餐肉雕刻出灯笼大形，心里美萝卜切薄片，覆在灯笼初坯表面；南瓜切细丝，作灯笼穗；拼摆出灯笼摆入盘中。

12 使用西瓜皮雕刻出“鸟啭莺啼”的装饰即可。

注意事项

- 拼摆“灯笼”时，心里美萝卜初坯需根据“灯笼”形状进行拼摆。
- 拼摆“小鸟”时可适当夸张，体态娇小，彰显小鸟灵动姿态。

第七节　水果拼盘工艺实训

一、基础切配技法

哈密瓜切配法

原料

哈密瓜。

工具

切片刀。

制作过程

1　取一个哈密瓜洗净，使用西式片刀切出1/4块备用。
2　将哈密瓜从中切开。
3　沿瓜皮表面下刀（深度约1cm）。
4　中部留约1cm瓜皮，切除两侧多余瓜皮。
5　刀片倾斜45°下刀，切出果片（厚度约1cm）。
6　将切出的果片错位均匀排列即可。

芒果切配法

原料

芒果。

工具

切片刀、雕刻主刀。

制作过程

1 取一个新鲜芒果洗净备用。
2 沿芒果核顶部切开，取下果肉。
3 轻轻托住果肉，下刀宽约5mm（注意下刀深度）。
4 用同样方法，交叉下刀，呈现出网格状。
5 从底部顶出，呈现出芒果格即可。

鲜橙切配法

原料

鲜橙。

工具

切片刀。

制作过程

1　取一个新鲜橙子洗净备用。
2　沿中间切开。
3　使用切片刀切出1/3块备用。
4　沿橙皮底部下刀至2/3处，皮肉分离。
5　斜刀45°切橙子皮。
6　将切出的橙皮翻卷即可。
7　使用切片刀切出1/3块备用。
8　沿橙皮底部下刀至2/3处，皮肉分离。
9　斜刀从两侧以45°入刀切橙子皮。

10 将切出的橙皮内翻。

11 切除底部尖角。

12 呈现出完整造型。

苹果切配法

原料

苹果。

工具

西式片刀。

制作过程

1 取一个苹果洗净备用。

2 沿边切下一块约1cm厚度苹果块。

3 刀片与苹果块垂直下刀切1mm薄片。

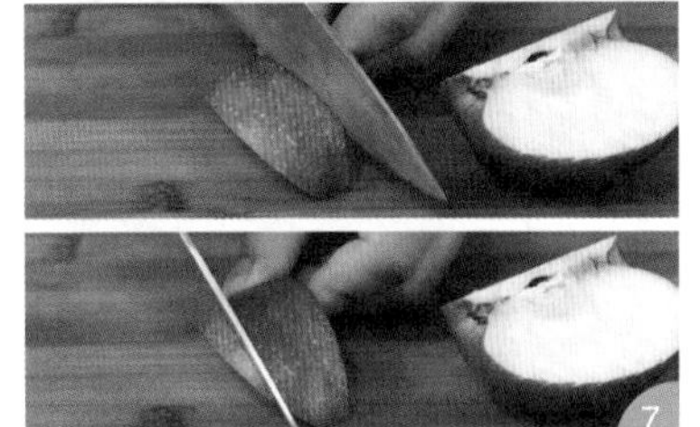

4　将切出的果片倾斜排列即可。

5　切出1/6苹果块。

6　切除中间果核。

7　苹果皮表面垂直交叉下刀，厚度约1mm。

8　沿果皮底部下刀至2/3处，皮肉分离。

9　呈现出完整造型。

火龙果切配法

原料

火龙果。

工具

西式片刀。

制作过程

1　取一个火龙果洗净备用。

2　切除两端，沿中间切开。

3　切除火龙果表皮，留紫色果皮。

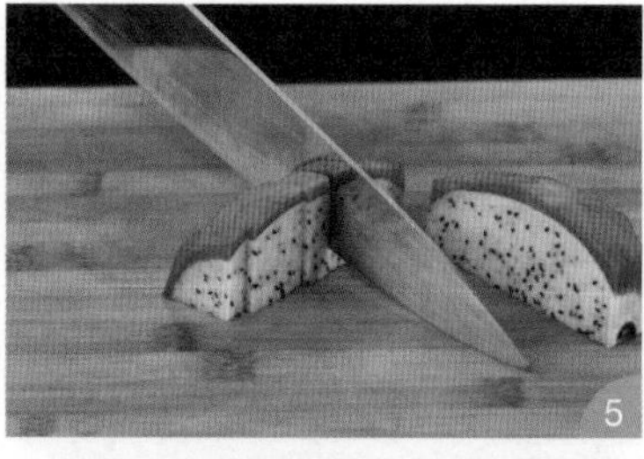
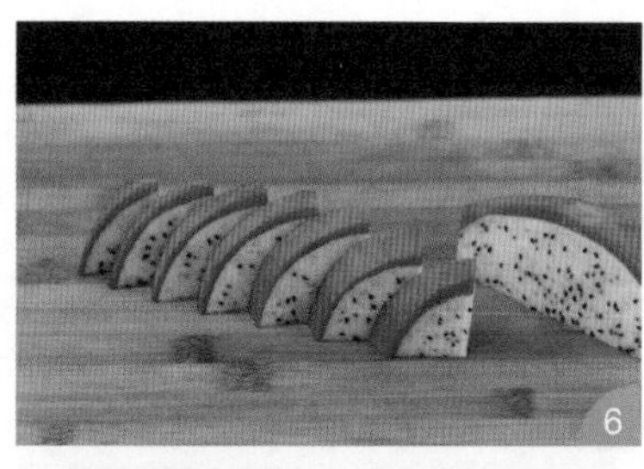
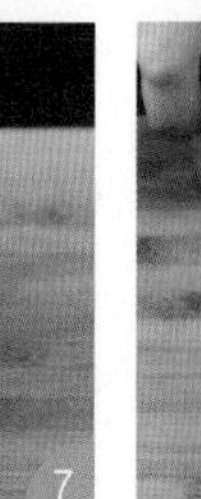

4　将去皮火龙果沿中间切开。

5　切1cm厚度果片。

6　将切出的果片错位排列。

7　切出1/2火龙果块，去皮备用。

8　将果肉沿中间切开。

9　刀片垂直于果肉表面，切1cm果片。

10　将切出果片错位排列即可。

提子切配法

原料

提子。

工具

雕刻主刀。

制作过程

1 取几个提子洗净备用。

2 沿中间下刀，切出呈“V”字形的刀口。

3 取一个提子，中间下刀。

4 沿中间刀口从两侧斜切。

5 另取提子，用同样方法切出多块“V”形果肉。

6 用手推出梯状即可。

二、作品赏析

第七章

冷菜、冷拼创新设计与应用

任务目标：

- ❑ 了解冷菜、冷拼的创新方向与原则。
- ❑ 掌握冷菜、冷拼制作的创新开发思路和方法。
- ❑ 掌握宴会冷菜、冷拼制作的设计原则，熟悉宴会冷菜、冷拼的设计与组织。
- ❑ 通过学习新时代下的冷菜与冷拼的创新思路，能够举一反三，结合时代背景独立进行冷菜与冷拼的创新。

第一节　冷菜、冷拼的创新方向与原则

一、冷菜、冷拼创新的方向与原则

冷菜、冷拼的创新就是根据菜点制作的一般规律，在原料选择运用、装盘技法、盛器选用等方面，超越前人做法的一个过程，使产品更加符合现代人的需求。冷菜、冷拼的创新不但符合社会经济发展的需要，而且是冷菜、冷拼制作技术自身发展的必然之路，只有通过改革、创新，才能使冷菜与冷拼这朵鲜艳的奇葩在烹调百花园中永放光彩。

（一）明确冷菜、冷拼创新的方向

冷菜、冷拼的创新也属于产品研发的范畴，首先应该明确正确的方向和目的，再采用科学、行之有效的策略技巧，遵循科学严谨的制作步骤，才会卓有成效。同时，冷菜、冷拼的创新还应该以符合社会公德、丰富消费者产品选择、提高人民健康水平为前提，进行积极有益的尝试。

创新的目的是为了激发顾客的购买欲望、引导顾客的需求、满足顾客的需要。随着社会文明的进步和经济的不断发展，人们生活水平的日益提高，以及旅游业的蓬勃兴起，人们越来越注重改善饮食结构，追求食用和营养价值，同时人们的审美意识也在日益提高，对美的追求与日俱增，餐饮顾客的需求也在不断地发生变化。早期人们追求的是温饱，只要求菜肴分量足、实惠，所以大鱼、大肉制作的冷菜很受欢迎。后来人们富裕了，上档次的餐饮就成了主流。当

经历过高等教育的年轻白领成为餐饮市场上的新贵后，当有毒食品风暴不断呼啸而过后，人们开始反思与自然的关系。当前具有号召力的口号是“吃出安全，吃出健康”，提出了“绿色环保”“低碳生活”“勤俭节约”等消费理念。然而，当今冷菜制作的现状却没能适应这种变化，主要表现在以下三个方面：一是有些传统菜肴不能适应现代营养科学的要求，且有濒临失传的危险；二是在各种宴席上冷菜数量显得太多，大大超出赴宴者营养需求量；三是有些冷拼造型过于烦琐，既不符合当今快节奏时代需要，也不符合现代饮食卫生。

以上这些反映了冷菜与冷拼制作面临着如何适应时代变化的问题。因此，烹饪工作者必须在继承、发扬以及振兴中国传统冷菜制作的基础上，不断关注、研究低脂肪、低盐、低糖、低味精的创新冷菜，把握市场需求方向，使用更多的绿色食品原料、有机食品原料进行创新。

（二）遵循冷菜、冷拼的创新原则

随着社会消费者的需要，创新冷菜、冷拼在各地餐饮企业中发展迅速，相当一部分企业通过创新冷菜获得了较好的经济效益，但也有不少企业的创新菜肴存在不合理的现象，因此理解以下创新原则，更加有利于餐饮企业创新。

1. 继承传统与改良相结合

传统的冷菜是我国烹饪文化的瑰宝，凝聚着历代厨师的智慧和创造力，是一个地方经济、物产、喜好的综合积淀。这些菜大多有出处、有典故、有内涵，不仅具有历史性还具有地方性和文化性，如江苏镇江肴蹄、广东白云猪手、四川五香熏鱼、海南白切东山羊等。传统菜大多选料精细、制作考究、注重火功、强调质感。分析好这些冷菜的产生、发展、兴衰的原因，掌握其制作程序和工艺特色，对冷菜、冷拼的发展与创新都有不可忽视的作用。充分把握传统冷菜的“讲究”，创新菜也会有“神韵”；同样，厨师有了传统菜的功底，创新也会很扎实，有把握。在继承、挖掘传统菜的同时，要适应时代要求，善于吸取传统的优秀部分进行改良，尤其在原料的运用上、烹调方法的改进上、调味品的使用上等方面应当打破常规，不断改良，大胆创新，如“水晶肴蹄”这一道冷菜是我国传统名菜，根据这一制作原理，人们可制作“水晶鸭舌”等。

2. 循序渐进与苦练基本功相结合

创新不是变魔术，也不是无中生有，创新菜也不是重大发明。菜肴创新很难像发明蒸汽机那样，成就具有跨时代意义的奇迹。如果把创新菜肴想得神乎其神，只能使厨师望而生畏，不敢或不愿意参与创新。当然，创新也绝不是毫不费力的差事，胡乱搭配也不可能被市场认可。创新是有规律可循的，一般是将原料、调味品以及烹调方法等重新组合；或根据顾客的需求，借鉴某些菜品，进行修改、添加、拆分、组合；或在生产制作工艺上，触类旁通，形成新的方法，进而做出新的菜品。创新就是在传统基础上的发展、改革，如果对一般的冷菜、冷拼制作方法和原理都不会，又不去分析、鉴别其优劣，很难在技术上有所突破，更谈不上什么创新，所以人们一定要在工作中不断学习，做到多想、多看、多练、多问，反复实验，不断总结，苦练基本功，才能达到“从心所欲不逾矩”的水准，使创新的品种符合时代发展的需求，才能创造出受欢迎的品种。必须以市场需求为目标，创新是为了满足消费者的需求，菜品随着市场潮流而变动，但并不意味着每时每刻都要变化。高节奏、快频率地推出新菜点，大面积地调整菜单，反而可能让客人无所适从。每天都有变化、每天都有新菜，不是创新的目标。要让顾客了解、把握餐饮企业的经营风格、特点，发现、记住其与同类餐馆的区别。

创新不能故弄玄虚，因而必须从市场需求出发，研究消费者的价值取向、消费观念的变化趋势，可以设计、引导消费，但总体应朝着消费者感兴趣的方向走。明白这个道理，就会形成有条理的创新机制。例如，现代人讲究“平衡膳食”，因此在设宴席菜单时，冷菜就不能以荤菜为主，而要做到荤素合理搭配。再如，腌制冷菜时要科学地使用添加剂，对那些发色剂（如亚硝酸盐）、人工合成色素就不宜放得太多，最好使用天然色素，要注意“绿色”“环保”。

3. 科学地运用中外先进制作技艺

随着改革开放的深入，国际交往的频繁，世界仿佛正在缩小，人们走进了“地球村”。近几年随着人民币不断地升值，购买力日益增强，过去从未有过的新食材、新厨艺、新口味，纷纷进入国人视野，从排斥到喜欢，从照搬到随心所欲地应用，从眼花缭乱到习以为常。西式沙拉、韩国泡菜、日本寿司、日本刺身等都来到人们身边。

正是这种物资的大交换、信息的大交流、思想的大碰撞，带来了观念的大转变、眼界的大开阔。我国冷菜的制作有几千年的历史，各大菜系都有自己特色的冷菜制作方法，人们应当在继承传统的制作技艺的基础上，吸取各大菜系的优点，大胆改革，为我所用，同时还要吸取国外制作冷菜的方法的精华，如各种调味品的应用和各种西餐设备的应用等，来改变冷菜、冷拼制作的模式，从而达到创新的目的。要使外来饮食文化真正符合我国消费者的需求，就应充分使我国冷菜、冷拼的制作的优秀技艺（如烹饪方法中的酱、卤、腌、糟、拌等几十种方法，拼摆的手法中的排、堆、拼、叠等多种方法，装盘形态中的图案式、象形式、抽象写意式、多碟组合式等）与引进饮食文化相结合，形成自己的烹饪文化，这样才能真正创新出符合国人需求的优秀菜品，才能推陈出新，给客人一种新、奇、特的感觉。

二、冷菜、冷拼的创新思路

（一）原料创新

市场上每年都会有新的烹饪原料出现，这些新原料可以带出一批新菜肴。原料创新，就是通过正规、安全可靠的渠道获取新的原料，并将其制作成具有新意的菜肴。原料创新可以从以下两个方面考虑：

1. 西料中用

把西餐原料运用到中餐冷菜制作中来，增加冷菜、冷拼花式品种，适应市场需求，是一条不可舍去的途径。随着我国加入世贸组织后，西方的烹调原料如荷兰豆、西蓝花、澳洲龙虾等大量涌入我国，调味品中的西式香料、各种调味酱如番茄酱、咖喱酱、沙拉酱等广泛应用到中餐，只要认真研究西餐的一些制作方法，完全可以做到“他山之石”为我所用。在保持我国传统冷菜制作精髓的基础上，通过持续挖掘，将不断丰富冷菜品种。

2. 土料洋用

将乡土气息浓郁的原料制作成精细菜肴，如南瓜、山芋、菜干、核桃花、马齿苋等，通过烹制方法、组合手段、造型方式等方面的变化，可以营造不一般的口感，家常土菜中融合高档菜肴的口味，让食客看起来似曾相识，尝起来若有所思，离开后念念不忘。

（二）技法创新

根据烹饪原理及成菜特点，在我国传统烹饪技法的基础上，打破面点、冷菜、热菜等泾渭分明的固定格局，积极改良组合，通过借鉴、联想，以推出采用新思路制作的菜肴。具体技法可从以下几方面考虑：

1. 巧妙借鉴

借鉴法就是将某一菜系中的某一菜肴或几个菜系中较成功的技法、调味方法、装盘技巧等应用到某一个冷菜、冷拼中的一种方法。例如，“鱼香素烧鸡”这一冷菜是按“素烧鸡”制法，加上四川菜系的“鱼香”味创新而成的，改变了过去“素烧鸡”口味单一的现象。这种借鉴其他菜系的做法，使其在原料、制法、调味、装盘等方面兼容别人的长处，来促进技术进步和新品种的开发，无疑是一条好途径。

2. 发散联想

对某一菜肴的制法及装盘等方法，有意识地改变思维的定式，设法对已有的原料、烹调方法、装盘等从新的角度去想象，从而获得独特新颖的效果。例如，“荷塘蛙鸣”这一艺术拼盘，整个画面只有一张荷叶、一只青蛙，朴实无华，使人感到夏日田园、蛙声满堂，充满生机，向人们展示一幅充满生活气息的图画，这一创造以形象逼真而被众人所称道。如果照样模仿就谈不上什么创新，但只要我们略作想象，除了荷叶，还有哪些植物叶片易惹人喜欢，就可进行创新，如“荷境”“田园小景”等就是通过有意识的联想而创新的，还有古人所描绘的“龙”“凤”“虎”等都可成为人们喜欢的作品。

3. 形象捕捉

捕捉法就是直接从自然世界中吸取“营养”而获得冷菜、冷拼创作的灵感，如创造花色拼盘时，就要对各种生物、景物的结构、形态或功能特征认真观察，加以必要的夸张、缩影等手法，就能创制出“不似自然，而胜似自然”的艺术效果，如花色拼盘中常见的“孔雀开屏”“雄鹰展翅”“百花争艳”等作品就是从大自然中捕捉而创制出来的。

（三）口味创新

无论多么好吃的菜肴，如果几年一成不变，也会逐渐走向没落。所以，应不断调整、丰富冷菜口味，对调料品种、用量进行不断改良，是创新菜肴最简单也是最常用的方法。

1. 西味中烹

将西餐烹饪的调味料、调味汁或调味方法用于中式冷菜，这种中西合璧式的冷菜是当今冷菜创新的一个流行思路。其成品既有传统中式冷菜之情趣，又有西餐菜点风格的别致，既丰富了冷菜的口味特色，又丰富了冷菜的质感造型，如千岛石榴虾、沙拉海鲜卷、XO酱拌百合、咖喱汁卤凤爪、芥末拌青笋等。

2. 水果菜烹

将水果、果汁用于冷菜的主料或辅料或调味中。近几年来这种运用水果、果汁制作菜肴之风愈演愈烈。新鲜水果酱、水果汁营养丰富，果香浓郁，清鲜爽口，在宴会中如果穿插1～2道水果或果汁冷菜将是一种非常好的选择，如凉拌梨丝、橙汁瓜条、时果酱鱼柳、西瓜冻等。

（四）组合创新

一份美味可口的冷菜，如在装盘的方法与盛器和菜肴的组合上进行调整，运用合理而得当的装饰手法，同样可以推出新的视觉、新的质感的菜肴。具体方法有：

1. 盛器变化

在冷菜拼装时，不能只局限于用陶瓷作盛器，应根据冷菜自身的特点，可用一些玻璃制品、镜子、竹子、大理石、贝壳、面粉制品、巧克力制成的盛器，或将各种水果的外壳等做成盛器来装盛冷菜，这种不拘一格的装盘方法，会使冷菜、冷拼的菜肴特色更为突出，如“烧鸭”“烧鸽”“烧鹌鹑”等品种的装盘方法可以考虑选用不同的盛器进行装盘。

2. 搭配多变

冷菜的制作方法与热菜、点心的制作方法有机结合是冷菜制作又一风格，走出一条冷菜创新之路。热菜和冷菜除在特点上有所差别外，在调味上、烹调方法上可相互借鉴。例如，冷菜中的“小葱拌豆腐”，可借用热菜“麻婆豆腐”的调料拌入豆腐，可创新出“麻婆拌豆腐”。又如，“鱼松”本是一道冷菜，但很碎小、食用不方便，可将鱼松摊在面点的油酥皮上卷好，下油煎制，再改刀成块。这种将冷菜制作特点与热菜、点心制作方法相结合，对开拓冷菜新品种，优化菜肴组合，无疑是具有深远意义的。

（五）改革创新

1. 数量上的改革与创新

习惯上传统宴席冷菜的数量均在8～12道不等。有的高规格的宴席还设计花色拼盘，10个围碟、4个干果、4种调味等，讲究气派，这种按照传统习惯来安排冷菜制作，常导致客人暴食暴饮有损健康，造成食物资源浪费，这样的做法是不可取的。应当彻底改变这种现象，提倡冷菜数量控制在4～6道或实行每客装盘制，讲究节约，去繁求简，不尚虚华，把好质量关，吸收国外宴席之精华。

2. 造型上的改革与创新

有的宴席冷菜、冷拼过分追求造型，一个花色拼盘从准备到制作要花几个小时，如果档次高的宴席，整个冷菜都以花色拼盘展示，这种制作复杂、费工费时的冷菜，一旦处理不当，便会给客人一种中看不中吃、华而不实的感觉。人们必须改革在冷菜、冷拼制作中过分讲究艺术性而忽视可食性的做法，创造出既有观赏性又有食用性的艺术拼盘。

3. 营养搭配的改革与创新

我国传统宴席比较追求原料的名贵，崇尚奢华宴席，荤食较多，这种不注重营养平衡的安排往往影响人的正常消化、吸收和新陈代谢功能，长期下去易导致高血压、冠心病、营养缺乏症等。所以要改革传统宴席营养过剩的习俗，提倡荤素搭配合理，营养趋向平衡，做到低糖、低脂肪、低盐和高纤维、高维生素、高蛋白，这种“三低”“三高”的饮食结构，有利于人体健康。不断开发新品种，如“乡土菜”中野菜的广泛利用，有利于宴席菜肴结构的创新。

4. 饮食方式上的改革与创新

我国目前传统的宴席饮食方式普遍采用集体用餐，这种用餐形式，从卫生角度来看，是不科学的，容易得传染病，因此是一种不良的进食习惯，必须加以改革。我们提倡冷菜“单上式”，把几样冷菜装在一个盘内，略有造型，每人一份，这样既有利于食用，又有利于卫生；也可实行“分食式”或“自选式”等。这样的上菜方式既高雅又卫生，是一种发展趋势。

5. 菜肴组配上的改革与创新

随着我国改革开放的深入，外国人来中国旅游、工作的越来越多，为了适应中外宾客的饮食习惯，我们应当在体现中国烹饪特色的基础上，吸收国外宴席之精华，在菜肴组配上，可选用一些国外的原料、调料和烹调方法来改良我国传统的部分菜肴，使宴席菜肴更有适应性、变化性和吸引性，使菜肴风味、装盘艺术互相穿插、融为一体，为中国宴席改革与创新开辟新的道路。

三、科学设计冷菜、冷拼的开发程序

开发受大众欢迎的新菜肴，是企业在激烈市场竞争中获胜的法宝，也是传统冷菜做进一步延展的必经之路。冷菜、冷拼的开发程序包括从收集创意到销售创新产品所经历的全过程。一份优质的冷菜、冷拼菜肴需要经历收集创意、遴选创意、孵化创意3个阶段。

（一）收集创意

冷菜、冷拼创新品种的开发首先是从寻求、收集创意开始。创意是传统的叛逆，是打破常规的哲学，是破旧立新的创造与毁灭的循环，是思维碰撞、智慧对接。简而言之，创意就是具有新颖性和创造性的想法。虽然并不是所有的创意都可变成新的菜肴，但寻求、收集尽可能多的创意思路与设想却可为开发冷菜、冷拼创新品种提供更多的选择。因此，所有冷菜、冷拼创新品种的产生都是通过收集创意思路与设想开始的。

（二）遴选创意

遴选创意就是对第一阶段收集的思路与设想进行筛选，首先应考虑的是生产价值，即该创意冷菜有无生产制作的必要。有些冷菜过于简单、省事，甚至不需要厨艺就可以完成。有些只是原料组合或原料名称有点新意，这些冷菜在餐饮企业中就没有什么生产价值，如在酱油里放块豆腐，用筷子捣烂即可食用等。其次要看是否有推广价值，即是否适宜较大规模的推广生产。有些冷菜过于精细、烦琐，有些冷拼菜肴仅仅有观赏价值，有些需要相当复杂的技艺才可完成的新菜就没有推广价值。再次，还应关注其经济价值，即看其盈利空间。如果一些原料成本较高，制作成冷菜后虽然有一定的新意，但升值空间不大也不宜选用。

注意：不能选用国家禁止捕杀、加工、销售的保护动物作为烹饪原料，如熊掌、果子狸、娃娃鱼等；加工方法也尽量不要选用营养损失过多或有害人体健康的烹调方法，如老油重炸、传统烟熏等。

（三）孵化创意

通过筛选，确定选用某一种新菜肴的创意后，接下来的一项工作就是要将创意变成产品，这就需要一步一步地试制、修改、完善。

1. 确定菜肴名称

菜肴命名，就是根据一定的情况给菜肴起名，它在一定程度上反映菜肴的某些特征，是人们能根据菜名初步了解菜肴特色的首要依据。菜肴名称是否合理、贴切、名实相符，是给人留下的第一印象。因此创新冷菜命名的总体要求是：名实相符、便于记忆、启发联想、促进传播。菜肴名称是由大量的表意词汇组成，大部分词汇表达的意思是人们熟知的，也有仅为专业厨师能理解的专业术语，还有各地方言的差异。

2. 强化营养卫生

吃得“安全”“健康”是每个消费者的希望，也是餐饮企业菜肴创新不可忽视的环节。因此作为创新冷菜应做到不同营养物质的合理搭配，菜肴的营养构成比例要符合人体的消化吸收规律，在烹调加工中符合保留营养不易流失的原则。在原料选择、洗涤、切配、烹调、装盘、销售等过程中要保持清洁，包括原料处理是否干净、盛菜器皿是否消毒等。

3. 尽显外观色泽

外观色泽是指为人们肉眼能观察到的颜色和光泽。菜肴色泽是否悦目、搭配和谐，是创新冷菜能否成功的一项重要因素。赏心悦目的色泽可以使人们产生某些奇特的感觉，从而产生消费心理作用。因此，菜肴的色彩与人的食欲、情绪等方面存在着一定的内在联系。一份色彩配置和谐得体的冷菜，可以产生诱人的食欲；若乱加配伍，色彩凌乱，则会使人产生不悦之感。

4. 注重香气

香气是指令人感到愉快舒适的气息的总称，它是通过人们的嗅觉器官感觉到的，是不可忽视的一个因素。好的香气可对消费者产生巨大的诱惑力。在创新菜肴制作过程中不能忽视对香气的要求，嗅觉所感受的气味会影响人们的饮食心理和食欲。因此，要取得创新冷菜的畅销就必须使菜肴的香气突出。

5. 提升味感

味感是指食物在人的口腔内对味觉器官感受系统的刺激并产生的一种感觉。这种感觉即菜肴的滋味，主要包括菜肴原料味、调料味等，它是评判菜肴质量高低最重要的一个因素。味道的好坏，是人们评价创新菜肴的最重要的标准。因此，好吃也就自然成为消费者对厨师烹调技艺的最高评价。创新冷菜的味道应适当、滋味纯正、无不良气味等。

6. 精湛刀工

刀工处理成形（如原料大小、厚薄、长短、粗细等）是菜肴装盘造型必不可少的一个环节。中国烹饪厨师的刀工精湛，花样品种繁多，在充分利用鲜活原料和特色原料的基础上，通过包卷、捆扎、翻扣、裱绘、镶嵌、捏挤、拼摆、模塑等造型方法的运用，构成了活灵活现的“艺术品”。创新菜肴的造型风格是视觉审美中先入为主的重要一项，是值得厨艺工作者去思考、实践的。

现代菜肴的造型要求形象简洁、自然；选料讲究，主辅料搭配合理；刀工细腻，刀面光洁，规格整齐；盛器得体，装盘美观、协调。凡是装饰原料尽量要做到是可以直接食用的（如黄瓜、萝卜、香菜、生菜等），特殊装饰品要与菜肴的特点协调一致，并符合食品卫生安全的相关规定。

7. 恰当火候

火候是指菜肴烹调过程中所用的火力大小和时间长短。烹调时，一方面要从燃烧烈度鉴别火力的大小；另一方面要根据原料性质掌握成熟时间的长短。二者统一，才能使菜肴烹调达到标准。火候控制好了才能使菜肴显示出一定的质地，如成熟度、爽滑度、脆嫩度、酥软度等。

中国地域面积广，气候、物产、口味均有差异，导致各地区人们对菜品的评判有异，但总体要求是要利牙齿、适口腔、诱发食欲，使人们在咀嚼品尝时，产生可口舒适之感。不同的菜点会有不同的质感，但都要求火候掌握得当，菜肴原料多种多样，有老、有嫩、有硬、有软，烹调中的火候运用要根据原料质地来确定。软、嫩、脆的原料多用旺火速成，老、硬、韧的原料多用小火长时间烹调。通过火候的控制可创造出有“质感之美”的菜肴。

8. 关注试销

创新冷菜在经过可行性分析，遴选创意，并根据优选的创意方案开发出了一份理想的样品之后，就进入了开发的最后阶段——商品化（或称市场化）阶段。这一阶段的特点就是新菜品被推向市场，直接与消费者见面，实际检验其效果，以观察菜肴的市场反应，通过餐厅的试销得到反馈信息，供制作者参考、分析，以便完善，根据消费情况及市场反应情况决定是保留还是放弃。

四、冷菜、冷拼的后续管理创新强化

强化创新冷菜、冷拼的后续管理，是指对餐饮企业中厨师所创新制作出来的冷菜、冷拼，采取科学、系统、完善的措施，以保持、巩固及提升新菜肴的质量水平、销售数量。菜肴产品和其他产品要经历4个生命周期，即引入期、成长期、成熟期、衰退期，随着时间的延续，新菜肴会变成旧菜点，直至淘汰。如果成长期和成熟期过短，对创新菜肴的餐饮企业就越不利，所获得的经济利益就越少，也会打击人员创新的积极性，因此要强化其后续管理以延长其生命周期。

（一）强化冷菜、冷拼的后续管理的作用

强化创新冷菜、冷拼的后续管理，无论从企业所获得的经济利益上，还是增强餐饮企业在社会行业中的竞争优势上，无论从稳定企业的经营管理上，还是保护人员创新的积极性上，都具有相当重要的实际意义。

1. 餐饮企业节约创新成本，提高经济效益的有力措施

餐饮企业在收集创意、遴选创意、孵化创意、市场试销推广等环节都需要投入大量的财力、人力、物力，如果创新出来的菜肴其生命周期越长（即销售的时间越长），为餐饮企业创造的经济利益回报就会越多。这样就使得单位菜肴投资的成本下降，也能满足企业的“低成本，高效益”的生存法则。

2. 维护企业人员创新积极性，赢得企业的发展，需要员工的支持

管理者应懂得，员工不是一种工具，其主动性、积极性和创造性将对企业生存发展产生巨大的作用。而要取得员工的支持，就必须对员工进行激励，调动、维护员工积极性是管理激励的主要功能。因此维护员工创新出来的菜肴的长久生命力，得到消费者的认可，这是对创新人员的肯定和鼓舞，是维护、激发创新人员热爱自己工作岗位，维持工作积极性，提升创新激情的需要。

3. 赢得消费者认可是塑造优良餐饮企业形象的必要工作

餐饮企业形象是指人们通过企业的各种标志（如菜肴风格、菜肴口味、菜肴造型等）而建立起来的对企业的总体印象，是企业文化建设的核心。企业形象是社会公众与企业接触交往过程中所感受到的总体印象。这种印象就决定着消费者是否认可企业菜品，影响到顾客的忠诚度。因此强化创新菜肴的后续管理，保持菜肴口味、造型、色彩、香气等的一致性，是赢得消费者认可的必要工作。

（二）创新冷菜、冷拼的质量控制

创新冷菜、冷拼菜肴的质量包括食品本身的质量和外围质量两个方面。好的产品质量指提供给客人食用的产品无毒、无害、营养卫生、芳香可口且易于消化，菜肴的色、香、味、形俱佳，温度、质地适口，客人用餐结束后能感到高度满足。创新冷菜、冷拼由于自身具有的新意，往往在作为推介经营、折扣品尝时会有较多客人点食。然而当新菜经营数日后，其口味、造型、色彩、香气可能就会出现波动，甚至让食用者大失所望。创新冷菜、冷拼的质量如此急剧下滑，消费者扫兴，承受名誉损失和经营利益损失最大的仍然是餐饮企业。而产生这种现象的原因，大多来自于以下几个方面：

（1）新冷菜、冷拼刚创作出来时，餐饮企业各管理层和制作人员都很重视，制作人员有条件、有耐心精雕细刻，因此出品质量高。

（2）经过一段时间的生产经营，制作人员及各岗位人员新鲜感减退，尤其是列入菜单进行常规生产、销售之后，各管理人员工作繁忙，无暇对新菜肴精心呵护，产品质量迅速下滑。

针对上述原因，创新冷菜、冷拼的质量长效管理可以通过以下几种方法加以控制：

（1）严格遴选创意，以使孵化出来新菜品具有相当强的实用（适于食用）性，优选适宜高效率创意制作的菜肴。

（2）分析新菜肴所用原料的特点、生产制作的难易程度，科学地组织原料采购、验收、保管、加工等，采用先进设备，简化复杂的生产工艺流程，为方便生产、持续经营提供保障。

（3）将试销阶段较为理想的新菜肴制作成食谱，如日常菜单，按厨房菜肴生产流程和正常工作岗位分工，使厨房员工分工协作完成菜肴的生产。

（三）创新冷菜、冷拼的销售管理

销售管理是为了实现企业的目标，创造、建立和保持与目标市场之间的有益交换和联系而设计的方案分析、计划、执行和控制。通过计划、执行及控制企业的销售活动，以达到企业的销售目标。创新冷菜、冷拼作为企业产品入市销售，无论销售情况是好是坏都应加强管理。其管理内容包含以下几个方面：

1. 统计新冷菜、冷拼的销售状况，积累销售数据

（1）对同批次新冷菜、冷拼的销售数量进行统计，以掌握同批次创新冷菜销售的总体效果，

以发现不同冷菜的受欢迎程度。

（2）统计顾客对点取新菜肴的食用率（食用率是指消费者点取某新菜之后对此菜肴的食用重量与菜肴重量的比值）进行食用情况统计，以发现不同菜肴的受欢迎程度。

（3）统计顾客的回点率（回点率是指消费者当餐或下餐重复点取某一款菜的比率）。对回点率进行统计，主要目的是为了了解客人对新菜是否认可及其钟爱程度。

2. 统计销售态势，分析个中原因，以供管理者决策

销售量低，即点食新菜肴的消费者不多，新菜肴销售形势不理想，低于预期目标。分析其原因：是不是新菜点定价过高且没有折扣；是不是菜肴名称没有特点，菜肴的特色没有吸引力；是不是新菜肴在菜单里不突出，难以引起消费者的注意；是不是餐厅点菜人员没有主动向客人推介等。

销售量高，即新菜点销售形势向好，达到或超过预期目标，这种情况需要冷静进行分析。是不是菜肴名称哗众取宠、标新立异，而误导客人点菜；是否服务员强势推销，客人在服务员的强大攻势下点食；是不是菜单内菜肴品种少，顾客选择范围小，而无奈点了新菜。

第二节　冷菜在宴席中的创新发展

一、宴席冷菜制作的原则与要求

（一）宴席冷拼设计的原则

1. 宴席冷菜设计要有针对性

所谓针对性，一是要反映宴席的主题思想；二是要适应就餐者的饮食特点、忌讳、爱好。宴席的内容与主题思想是多种多样的，如结婚、祝寿、迎宾、庆功、答谢等各种类型，在设计时，从菜品确定到冷拼造型都要精心策划，使人感到亲切、贴心，从而达到增添宴会的气氛、激荡人们的情趣、满足就餐者感情上的需求等。另外，还要根据宾客的国籍、所在地区、职业、年龄、宗教信仰等情况进行设计，如印度教徒不吃牛肉，信伊斯兰教的人不吃猪肉，佛教僧侣和一些教徒不吃荤菜，非洲人大多数不爱吃海味。对老年人不宜多用质老、油炸的冷菜，而对年轻人较适宜；妇女人数较多的宴席不宜用刺激性较强的冷菜，宜用一些口味平和的菜肴。在冷拼的造型方面也要考虑到宾客的爱好，如在通常情况下，日本人喜欢樱花，美国人喜爱山茶花，法国人喜爱百合花，西班牙人喜欢石榴花，尼泊尔人喜欢杜鹃花等。对妇女较多的宴席，多用一些色艳形美的花朵和孔雀开屏、凤凰等图案的冷拼，少用一些凶猛的蛇、虎、狮子等。大型宴席的冷菜，应考虑来自多方面的客人，冷菜的数量和质量都应相适宜，不能简单认为高级宴席非用山珍海味不可，其实有些外国客人并不喜欢。有时可用当地的土特产制作的冷菜来招待，别具一格。在冷拼设计时应投其所好，才能收到良好的效果。

2. 宴席冷菜设计要突出地方性

所谓地方性，主要是指冷菜设计要有地方特色。我国冷菜的地方风味丰富多彩，在设计宴席冷菜时绝对不能千篇一律，南北一个味，各菜系、各地方甚至各饭店都应有自己的风味冷菜，才能吸引宾客，提高企业声誉，增加经济收益。这就要求我们在设计宴席冷菜时在原料的选用、烹调方法、食用方式、装盘形式、口味的变化上保持地方特色。例如，南京盐水鸭，四川的泡菜、陈皮牛肉，广东的叉烧肉、卤水冷菜，山东的盐水虾、清腌醉蟹等都深受客人欢迎。

3. 宴席冷菜设计注重季节性

宴席冷菜与冷拼设计的季节性应突出两个方面：一是根据季节的变换选用时令原料制作冷菜。尽管目前交通运输较发达，保鲜方法科学先进，有些原料打破了季节性和地方性，但俗语讲“物鲜为贵”，正常上市的原料，不仅质量好，而且给人一种新鲜感，尤其是蔬菜、水产品等。二是在烹调方法和装盘形式上应随季节的变换而有所变化。冷菜和热菜一样，其品种既有常年可见的，也应有四季不同的。冷菜的四季性有“春腊”“夏拌”“秋糟”“冬冻”等特点，这是根据季节变换对冷菜烹调方法的要求。因为冬季腌制腊味，待开春时食用，始觉味香；夏季瓜果比较丰富，适宜凉拌；秋季的糟鱼是理想的冷菜佳肴；冬季气候寒冷，有利于羊糕、冻蹄类菜肴的烹调。但这不是绝对的，还要根据具体情况灵活掌握。通常夏季气候炎热，宜制作一些清淡冷菜；冬季气候寒冷，宜做一些色深味浓的冷菜。在造型盛器等方面也应随季节变换而有所改变，总给人一种新奇变换的感觉。

4. 宴席冷菜设计要遵守科学性

所谓科学性，就是说冷菜设计在整体安排上要统一和谐，而不是杂乱无章；在原料结构搭配上要平衡合理，讲究营养互补。宴席冷菜的设计不仅要在色、香、味、形、器等方面有所变化，搭配合理，合乎科学，还要对原料的供应情况、技术人员的水平、厨房中的设备条件等方面做出科学的分析：

（1）要了解原料的供应情况　如果对食品原料供应情况不太了解，冷菜设计就是很科学也无法实施。所以我们必须了解市场货源和饭店库存情况，各种原料的价格情况，以及原料的涨发率和拆卸率等情况。

（2）要根据技术力量来设计　要发挥每个厨师的技术水平，对他们能做哪些冷菜、雕刻水平怎样、冷菜的拼摆水平是否达到设计水平等都应心中有数，只有这样才能使方案得到顺利实施。

（3）要根据设备先进程度来设计　设备的好坏、多少直接关系到冷菜制作的速度及质量，有些冷菜若没有好的设备则无法达到设计要求，如“烤乳猪”没有好的“烤猪炉”就无法保证质量，所以在设计宴席冷菜时，必须考虑设备的因素。

（4）宴席冷菜设计要讲究效益性　宴席冷拼的设计必须按经济规律办事，一定要搞好成本核算，讲究经济效益。应根据各种宴席的规格和毛利率的幅度与冷菜成本在整个宴席中所占的比例进行核算，由于各种宴席的价格标准有高有低，毛利率又不一样，但每桌宴席冷菜数量基本相似，要使每桌宴席冷菜的成本不超过规定范围，必须在冷菜的使用原料上、品种上作必要调整。例如，根据宴席的一般、中档、高档规格，价格标准不一样，在保证宴席冷菜数量不变的情况下，主要在菜肴冷菜比例及所用原料价格高低等方面来调整。

（二）宴席冷菜设计的要求

在设计不同规格的宴席时，除需要掌握上述4项原则外，还要做到以下几点：

1. 要选用不同的原料

根据规格、标准的高低，一桌宴席冷菜数量均不一样，通常为4～8个。要求一桌宴席冷菜无论多少个单盘，所选用的原料要都不一样，如鸡、鸭、鱼、肉、蔬菜、豆制品等，这样才能显得丰富多彩，否则会显得十分单调。

2. 要采用多种烹调方法

采用不同的烹调方法，可使冷菜形成不同的风味。如果一桌宴席冷菜只采用1～2种烹调方法，尽管所用的原料不同，其口味基本差不多。因此设计宴席菜单时，应根据客人和所用原料性质，采用多种烹调方法，如酱、拌、卤、醉、煮等，这样才能形成多种风味。

3. 要有多滋多味的味感

在设计一桌宴席冷菜时，首先要考虑味的变化。如果一桌宴席有5个冷拼，只有两种味道，吃起来必然乏味，所以要根据宾客的饮食习惯，设计出多种多样的口味，如酸、甜、苦、辣等各种复合味，使客人食之“五滋六味”，回味无穷。

4. 要搭配恰当的颜色

菜肴的色彩最能影响宾客的食欲，在设计宴席冷拼时，要尽量利用原料的自然色彩和加热调味后的色彩，使一桌宴席的冷菜色泽有多种色彩，要避免用近色冷拼组合，以达到清爽而绚丽多彩的感觉。

5. 要有各式各样的造型

一桌宴席的冷拼造型应富有变化，不仅能给客人多姿多彩的感觉，同时又使客人得到艺术的享受。为此在设计宴席时要注意两个方面：一方面做到经过刀工处理后每个单盘的原料、形状要不一样，有块、段、片、条、丝、丁等；另一方面，根据宴席的形式和规格及客人组成，将冷菜组成各种图案造型，如“百花齐放”“喜鹊登梅”等。

6. 要有变换多样的质感

一桌宴席冷拼除在口味、色彩、形状等方面不同外，在设计中还要注意每道冷菜通过烹调后在质感上要有变化，如有酥、脆、软、嫩、爽等方面差异。

7. 要有多种营养成分

饮食的主要目的是摄取营养，满足人体生理需要，我们应根据饮食对象的年龄、工作、身体状况不同，设计出含有不同营养成分的冷菜。对于一些特殊职业和对营养有特殊要求的客人，必须作适当的调整来满足饮食者的要求。

此外，在设计宴席冷菜时，对盛器的选择、各盘碟的点缀等方面也要有一定的要求。

（三）大型筵席冷菜的设计与组织

1. 大型筵席冷菜的设计

（1）菜单内容的设计　制订菜单是整个筵席设计中的一个重要组成部分，菜单内容设计得科学与否，直接关系冷菜制作以至整个筵席的成败。冷菜菜单的确定主要根据筵席用餐的人数、对象、标准、原材料的供求情况、厨师的技术水平和设备条件来制订。

（2）用料质量的设计　菜单内容确定后，要对每一个冷菜所需的原料作具体的分析。例如，每一道冷菜需要多少熟料方能装成，然后推算生料经过加工、烹调后，它的拆卸率或涨发率、成熟率是多少，通过对每个冷菜所用原料的分析和预算，并根据大型筵席的桌数，可算出所需原材料，并加以成本核算，如达不到规定的标准，要及时更换菜单内容，保证冷菜的质量和数量。

（3）人员安排的设计　菜单内容决定后，就要确定总负责人，各项工作按厨师水平作具体分工，做到分工明确，责任到人，使各项工作按设计要求，有条不紊地进行。

2. 大型筵席冷菜的组织

（1）原材料的组织　从原材料的采购到初步加工、腌制都要精心组织，尤其是冷菜的腌制，应根据季节变化，提前3～7d进行，对大型的雕刻和干货涨发也得在开宴前12d开始。

（2）冷菜制作的组织　大型筵席人数多，所需的原材料也特别多。如果集中在开市的当天进行筹备可能会耽误开宴的时间。因此，要根据季节、设备和冷柔的性质，在气候、设备条件允许的情况下，有些荤菜可在开宴前1～2d提前烹调，如“盐水鸭”“五香牛肉”“羊糕”等。

（3）盛器的组织　大型宴席用的碟、盘等盛器特别多，接盘前要彻底清洗、消毒、擦干或烘干。凡是宴席所用的碟、盘要求大小适宜，无破损现象，皮套统一，同时，对盛装冷菜的盆、抹布、刀具、砧板等必须进行严格消毒，防止食物中毒。

（4）装盘过程中的组织　装盘是筵席冷菜设计中的最后环节，要根据筵席的桌数、技术力量和装盘的繁简，在时间上做出正确的估计。如果设备好，气温不太高，可适当提前装盘；反之，可适当推迟装盘时间，但不可太迟，如客人已到，冷菜还没有装好，容易造成紧张忙乱，影响开宴的时间和客人的饮食情绪。因此，在装盘过程中，必须集中力量，分工负责，检查督促，一般要求在开宴前15min左右全部装好。

二、熟知各种宴席对冷拼要求

随着我国加入WTO之后，与国际交往日益增多，旅游业不断发展，国民经济日益增长，宴席的种类和形式也发生着变化，对冷拼制作也有不同要求，现简述如下。

（一）国宴（正式宴会）

国宴是国家领导人或政府首脑，为国家庆典或为外国元首、政府首脑来华访问而举行的宴会，其规格最高，一般多以我国传统的正宗宴席形式举行，对冷拼制作的要求也很高。在设计冷拼时应根据宴席的规模，当时季节，宾主的饮食习惯、忌讳和喜好，原料的供求情况等因素来设计，要求在色、香、味、形及卫生等方面认真考虑，要突出我国的民族特色。冷拼的规格通常用一只大的艺术拼盘，周围放上8～10只小单盘或小的艺术拼盘组成。主宾席（称主桌）的冷拼要求更为精细，由于人数要比一般餐桌多2～3倍（约16～35人），所以常用最大圆桌，中间不设转台，而摆上“花台”。花台的摆设要符合宴席的主题，常用鲜花、松柏和食品雕刻的花、鸟、鱼、虫等装饰，冷拼的组合也不同于一般餐桌，要求4～6人一组冷拼，每组的碟盘要小于一般餐桌（但盘数不能少），做到少而精，使主宾的冷拼摆设显得悦目多姿，有所突出，以此表达对主宾的尊敬。冷菜的总成本应控制在整个宴席成本的20%左右。

为了适应外国人的饮食习惯，有时宴席冷拼采用“中菜西吃”的做法，也就是把若干冷菜分装在每个盘碟中，并作必要造型，按每人一盘的方式用餐，这种做法比较卫生，便于食用，免得主人分菜及服务员派菜。

（二）便宴

便宴即非正式宴会，这类宴会形式较国宴简便一些，可以不排席位，不作正式讲话，气氛亲切和谐，便于交谈。

便宴的冷拼规格，按宾主的要求和价格标准在冷拼的数量和质量上可以上下浮动。装盘形式多种多样，有的用一个大艺术拼盘或一个大的主菜冷拼（如“烤乳猪”“盐水鸭”）再围上6～10只单盘；有的用6～8对拼盘组成；也有的用8～12个单盘等。但装盘的要求基本上同正式宴会一样。在冷菜的点缀和装饰上没有正式宴会讲究，主宾席的冷拼与一般餐桌不作区别。冷菜的总成本控制在占整个宴席总成本的18%左右。

（三）家宴

家宴即在家中以私人名义举行的宴会，一般适用于老朋友聚会，特点是人数较少，不拘形式，菜肴可多可少，中、西方人均喜欢采用这种形式，以示亲切友好。

家宴的冷拼，一般以家乡的土特产及鸡、鸭、鱼、肉、新鲜蔬菜、豆制品等原料制作，并具有家庭式的风味，冷拼数量一般4～8只不等，也可用拼盘或什锦拼盘，冷拼具有整齐、实惠、新鲜的特点。

（四）陪餐

陪餐即非正式宴会，常用于迎送外国专家、文艺团体、体育团体等，是由有关人员陪客人就餐的一种形式。其特点是不拘形式，比较随便，气氛比较活跃。

陪餐对冷菜的要求，通常在便饭菜的基础上酌情加几道冷菜，也可根据主宾的意见和要求把标准提高到便宴的水平。一般每桌宜用4～8只单盘或拼盘组成。冷菜的成本控制在总成本的15%左右。

（五）招待会

招待会也是一种宴客的酒会。规模大小不一，有时同国宴相同，如国庆招待会；有的规模较小，如各部门或地方政府所举行的各种招待会。

招待会对冷拼要求在规格和形式上与便宴基本相似，但是招待会不是为某一客人或某一团体所举行的，由于来宾广泛，生活习惯不同，所以在冷拼设计时，在口味、形状及原料选用等方面尽量考虑全面周到，做到统筹兼顾。

（六）冷餐酒会

冷餐酒会是国外流行的一种宴会形式，现被我国大部分人士所接受，规模视所邀请的人数而定。其特点是不设席位，菜肴以冷菜为主，热菜、点心、水果为辅，没有一定的上菜次序，一般是预先把冷菜等其他菜点全部陈设在餐桌上（酒水也可陈置在桌上，由服务员端送或客人自取），开宴时由客人自取，客人可以多次取食、自由活动和相互交谈。

我国举办的大型冷餐酒会，往往在陈设的酒菜桌旁还设一些小圆桌、座椅、主宾席排席桌卡，其余不设固定座位。冷餐会开始后自由进餐。

冷餐酒会对冷拼的要求比较高，冷菜的数量多，必须提前准备，一般按每人500～600g净生料准备，所用的原料价格高低和荤素的比例，应根据冷餐会的价格标准调配。装盘的方法也不同于其他宴席，通常30～50人为一组，每组用冷菜的品种为15～30种不等。宜用大的盛器装盘，但块形不宜太大，以便于食用；装盘时还要注意冷菜的造型、色彩、口味、原料等方面的搭配。为了烘托宴席气氛，往往用一些大型的食品雕刻（包括冰雕、黄油雕、糖雕等）及艺术拼盘来装饰桌面，有的冷菜还做一些必要的点缀。冷餐酒会制作的冷菜不应全部装盘上桌，要留有余地，待客人进餐时，看哪种冷菜客人最喜欢，吃得最快，就要作必要的添加。冷餐酒会冷菜的成本根据冷菜在宴会中所占比例来确定，一般占总成本的80%左右。

（七）鸡尾酒会

鸡尾酒会是以鸡尾酒（是用两种或两种以上的酒，并配以各种果汁调制而成的）为主，略备小吃。不设主宾席，这种鸡尾酒会的特点是形式活泼，不设座椅，仅置小桌，以便客人随意走动，大多数客人站着进食，与其他的宴会相比更为自由，便于广泛接触交谈。国际上鸡尾酒会多用于贸易交易会、庆祝活动、迎送宾客等。

鸡尾酒对冷菜要求不高，以点心、小吃为主，如“三明治”“炸春卷”等，同时也配备冷菜，常用“小香肠”“叉烧肉”“酒醉鹌鹑蛋”等，以牙签取食，所以冷菜必须干爽形小，不能有连刀现象。有时为了烘托酒会气氛，往往用一些大型的食品雕刻来装饰场面。

（八）特色宴席

特色宴席就是在原料运用、烹调方法和宴席形式上具有一定的特色，往往用一种或同类的原料采用不同的烹调方法，制作出口味各异的菜肴，以宴席的规格要求组合起来，如全羊席、全鸭席、全鱼席、全素席、野味席等。

这种宴会对冷菜有特别要求，如用一种原料制成8个单盘，在色、香、味、形等方面都有所不同，做到口味多样、色彩各异、刀工整齐美观，既要突出地方特色，又要显示出烹调技艺的高超，这种冷拼没有一定的冷菜制作的功夫是很难实现的。

另外，“满汉全席”“红楼宴”“金瓶梅宴”等复古宴席，对冷菜制作要求更高，要先了解其古代宴席冷菜的菜名，研究其制作方法，才能制作出合乎要求的冷菜。

（九）地方风味宴会

地方风味是随着旅游业的发展而出现的一种非正式宴会，其特点是客人自己组织，自己付款品尝当地的风味菜肴。品尝风味的客人往往是消费层次较高的旅游者、商人等，所以价格标准高，菜肴讲究新、奇、特的吃法，客人有时还自己点菜。

地方风味对冷菜的要求是要有地方特色，要有地方名菜，要求品种多，要挖掘当地风味菜肴，装盘时要讲究艺术，注重造型，往往用食品雕品来增加宴席气氛。冷拼一般在4～8个，有的用一个大艺术拼盘，围上8～10个围碟；有的用多碟组合，形成大型图案，如“百鸟朝凤”“百花齐放”等。总之，地方风味的冷拼制作，一要注重食用性，二要讲究艺术性。

第三节　新时代下冷菜的创业应用

大学生创业群体主要由在校大学生和毕业生组成，由于近年来大学扩招引起大学生就业难等一系列问题，一部分大学生通过创业形式实现就业，这部分大学生具有高知识、高学历的特点，具有对传统观念和传统行业挑战的信心和欲望，有着年轻的热情、蓬勃的朝气。大学生创业逐渐被社会所承认和接受，在高校扩招之后越来越多大学生走出校门的同时就开始创业，作为学习烹饪、餐饮的大学生而言更倾向于选择自己熟知的创业项目。本节就从常规冷菜创业的前景、产品组合及生动实例来进行介绍。

一、分析常规冷菜的创业机会

（一）产业背景

常规冷菜是指为消费者提供日常基本生活需求服务的大众化卤味、凉拌菜、烤鸭、烤鸡、叉烧等烧腊、卤味类冷菜。这类冷菜具有制售快捷、食用便利、质量标准、营养均衡、服务简洁、价格低廉等6大特点。我国烧腊、卤味产业经过近20余年的快速发展，特别是在中国加入WTO之后发展更加迅速。

（二）市场机会

1. 烧腊、卤味行业准入门槛低，资金回流快速

中国历来有“民以食为天”的传统，烧腊、卤味作为我国餐饮产业中的一个支柱，一直在社会发展与人民生活中发挥着重要作用。特别是最近几年，我国餐饮业呈现出高速增长的发展势头，使得烧腊、卤味成为很多创业者首选的“热门”行业之一。烧腊、卤味销售呈现出迅速发展、繁荣兴旺的景象。

相对来说，进入这一领域，在变换品种和经营形式方面都不需要投入很多的资金和花费大量的时间。因此，在竞争中比较容易找到出路，也不至于陷入低价竞争的泥潭拔不出来。餐饮业有“百业以烧腊、卤味为王”之说，且一向被视为一枝独秀，也是最具吸引力的行业之一。它具有利润高，资金回流快，每天经营收入的都是现金的特点。而货源方面，可以用赊账方式购入原材料，定期结账，胜于其他行业。开一家特色烧腊、卤味小吃店，投资不多，店面不大，员工也不需要很多。它既能满足顾客的口味，价钱又便宜，往往很受欢迎。

2. 烧腊、卤味行业市场巨大，为创业者提供了发展前提与空间

在想以烧腊、卤味创业的大学生、下岗工人中，有不少人在自己开餐厅之前都未必对将要跻身的这个行业有充分的了解。我们不妨看一看来自世界各地的有关餐饮业的状况。据了解，中高收入国家平均每268人就拥有一家烧腊、卤味店，而在我国约20000多人才拥有一家烧腊、卤味店。这一数字表明，中国的餐饮市场远远没有饱和，潜力很大，巨大的商机在等着准经营者们去施展自己的聪明才智，沉睡的金山等待着他们去挖掘。

同时，烧腊、卤味以其方便快捷、口味多样、价格低廉、松软浓郁、细腻鲜嫩等特点吸引着消费者。据中国烹饪协会调查数据显示，80.56%的公众经常食用烧腊、肉味。另据国家部委有关数据显示，全国每天大约有不少于700万人次在不同地点、时段来消费烧腊、卤味菜品或烧腊、卤味小吃，按人均8元消费计算，一年就是 2000多亿。

3. 政府对大学生创业的政策扶持

一是放宽市场准入，包括放宽注册资本的登记条件、放宽经营场所限制、实行优质高效便捷的准入服务。

二是加大财税支持，包括设立高校毕业生创业专项资金、减免有关行政管理费用、享受税

收减免优惠、给予创业补贴、实行创业吸纳就业奖励的办法。

三是加大金融扶持，包括实行小额担保贷款优惠、鼓励社会资金参与。

四是加强创业教育培训，包括建立创业教育培训、给予创业受训资助、保证培训质量、建立创业孵化基地和创业园区。

二、制定常规冷菜创业产品组合

（一）产品组合

产品组合，也称“产品的各色品种集合”，是指一个烧腊、卤味店或企业在一定时期内生产经营的各种不同产品的全部产品的总称。产品组合往往包含若干条产品线。

产品线是指烧卤店或烧卤企业中相类似的一组产品。根据烧腊、卤味行业的特点，我们可以把凉拌类菜肴、卤水类菜肴、烤制类菜肴、冻制类菜肴、炸酥类菜肴、挂霜类菜肴等不同特点形式的烧卤制品看作产品线，在其上的都可以有一系列类似产品，如凉拌类菜肴产品线可以有不同风味的产品形式，包括由不同菜系、不同档次、不同风格等组织起来的菜品，如粤式凉拌菜、川式凉拌菜、鲁式凉拌菜、京式凉拌菜、高中低档的凉拌菜等。

产品项目是指构成产品线或产品组合的最小单位，如卤味类产品线上的扒鸡、卤水大肠、豉油鸡、豉汁凤爪、精卤牛肉、川味卤鸡翅、潮州卤水拼盘就是不同产品的项目。

（二）产品组合类型举例

1. 烧卤套餐型

烧卤套餐是指为满足消费者的需要，把采用烧卤方法制作而成的凉菜与主食、青菜、汤品等巧妙地组合成一套突出烧卤菜肴特色的营养餐。烧卤营养组合套餐在两广的快餐厅中已经出现，经实践检验，其大大简化了顾客点餐所需要的时间和精力，食客可以根据自己的口味需要选择适合的烧卤品种。这不仅提高了经营者的经济效益，而且节省了顾客的时间，还避免了很多不必要的麻烦。这种烧卤套餐因其简便快捷、经济实惠的特点，一经面世便受到大众的接受与喜欢，完全可以面向全国各快餐企业推广。套餐品种参考：烧卤双拼套餐、蜜汁叉烧套餐、白切鸡套餐、烧鸭套餐、澳门烧肉套餐、油淋鸡套餐等。

2.“冷淡杯”型

“冷淡杯”一词，原本是成都老百姓的俗语，也就是人们平常所说的“夜啤酒”。自20世纪90年代初开始，每年初夏到晚秋，成都都有数不胜数的饮食店铺和摊点把生意做到了街头院坝、河边绿荫。这些食摊大多销售些煮花生、蚕豆、毛豆角、豆腐干、卤鸡翅、卤鸭脚、卤猪耳、卤猪肚、泡凤爪、炒田螺、炒龙虾等家常小菜，供应一些“泡酒”、啤酒、扎啤等酒水。这种饮食消费方式深受老百姓的欢迎，由此传到了全国各地，近十几年来全国各地凡人口密集的地段都出现了以经营夜宵为企业盈利点的“大排档”“烧烤城”“扎啤城”等。这些“冷淡杯”型的个体或企业所销售的产品都以凉菜为主，因此烧腊、卤味类冷菜完全可以在其中大放光彩。

3. 风味烧卤型

烧卤的风味就是食品中的风味物质刺激人的嗅觉和味觉器官产生的短时的、综合的生理感觉。人们在经营烧卤过程中就应根据目标群体的口味来合理安排。例如，在两广地区经营烧卤店，那么产品的选择就应以两广人耳熟能详的烧卤品种为其主打营销菜品，如以脆皮烤乳猪、烧鸭、脆皮叉烧、白切鸡、潮州卤味等品种为主打。总之，风味烧卤组合型就应当体现其地方特色。

（三）产品组合经营策略与理念

1. 满足市场需求的产品组合经营策略

以服务质量来赢取市场，烧腊、卤味行业本来就是服务行业，消费者吃的是优质服务，企业卖的也是服务，好的服务是创业成功的立足之本。

以快捷销售来赢取市场，烧腊、卤味的特点是“快”，快的服务、快的销售才能满足顾客，占据市场，获得利润。

以合理的价格赢取市场，过高的价格虽然能获取高额利润，但只是短期的获利，针对不同消费等级的人群来说，高消费只会让中等和低收入者望而却步，影响利润。因此应针对所经营产品的目标顾客群的消费心理和消费水平，做到价格合理，经营有道。

以质量和信誉来赢取市场，安全卫生是大众关心的问题，安全卫生才能让顾客放心，才能有“回头客”，才能有稳定的市场份额，才能推动创业的成功。

2. 产品组合服务经营理念

烧腊、卤味店主要是为消费者提供安全、营养、卫生的冷菜菜肴或小吃，因此对顾客的服务应严格遵守以下经营理念：

Q（品质）：每天第一份产品到最后一份产品，质量味道都是坚持不变的。

S（服务）：给予顾客物超所值、最满意的服务。

C（清洁）：让顾客在放心、安心的卫生用餐环境中享用菜肴。

F（快速）：把最好的品质在第一时间呈现在顾客的面前。

H（健康）：为顾客提供营养均衡的健康餐饮。

V（价值感）：结合品质、服务、清洁、快速、健康所呈现出来的综合价值。

3. 产品组合促销方式

促销是促进销售的简称，是现代市场营销策略的重要组成部分之一。在餐饮行业中，产品必须依赖销售去连接消费。在烧卤行业中这一点的表现同样很突出，因为消费者购买烧卤产品除了得到功能上的满足外，还必须得到心理上的满足。

（1）烧卤促销作用

①宣传产品：销售产品是经营烧卤店的中心任务，产品宣传是烧卤产品顺利销售的首要保证。在烧卤店开业，以及烧卤店做各种促销的时候，烧卤店经营者通过有效的手段及时向消费

者提供产品信息，引起目标顾客对烧卤产品的广泛关注。

②引导需求：通过向目标消费者介绍新菜品、特色菜品，展示符合潮流的消费理念，提供满足消费者对菜品的需求，从而唤起消费者的购买欲望。

③突出特点：在市场竞争激烈的环境下，面对烧卤市场上琳琅满目的菜品，消费者往往很难区分这些产品的风味和特色。烧卤工作人员通过各种有效方式开展促销活动，如通过在店内张贴招牌产品的风味介绍、新产品的免费品尝、发放宣传单等方式，让顾客了解所经营的烧卤食品风味特色和优势，从而增加消费者的购买欲望，以达到刺激销售的目的。

④稳定销售：由于烧卤行业自身的特点，以及激烈的市场竞争和季节性的影响，烧卤产品的销售可能起伏不定，烧卤市场地位会出现不稳定的状态，市场份额有时候甚至会出现较大幅度的下滑。通过一定的促销方式，开展及时有效的促销活动，提高原有消费者对烧卤产品的信任感，使较多的消费者对其烧卤产品由熟悉到偏爱，促使消费者产生对本烧卤店的惠顾动机，从而稳定烧卤店菜品销售，巩固市场地位。

（2）烧卤常用促销方式

①宣传单（DM单）：烧卤店将其产品的信息制作成印刷品向消费者发放，如在宣传单上展示烧卤店的历史、经营组合的特色、菜品价格、风味等。宣传单是投入少、效果显著的一种广告宣传手段，正越来越广泛地被烧卤市场的经营者所使用。将宣传单制作好后随报纸发行也是常用的方式。

②卖场广告（POP广告）：卖场广告是指在烧卤店或其相应的店铺销售现场的门口、走道、柜台、墙面等地以顾客为对象的彩旗、海报、标贴、招牌等宣传物。作为一种推销手段，POP广告的作用是为了弥补媒体广告的不足，通过强化销售现场对顾客的影响力，来刺激顾客增加烧卤产品的购买量。一般来说，烧卤企业的POP广告有创造形象、推销烧卤产品、推销烧卤新品种、增加烧卤产品的销售、减少人工费等作用。

③实惠促销：利用顾客喜欢追求实惠的消费心理，开展一些如赠送、折扣推销、免费品尝等活动吸引消费者。但应注意，实惠促销时应找出一个合适理由，不能让顾客认为是菜品卖不出去，或质量不好才降价。现实中商家降价的名目、理由通常有：节日降价酬宾、新店开张、开业一周年、开业100天、销售突破若干元以回馈消费者等。

④直邮推销：直邮推销是一种“古老”的推销手段，虽然不能够同消费者直接交流，但它可以将大量的有关餐饮产品的信息传递给消费者，刺激消费者的购买欲望。烧卤直邮广告的内容可以包括商业信函、宣传册、明信片、贺卡等。这种营销方式特别适用于烧卤套餐店、高端人群烧卤送货上门等企业的经营形式的需要。

⑤电话推销：电话在烧卤企业中起的作用越来越大，包括接听电话（电话购买）和主动拨打电话（电话推销）。不同销售方式的共同努力，如广告、公共关系、人员推销，很多都要通过电话订餐的形式最终实现交易。电话不仅仅是一种通信工具，还是一种重要的促销工具。为提高促销效率，在促销时应注意，避免让客人等待、接通电话要自报家门、询问和回答要简明扼要、及时完善预定程序、使用恰当的结束语等。

参考文献

［1］冯玉珠. 烹调工艺学［M］. 4版. 北京：中国轻工业出版社，2017.

［2］文岐福，韦昔奇. 冷菜与冷拼制作技术［M］. 北京：机械工业出版社，2018.

［3］周妙林，夏庆荣. 冷菜、冷拼与食品雕刻技艺［M］. 北京：高等教育出版社，2011.

［4］杨宗亮，黄勇. 冷菜与冷拼实训教程［M］. 北京：中国轻工业出版社，2018.

［5］陈怡君. 冷菜制作与艺术拼盘教与学［M］. 北京：旅游教育出版社，2017.

［6］许文广. 筵席设计与制作［M］. 重庆：重庆大学出版社，2019.

［7］朱云龙. 冷菜工艺［M］. 北京：中国轻工业出版社，2017.

［8］朱基富. 烹饪美学［M］. 北京：中国轻工业出版社，2018.

［9］朱云龙. 中国冷盘工艺［M］. 北京：中国纺织出版社，2017.

［10］姚春霞. 冷盘制作与食品雕刻艺术［M］. 北京：科学出版社，2019.

［11］夏红萍. 巧用味碟添异彩［J］. 烹饪课堂，2003，(1)：13～14.

［12］伏开元. 浅谈烹调过程中醋的作用［J］. 科技·探索·争鸣（科技视界）2013，(30)，342～342+350.

［13］福生. 调制刺身新味汁［J］. 四川烹饪，2003，(09)：28.

［14］李乐清. 常见的冷菜调味及运用［J］. 烹调知识，1994.